U0394641

数控职业教育系列教材

数控机床
故障诊断与维修

第 2 版

主　编　王爱玲

副主编　杨福合　张福生

王爱玲　杨福合　张福生　崔克峰　宋胜涛　编　著

机械工业出版社

根据高职高专教育专业人才培养目标的要求，并总结了编者多年在数控机床应用领域的教学和工程实践经验，编写了本系列教材。

本书从数控机床维修的角度，以面向实际操作、培养实践技能为目的，针对常用的 FANUC、SIEMENS 和华中数控等公司的数控设备，详细地分析了数控机床数控装置、伺服驱动系统、低压电器、检测元件、PLC、机械结构等部件的常见故障形式、故障原因及故障诊断排除方法。本书辅以大量的故障诊断分析实例，旨在实现从理论到实践的快速过渡，从而帮助读者快速诊断和排除故障，提高数控机床的使用效率。

本书内容介绍由浅入深，循序渐进，图文并茂，形象生动，理论密切联系实际，特别着重于应用，每一部分都列举了大量实例。

本系列适合作为高等职业教育的教学与实践用教材，也可作为企业数控加工职业技能的培训教材，对数控技术开发人员、数控设备使用人员、维修人员、数控编程技术人员、数控机床操作人员及数控技工有较大的参考价值，同时还可作为各种层次的继续工程教育用数控培训教材。

需要本书电子教案和习题答案的老师可到机械工业出版社教材服务网 www.cmpedu.com 网站下载，也可发 E-mail 至 complwy@ sina.com 与编辑联系。

图书在版编目（CIP）数据

数控机床故障诊断与维修/王爱玲主编. —2 版. —北京：机械工业出版社，2013.6（2024.1 重印）

数控职业教育系列教材

ISBN 978 – 7 – 111 – 42432 – 1

Ⅰ. ①数… Ⅱ. ①王… Ⅲ. ①数控机床–故障诊断–高等职业教育–教材②数控机床–维修–高等职业教育–教材 Ⅳ. ①TG659

中国版本图书馆 CIP 数据核字（2013）第 095224 号

机械工业出版社（北京市百万庄大街 22 号 邮政编码 100037）
策划编辑：李万宇 责任编辑：李万宇 杨明远
版式设计：霍永明 责任校对：肖 琳
封面设计：鞠 杨 责任印制：邰 敏
北京富资园科技发展有限公司印刷
2024 年 1 月第 2 版第 12 次印刷
169mm×239mm·16.5 印张 ·330 千字
标准书号：ISBN 978 – 7 – 111 – 42432 – 1
定价：33.00 元

前　　言

制造业是国民经济和国防建设的基础性产业，先进制造技术是振兴传统制造业的技术支撑和发展趋势，是直接创造社会财富的主要手段，谁先掌握先进制造技术，谁就能够占领市场。而数控技术是先进制造技术的基础技术和共性技术，已成为衡量一个国家制造业水平的重要标志之一。现代数控技术集传统的机械制造技术、计算机技术、成组技术与现代控制技术、传感检测技术、信息处理技术、网络通信技术、液压气动技术、光机电技术于一体，是现代制造技术的基础，它的发展和运用，开创了制造业的新时代，使世界制造业的格局发生了巨大变化。

数控技术是提高产品质量、提高劳动生产率必不可少的物质手段，它的广泛使用给机械制造业的生产方式、产业结构、管理方式带来了深刻的变化，它的关联效益和辐射能力更是难以估计。数控技术是制造业实现自动化、柔性化、集成化生产的基础，离开了数控技术，先进制造技术就成了无本之木。数控技术是国际技术和商业贸易的重要构成，工业发达国家把数控机床视为具有高技术附加值、高利润的重要出口产品，世界贸易额逐年增加。采用数控技术的典型产品——数控机床，是机电工业的重要基础装备，是汽车、石油化工、电子等支柱产业及重矿产业生产现代化的最主要手段，也是世界第三次产业革命的一个重要内容。

因此，数控技术及数控装备是发展新兴高新技术产业和尖端工业（如信息技术及其产业、生物技术及其产业、航空和航天等国防工业产业）的使能技术和最基本的装备。数控技术及数控装备是关系到国家战略地位和体现国家综合国力水平的重要基础性产业，其水平高低是衡量一个国家制造业现代化程度的核心标志，实现加工机床及生产过程数控化，已经成为当今制造业的发展方向。

我国数控技术及产业尽管在改革开放后取得了显著的成就，开发出了具有自主知识产权的数控平台，即以 PC 为基础的总线式、模块化、开放型的单处理器平台和多处理器平台，开发出了具有自主版权的基本系统，也研制成功了并联运动机床等新技术与新产品。但是，我国的数控技术及产业与发达国家相比，仍然有比较大的差距，其原因是多方面的，其中最重要的是数控人才的匮乏。目前，随着国内数控机床用量的剧增，急需培养一大批各种层次的数控人才，特别是高端技能型人才。

为适应我国高等职业技术教育发展及数控应用型人才、操作技能型人才培养的需要，修订编写了这一套《数控职业教育系列教材》。本系列教材分 6 册：《数控机床结构及应用》第 2 版、《数控原理及数控系统》第 2 版、《数控机床加工工艺》第 2 版、《数控编程技术》第 2 版、《数控机床操作技术》第 2 版、《数控机床故障诊断与维修》第 2 版。各分册的第 1 版重印数次，销量很好，受到了读者的广泛欢迎。

本系列教材的编写修订工作主要由中北大学机械工程与自动化学院和山西职业技术学院机械工程学院承担。中北大学机械工程与自动化学院在"机械设计制造及其自动化"专业建设的基础上，1995 年就开设了"机床数控技术"和"制造自动化技术"两个专业方向；在继续工程教育方面，中北大学作为"兵器工业现代数控技术培训中心"和"全国数控培训网太原分中心"的承办单位，自 1995 年以来，开办了 50 多期现代数控技术普及班、高级班和各种专项班，为 80 多个企事业单位培训了大量现代数控技术方面的工程技术人才。目前中北大学是教育部、国防科工局、中国机械工业联合会认定的数控技术领域技能型紧缺人才培养培训基地。山西职业技术学院机械工程学院，自 2002 年开始秉承"学校入园区、企业进学校"的办学理念，积极响应国家紧缺人才培养、培训的号召，将国家级数控实训基地建在了具有良好机械加工环境的榆次工业园区，形成了"前校后厂、校企合一""校中有厂、厂中有校"的办学模式，实现了校园文化与企业文化的兼容并蓄，收到了良好的办学效果。学院近年来曾多次在全国职业院校技能大赛、全国数控技能大赛中获得一等奖、二等奖等优异成绩，是国家百所骨干高职院校之一，拥有"数控设备应用与维护""机电设备维修与管理"两个骨干院校建设专业。

本系列教材是诸位编者经过 10 多年来的教学实践积累和检验，不断补充、更新、修改而编著完成的，力求取材新颖，内容介绍由浅入深，循序渐进，图文并茂，形象生动，理论密切联系实际，特别着重于应用，每一部分都列举了大量实例。为了满足数控技术应用型人才的市场需要，理论部分的讲解突出了简明性、系统性、实用性和先进性，反映机与电的结合，减少了繁杂的数学推导，系统全面地介绍了数控技术、数控装备、数控加工工艺、数控编程等方面的知识。

本系列教材的特色表现在下列几方面：

1. 各个出版社都出了不少各种层次的与数控相关的书籍，也有一些专门针对职业教育的。本系列教材是针对数控职业教育的较为全面的系列教材。

2. 本系列的各本教材在编著时突出了"应用"的特色，精选了大量的应用实例。

3. 教材中涉及的内容，既有标志学科前沿的最新知识，又深入浅出地交代了数控基本理论知识。

4. 在有限的课时内，安排较大量的实验实训、习题，以锻炼学生实际动手能力及学生解决实际问题的能力。

参加本系列教材的编写者均为主讲过"机械设计制造及其自动化"类"数控

技术"专业本科、高等职业教育各门数控专业课程并参加相关科研项目的青年教师，由第三届高等学校教学名师奖获奖者王爱玲教授、博士生导师和山西职业技术学院景海平院长担任本系列教材的总策划与主编。

本系列教材适合作为高等职业教育的教学与实践用教材或教学参考用书，对数控技术开发人员、数控设备使用人员、维修人员、数控编程技术人员、数控机床操作人员及数控技工也有较大的参考价值，同时还可作为各种层次的继续工程教育用数控培训教材。

《数控机床故障诊断与维修》系本系列教材分册之一，本书从数控机床维修的角度，以面向实际操作、培养实践技能为目的，针对常用的 FANUC、SIEMENS 和华中数控等公司的数控设备，详细地分析了数控机床数控装置、伺服驱动系统、低压电器、检测元件、PLC、机械结构等部件的常见故障形式、故障原因及故障诊断排除方法。本书辅以大量的故障诊断分析实例，旨在实现从理论到实践的快速过渡，从而帮助读者快速诊断和排除故障，提高数控机床的使用效率。

本分册由中北大学王爱玲任主编，杨福合、张福生任副主编。中北大学王爱玲教授编著了第 7 章，中北大学杨福合编著了第 1 章、第 2 章、第 3 章，中北大学宋胜涛编著了第 5 章，山西职业技术学院张福生编著了第 6 章，山西职业技术学院崔克峰编著了第 4 章。全书由中北大学王爱玲教授统稿，山西职业技术学院张福生审稿。

作者在总结广大师生和社会读者对上一版使用意见的基础上，根据职业教育的特点，对本书的内容作了如下修订：改写了诊断及维修的基本要求部分，添加了常用工具及仪器的实物图片；根据职业教育的特点及现状，将原先 SINUMERIK 840D 的数控系统的介绍更改为经济普及型的 SINUMERIK 802S base line 系统，从而与大多数职业教育院校所用的试验台相结合；改写了检测元件的原理分析，更新了图片，添加了常见的故障等内容；增加了"数控机床电气系统故障诊断与维修"一章，详细介绍了数控机床控制系统中常用的低压电器原理，配备了实物图片，列出了常见故障形式及解决方法等；对全书的诊断维修实例进行了部分更新。

本书在编写过程中参阅了诸多院校和同行的教材、资料和文献，并得到很多专家和同事的支持和帮助，在此谨致谢意！

限于编者的水平和经验，书中难免会有不少疏漏和错误，恳请读者和各位同仁批评指正。

作　者

目　录

第 1 章

绪　　论

1.1　数控机床故障诊断与维修的意义和目的

1.1.1　数控机床故障诊断与维修的意义

数控机床（Numerically Controlled Machine Tool）是机电一体化技术在机械加工领域中应用的典型产品，具有高精度、高效率和高适应性的特点，适于多品种、中小批量复杂零件的加工。数控机床作为实现柔性制造系统 FMS（Flexible Manufacturing System）、计算机集成制造系统 CIMS（Computer Integrated Manufactory System）和未来工厂自动化 FA（Factory Automation）的基础，已成为现代制造技术中不可缺少的设备。以微处理器为基础，以大规模集成电路为标志的数控设备，已在我国批量生产、大量引进和推广应用，给机械制造业的发展创造了条件，并带来很大的效益。

数控机床也是一个复杂的大系统，它涉及光、机、电、液等方面，包括数控系统 CNC（Computer Numeric Control）、可编程序控制器 PLC（Programmable Logic Controller）、系统软件、PLC 软件、加工编程软件、精密机械、数字电子、大功率电力电子、电动机拖动与伺服、液压与气动、传感器与测量、网络通信等技术。数控机床内部各部分联系非常紧密，自动化程度高、运行速度快，大型数控机床往往有成千上万的机械零件和电器部件，无论哪一部分发生故障都是难免的。机械锈蚀、机械磨损、机械失效，电子元器件老化、插件接触不良、电流电压波动、温度变化、干扰、噪声，软件丢失或本身有隐患、灰尘，操作失误等，都可能导致数控机床出现故障甚至是整个设备的停机，从而造成整个生产线的停顿。在许多行业中，数控机床均处在关键工作岗位的关键工序上，若出现故障后不能及时修复，将直接影响企业的生产率和产品质量，会给生产单位带来巨大的损失。所以熟悉和掌握数控机床的故障诊断与维修技术，及时排除故障是非常重要的。

1.1.2 数控机床故障诊断与维修的目的

数控机床故障诊断与维修的基本目的是提高数控设备的可靠性。数控设备的可靠性是指在规定的时间内、规定的工作条件下维持无故障工作的能力。衡量数控设备可靠性的重要指标是平均无故障时间 MTBF（Mean Time Between Failures）、平均修复时间 MTTR（Mean Time To Repair）和平均有效度 A。

平均无故障时间是指数控机床在使用中两次故障间隔的平均时间，即

$$MTBF = \frac{总的工作时间}{总故障次数}$$

目前较好的数控机床的平均无故障时间可以达到几万小时，显然平均无故障时间越长越好。

平均修复时间是指数控机床从开始出现故障直至排除故障、恢复正常使用的平均时间。显然这段时间越短越好。

平均有效度是对数控设备正常工作概率进行综合评价的指标，它是指一台可维修数控机床在某一段时间内维持其性能的概率，即

$$A = \frac{MTBF}{MTBF + MTTR}$$

显然数控设备故障诊断与维护的目的就是要做好两个方面：一是做好数控设备的维护工作，尽量延长平均无故障时间 MTBF；二是提高数控设备的维修效率，尽快恢复使用，以尽量缩短平均修复时间 MTTR。也就是说，从两个方面来保证数控设备有较高的有效度 A，提高数控设备的开动率。

1.2 数控机床故障诊断与维修的研究对象和故障分类

1.2.1 数控机床故障诊断的研究对象

1. 数控机床本体（包括液压、气动和润滑装置）

对于数控机床本体而言，由于机械部件处于运动摩擦过程中，因此对它的维护就显得特别重要，如主轴箱的冷却和润滑、导轨副和丝杠螺母副的间隙调整与润滑，以及支承的预紧、液压与气动装置的压力调整和流量调整等。

2. 电气控制系统

电气控制系统包括数控系统、伺服系统、机床电器柜（也称强电柜）及操作面板等。

数控系统与机床电器设备之间的接口有四个部分：

（1）驱动电路 主要指与坐标轴进给驱动和主轴驱动之间的电路。

（2）位置反馈电路 指数控系统与位置检测装置之间的连接电路。

（3）电源及保护电路 电源及保护电路由数控机床强电控制线路中的电源控制电路构成，强电线路由电源变压器、控制变压器、各种断路器、保护开关、接触器、熔断器等连接而成，以便为交流电动机、电磁铁、离合器和电磁阀等功率执行元件供电。

（4）开关信号连接电路 开关信号是数控系统与机床之间的输入输出控制信号，输入输出信号在数控系统和机床之间的传送通过 I/O 接口进行。数控系统中的各种信号均可以用机床数据位"1"或"0"来表示。数控系统通过对输入开关量的处理，向 I/O 接口输出各种控制命令，控制强电线路的动作。

数控设备从电气的角度看，最明显的特征就是用电气驱动替代了普通机床的机械传动，相应的主运动和进给运动由主轴电动机和伺服电动机执行完成，而电动机的驱动必须有相应的驱动装置和电源配置。

现代数控机床一般用可编程序控制器替代普通机床强电控制柜中的大部分机床电器，从而实现对主轴、进给、换刀、润滑、冷却、液压及气动传动等系统的逻辑控制。特别要注意的是机床上各部位的按钮、行程开关、接近开关、继电器、电磁阀等机床电器开关，开关的可靠性直接影响机床能否正确执行动作。这些设备的故障是数控设备最常见的故障。

数控机床为了保证精度，一般采用了反馈装置，包括速度检测装置和位置检测装置。检测装置的好坏直接影响数控机床的运动精度及定位精度。

由上所述，电气系统的故障诊断及维护是数控机床维护和故障诊断的重点。

资料表明：数控设备的操作、保养和调整不当占整个设备故障的 57%，伺服系统、电源及电气控制部分的故障占整个故障的 37.5%，而数控系统的故障占 5.5%。

1.2.2 数控机床故障诊断的分类

数控机床故障是指数控机床失去了规定的功能。按照数控机床故障频率的高低，机床的使用期可以分为三个阶段，即初始运行期、相对稳定运行期和衰老期。这三个阶段故障频率可以由故障发生规律曲线来表示，如图 1-1 所示。数控机床从整机安装调试后至运行 1 年左右的时间称为机床的初始运行期 T_1。在这段时间内，机械处于磨合阶段，部分电子元器件在电器干扰中经受不了初期的考验而破坏，所以数控机床在这段时间内的故障相对较多。数控机床经过了初始运行期就进入了相对稳定期 T_2，机床在该期间仍然会产生故障，但是故障频率相对减少，数控机床的相对稳定期一般为 7~10 年。数控机床经过相对稳定期之后是衰老期 T_3，由于机械的磨损、电器元器件的品质因数下降，数控机床的故障率又开始增大。

3

数控机床的故障是多种多样的，可以从不同角度对其进行分类，按其起因、表现形式、性质等可分类如下。

1. 从故障的起因分类

从故障的起因上看，数控机床故障分为关联性和非关联性故障。非关联性故障是指与数控机床本身的结构和制造无关的故障，故障的发生是由诸如运输、安装、撞击等外部因素人为造成的；关联性故障是指由于数控机床设计、结构或

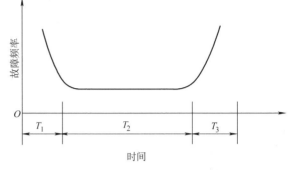

图1-1　故障发生规律曲线

性能等缺陷造成的故障。关联性故障又分为固有性故障和随机性故障。固有性故障是指一旦满足某种条件，如温度、振动等条件，就出现故障。随机性故障是指在完全相同的外界条件下，故障有时发生或不发生的情况。随机性故障由于存在着较大的偶然性，给故障的诊断和排除带来了较大的困难。

2. 从故障的时间分类

从故障出现的时间上看，数控机床故障又分为随机故障和有规则故障。随机故障的发生时间是随机的，有规则故障的发生时间有一定的规律性。

3. 从故障的发生状态分类

从故障发生的过程状态来看，数控机床故障又分为突然故障和渐变故障。突然故障是指数控机床在正常使用过程中，事先并无任何故障征兆出现，而突然出现的故障。突然故障的例子有：因机器使用不当或出现超负载而引起的零件折断；因设备各项参数达到极限而引起的零件变形和断裂等。渐变故障是指数控机床在发生故障前的某一时期内，已经出现故障的征兆，但此时（或在消除系统报警后），数控机床还能够正常使用，并不影响加工出的产品质量。渐变故障与材料的磨损、腐蚀、疲劳及蠕变等过程有密切关系。

4. 按故障的影响程度分类

从故障的影响程度来看，数控机床故障分为完全失效故障和部分失效故障。完全失效是指数控机床出现故障后，不能再正常加工工件，只有等到故障排除后，才能让数控机床恢复正常工作的情况。部分失效是指数控机床丧失了某种或部分系统功能，而数控机床在不使用该部分功能的情况下，仍然能够正常加工工件的情况。

5. 按故障的严重程度分类

从故障出现的严重程度上看，数控机床故障又分为危险性故障和安全性故障。危险性故障是指数控机床发生故障时，机床安全保护系统在需要动作时因故障失去保护作用，造成人身伤亡或机床故障。安全性故障是指机床安全保护系统在不需要

动作时发生动作，引起机床不能起动。

6. 按故障的性质分类

从故障发生的性质上看，数控机床故障又分为软件故障、硬件故障和干扰故障三种。其中，软件故障是指由程序编制错误、机床操作失误、参数设定不正确等引起的故障。软件故障可通过认真消化、理解随机资料，掌握正确的操作方法和编程方法，避免和消除该类故障。硬件故障是指由 CNC 电子元器件、润滑系统、换刀系统、限位机构、机床本体等硬件因素造成的故障。干扰故障则表现为内部干扰和外部干扰，是指由于系统工艺、线路设计、电源地线配置不当等以及工作环境的恶劣变化而产生的故障。

1.3 数控机床故障诊断与维修方法、步骤和要求

1.3.1 故障诊断与维修的方法

1. 常规方法

（1）直观法

这是一种最基本的方法。维修人员通过对故障发生时的各种光、声、味等异常现象的观察以及认真查看系统的每一处，往往可将故障范围缩小到一个模块或一块印制电路板。这要求维修人员具有丰富的实际经验，要有多学科的较宽的知识和综合判断的能力。

1）问——机床的故障现象、加工状况等。

2）看——CRT 报警信息、报警指示灯、熔丝断否、元器件烟熏烧焦、电容器膨胀变形、开裂、保护器脱扣、触点火花等。

3）听——异常声响（铁心、欠压、振动等）。

4）闻——电气元件焦煳味及其他异味。

5）摸——发热、振动、接触不良等。

（2）自诊断功能法

现代的数控系统虽然尚未达到智能化很高的程度，但已经具备了较强的自诊断功能，能实时监视数控系统的硬件和软件的工作状况。一旦发现异常，立即在 CRT 上显示报警信息或用发光二极管指示出故障的大致起因。利用自诊断功能，也能显示出系统与主机之间接口信号的状态，从而判断出故障发生在机械部分还是数控系统部分，并指示出故障的大致部位。这个方法是当前维修时最有效的一种方法。

（3）功能程序测试法

所谓功能程序测试法就是将数控系统的常用功能和特殊功能，如直线定位、圆

弧插补、螺纹切削、固定循环、用户宏程序等用手工编程或自动编程方法，编制成一个功能程序，送入数控系统中，然后启动数控系统，使之进行运行加工，借以检查机床执行这些功能的准确性和可靠性，进而判断出故障发生的可能起因。对于长期闲置的数控机床第一次开机时的检查以及机床加工造成废品但又无报警的情况下，一时难以确定是编程错误还是操作错误，或是机床故障进行判断时，本方法是一种较好的方法。

（4）交换法

这是一种简单易行的方法，也是现场判断时最常用的方法之一。所谓交换法就是在分析出故障大致起因的情况下，维修人员可以利用备用的印制电路板、模板、集成电路芯片或元器件替换有疑点的部分，从而把故障范围缩小到印制电路板或芯片一级。它实际上也是在验证分析的正确性。

在备板交换之前，应仔细检查备板是否完好，并应检查备板的状态应与原板状态完全一致。这包括检查板上的选择开关、短路棒的设定位置以及电位器的位置。在置换 CNC 装置的存储器板时，往往还需要对系统作存储器的初始化操作（如日本 FANUC 公司的 FS-6 系统用的存储器就需要进行这项工作），重新设定各种数控数据，否则系统仍将不能正常地工作。又如更换 FANUC 公司的 7 系统的存储器板之后，需重新输入参数，并对存储器区进行分配操作。缺少了后一步，一旦零件程序输入，将产生 60 号报警（存储器容量不够）。有的 CNC 系统在更换了主板之后，还需进行一些特定的操作。如 FANUC 公司的 FS-10 系统，必须按一定的操作步骤，先输入 9000～9031 号选择参数，然后才能输入 0000～8010 号的系统参数和 PC 参数。总之，一定要严格按照有关系统的操作、维修说明书的要求进行操作。

（5）转移法

所谓转移法就是将 CNC 系统中具有相同功能的两块印制电路板、模块、集成电路芯片或元器件互相交换，观察故障现象是否随之转移。借此，可迅速确定系统的故障部位。这个方法实际上是交换法的一种，因此有关注意事项同交换法所述。

（6）参数检查法

众所周知，数控参数能直接影响数控机床的功能。参数通常是存放在 Flash ROM 或存放在需由电池保持的 CMOS RAM 中，一旦电池不足或由于外界的某种干扰等因素，会使个别参数丢失或变化，发生混乱，使机床无法正常工作。此时，通过核对、修正参数，就能将故障排除。当机床长期闲置，工作时无缘无故地出现不正常现象或有故障而无报警时，就应根据故障特征，检查和校对有关参数。

另外，经过长期运行的数控机床，由于其机械传动部件磨损、电气元件性能变化等原因，也需对有关参数进行调整。有些机床的故障往往是由于未及时修改某些不适应的参数所致。

（7）测量比较法

CNC 系统生产厂在设计印制电路板时，为了调整、维修的便利，在印制电路板上设计了多个检测用端子。用户可以利用这些端子比较测量正常的印制电路板和有故障的印制电路板之间的差异。可以检测这些测量端子的电压或波形，分析故障的起因及故障的所在位置，甚至有时还可对正常的印制电路人为地制造"故障"，如断开连线或短路、拔去组件等，以判断真实故障的起因。为此，维修人员应在平时积累印制电路板上关键部位或易出故障部位在正常时的正确波形和电压值，因为CNC 系统生产厂往往不提供这方面的资料。

（8）敲击法

当系统出现的故障表现为若有若无时，往往可用敲击法检查出故障的部位所在。这是由于 CNC 系统是由多块印制电路板组成，每块板上又有许多焊点，板间或模块间又通过插接件及电缆相连。因此，任何虚焊或接触不良都可能引起故障。当用绝缘物轻轻敲打有虚焊及接触不良的疑点处时，故障肯定会重复再现。

（9）局部升温法

CNC 系统经过长期运行后元器件均要老化，性能会变坏。当它们尚未完全损坏时，出现的故障变得时有时无。这时可用热吹风机或电烙铁等来局部升温被怀疑的元器件，加速其老化，以便彻底暴露故障部件。当然，采用此法时，一定要注意元器件的温度参数等，不要将原来是好的器件烤坏。

（10）原理分析法

根据 CNC 系统的组成原理，可从逻辑上分析各点的逻辑电平和特征参数（如电压值或波形），然后用万用表、逻辑笔、示波器或逻辑分析仪进行测量、分析和比较，从而对故障定位。运用这种方法，要求维修人员必须对整个系统或每个电路的原理有清楚的、较深的了解。

除了以上常用的故障检查测试方法外，还有拔板法、电压拉偏法、开环检测法等多种诊断方法。这些检查方法各有特点，按照不同的故障现象，可以同时选择几种方法灵活应用，对故障进行综合分析，才能逐步缩小故障范围，较快地排除故障。

2. 先进方法

（1）远程诊断

远程诊断是数控系统的生产厂家维修部门提供的一种先进的诊断方法，这种方法采用网络通信手段。该系统一端连接用户的 CNC 系统中的专用"远程通信接口"，通过局域网或将普通电话线连接到 Internet 上，另一端则通过 Internet 连接到设备远程维修中心的专用诊断计算机上。由诊断计算机向用户的 CNC 系统发送诊断程序，并将测试数据送回到诊断计算机进行分析，得出诊断结论，然后再将诊断结论和处理方法通知用户。大约 20% 的服务可以通过远程诊断和远程服务进行处理和解决，而且用于故障诊断和故障排除的时间可以降低 90%，维修和维护的费用可以降低20%~50%。采用远程诊断和远程服务将降低服务费用的支出，提高经济效益，从而进一步增强市场竞争力。

这种远程故障诊断系统不仅可用于故障发生后对 CNC 系统进行诊断，还可对用户作定期预防性诊断。双方只需按预定时间对数控机床作一系列试运行检查，将检测数据通过网络传送到维修中心的诊断计算机进行分析、处理，维修人员不必亲临现场，就可及时发现系统可能出现的故障隐患。

SIEMENS 公司生产的数控系统，荷兰 Delem 公司的 DA65W、DA66W，MAZAK 公司的 Mazatrol 数控系统，华中世纪星等数控系统具有这种故障诊断功能。

值得一提的是，华中数控的远程操作监控与诊断平台——数控设备 E-服务系统，主要由数控设备 E-服务平台、数控机床网关和远程用户终端三大部分组成，其典型工作过程如图 1-2 所示。

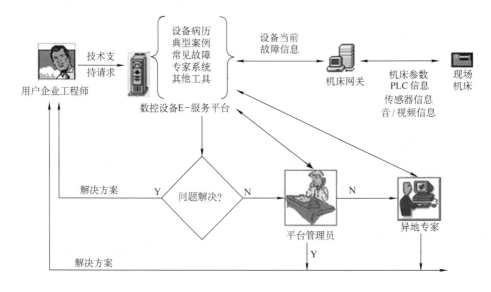

图 1-2　数控设备 E-服务系统的典型工作过程

数控设备 E-服务平台是建立在互联网上的一个特殊网站，内容包括数控设备制造企业的用户档案、协助其进行设备故障诊断的领域专家档案、用户设备电子病历、设备远程操作、诊断、维护模块，以及网络会诊工具等。平台的作用是通过 Web 这一灵活、方便的形式，将与设备技术支持与服务相关的设备诊断信息、用户信息、专家信息组织在一起，形成一个网络化设备故障诊断与服务保障体系，提高产品售后服务质量和效率。

机床网关是由运行在生产现场的一台 PC 或笔记本计算机构成的一个数控机床连接器，它一端通过电话网、移动通信网、互联网与数控设备 E-服务平台相连，另一端则通过局域网/RS232 等形式与数控机床相连。其作用是将数控机床内部的

PLC 信息和外部的音频、视频信息、传感器信息发送到互联网上，供设备远程诊断使用。另外它也可以将远程终端用户浏览器发送来的控制信息转发给与之连接的数控机床。

设备使用工程师、设备制造工程师或领域专家通过运行在远程终端上的浏览器，从数控设备 E-服务平台上获取和发布信息，对数控设备故障进行远程协作诊断，提供远程技术支持。

如图 1-2 所示，企业用户遇到技术问题时先登录数控设备 E-服务平台，利用平台提供的典型案例、设备常见故障、数控设备诊断专家系统等工具尝试自行解决问题；如果用户无法在平台提供的工具下解决问题，则请求作为平台管理员的设备制造企业工程师协助解决问题；如果问题还是不能解决，则由平台管理员请求异地领域专家进行联合会诊，直至问题解决。

（2）自修复系统

在系统内设置有备用模块，在 CNC 系统的软件中装有自修复程序，在该软件运行时一旦发现某个模块有故障，系统一方面将故障信息显示在 CRT 上，同时自动寻找是否有备用模块，如有备用模块，则系统能自动使故障脱机，从而接通备用模块，使系统能较快地进入正常工作状态。这种方案适用于无人管理的自动化工作的场合。

（3）专家诊断系统

专家诊断系统又称智能诊断系统。它将专业技术人员、专家的知识和维修技术人员的经验整理出来，运用推理的方法编制成计算机故障诊断程序库。专家诊断系统主要包括知识库和推理机两部分，如图 1-3 所示。知识库中以各种规则形式存放着分析和判断故障的实际经验和知识，推理机对知识库中的规则进行解释，运行推理程序，寻求故障原因和排除故障的方法。操作人员通过 CRT/MDI 用人机对话的方式使用专家诊断系统，输入数据或选择故障状态，从专家诊断系统处获得故障诊断的结论。FANUC 系统中引入了专家诊断的功能。

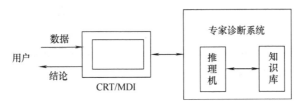

图 1-3　专家诊断系统

1.3.2　故障诊断与维修的一般步骤

数控设备的故障诊断与维修的过程基本上分为故障的调查与分析、维修与故障的排除、维修总结提高三个阶段。

1. 故障的调查与分析

这是故障诊断与维修的第一阶段，是非常关键的阶段。

数控机床出现故障后，不要急于动手处理，首先要摸清楚故障发生的过程，分析产生故障的原因，为此要做好下面几项工作。

（1）询问调查

在接到机床现场出现故障要求排除的信息时，首先应要求操作者尽量保持现场故障状态，不做任何处理，这样有利于迅速精确地分析故障原因。同时仔细询问故障指示情况、故障表象及故障产生的背景情况，依此做出初步判断，以便确定现场排故所应携带的工具、仪表、图样资料、备件等，减少往返时间。

（2）现场检查

到达现场后，首先要验证操作者提供的各种情况的准确性、完整性，从而核实初步判断的准确度。由于操作者的水平，对故障状况描述不清甚至完全不准确的情况不乏其例，因此到现场后仍然不要急于动手处理，重新仔细调查各种情况，以免破坏了现场，增加排除故障难度。

（3）故障分析

根据已知的故障状况，按前述故障分类办法分析故障类型，从而确定排除故障原则。由于大多数故障是有指示的，所以一般情况下，对照机床配套的数控系统诊断手册和使用说明书，可以列出产生该故障的多种可能的原因。

（4）确定原因

对多种可能的原因进行排查，从中找出本次故障的真正原因，对维修人员来说这是一种对该机床熟悉程度、知识水平、实践经验和分析判断能力的综合考验。虽然当前的 CNC 系统智能化程度较以前有所提高，但是系统仍然无法完全自动诊断出发生故障的确切原因，往往是同一报警号可以有多种起因，不可能将故障缩小到具体的某一部件。因此，在分析故障的起因时，一定要思路开阔。有这种情况，自诊断出系统的某一部分有故障，但究其起源，却不在数控系统，而是在机械部分。所以，无论是 CNC 系统、机床强电，还是机械、液压、气路等，只要有可能引起该故障的原因，都要尽可能全面地列出来，进行综合判断和筛选，然后通过必要的试验，达到确诊和最终排除故障的目的。

（5）排故准备

有的故障的排除方法可能很简单，有些故障则比较复杂，需要做一系列的准备工作，例如：工具仪表的准备、局部的拆卸、零部件的修理、元器件的采购甚至排除故障计划步骤的制定等。

数控机床故障的调查、分析与诊断的过程也是故障的排除过程，一旦查明了原因，故障就几乎等于排除了，因此故障分析诊断的方法是十分重要的。

一般情况下，在诊断系统故障的过程中应掌握以下几个原则：

（1）先外部后内部

数控机床是集机械、液压、电气为一体的机床，故其故障的发生也会由这三者综合反映出来。维修人员应先由外向内逐一进行排查。尽量避免随意地启封、拆卸，否则会扩大故障，使机床大伤元气，丧失精度，降低性能。

（2）先机械后电气

一般来说，机械故障较易发觉，而数控系统故障的诊断则难度较大些。在故障检修之前，首先注意排除机械性的故障，往往可达到事半功倍的效果。

（3）先静后动

先在机床断电的静止状态，通过了解、观察测试、分析确认为非破坏性故障后，方可给机床通电。在运行工况下，进行动态的观察、检验和测试，查找故障。而对破坏性故障，必须先排除危险后，方可通电。

（4）先简单后复杂

当出现多种故障互相交织掩盖，一时无从下手时，应先解决容易的问题，后解决难度较大的问题。通常简单问题解决后，难度大的问题也可能变得容易。

2. 维修与故障的排除

这是数控设备的故障诊断与维修的第二阶段，是实施阶段。如前所述，完成故障原因的调查与分析的同时，也就基本上明确了故障的排除，剩下的工作就是按照相关操作规程具体实施。

3. 维修总结提高

进行维修总结与提高工作是数控设备的故障诊断与维修的第三阶段，也是十分重要的阶段，应引起足够重视。

总结提高工作的主要内容包括：

1）详细记录从故障的发生、分析判断到排除全过程中出现的各种问题，采取的各种措施，涉及的相关电路图、相关参数和相关软件，其间错误分析和排故方法也应记录，并记录其无效的原因。除填入维修档案外，内容较多者还要另文详细书写。

2）有条件的维修人员应该从较典型的故障排除实践中找出具有普遍意义的内容作为研究课题，进行理论性探讨，写出论文，从而达到提高的目的。特别是在有些故障的排除中，并未经过认真系统地分析判断，而是带有一定偶然性地排除了故障，这种情况下的事后总结研究就更加必要。

3）总结故障排除过程中所需要的各类图样、文字资料，若有不足应事后想办法补齐，而且在随后的日子里研读，以备将来之需。

4）在排除故障过程中发现自己欠缺的知识，制订学习计划，力争尽快补课。

5）找出工具、仪表、备件的不足，条件允许时补齐。

总结提高工作的好处是：

1）迅速提高维修者的理论水平和维修能力。

2）提高重复性故障的维修速度。

3）利于分析设备的故障率及可维修性，改进操作规程，提高机床寿命和利用率。

4）可改进机床电气原设计的不足。

5）资源共享。总结资料可作为其他维修人员的参考资料、学习培训教材。

1.3.3 故障诊断与维修的基本要求

数控机床控制系统比较复杂，涉及知识面广，因此它对工作环境、维修人员素质、维修技术资料的准备、维修工具及仪器的使用等方面提出了比普通机床更高的要求。

1. 工作环境的要求

数控系统结构复杂，而工作环境中，温、湿度变化较大，油污或粉尘对元件及电路板的污染、机械振动、电磁干扰，都会对信号传送通道的插接件和电子元器件产生影响，从而影响机床的正常运行。例如：在一台加工中心旁边操作大功率磨床，由于电磁干扰可能使数控系统发生故障而造成加工的零件报废。所以数控机床最好置于恒温的环境、远离振动较大的设备（如冲床）和有电磁干扰的设备。另外，数控机床应避免阳光直接照射和其他热辐射，周围工具夹具及附属设备、工件等要整齐摆放。

2. 人员素质要求

维修人员的素质直接决定了维修效率和效果，为了迅速、准确判断故障原因，并进行及时有效的处理，恢复机床的动作、功能和精度，作为数控机床的维修人员应具备以下方面的基本条件：

（1）具有较广的知识面

由于数控机床通常是集机械、电气、液压、气动等于一体的加工设备，组成机床的各部分之间具有密切的联系，其中任何一部分发生故障均会影响其他部分的正常工作。数控机床维修的第一步是要根据故障现象，尽快判别故障的真正原因与故障部位，这一点是维修人员必须具备的素质，同时又对维修人员提出了很高的要求。它要求数控机床维修人员不仅仅要掌握机械、电气两个专业的基础知识和基础理论，而且还应该熟悉机床的结构与设计思想，熟悉数控系统的性能，只有这样，才能迅速找出故障原因，判断故障所在。此外，为了维修时对某些电路与零件进行现场测绘，作为维修人员还应当具备一定的工程制图能力。

（2）善于思考

数控机床的结构复杂，各部分之间的联系紧密，故障涉及面广，而且在有些场合，故障所反映的现象不一定是产生故障的根本原因。作为维修人员必须从机床的故障现象，通过分析故障产生的过程，针对各种可能产生的原因，由表及里，透过现象看本质，迅速找出发生故障的根本原因并予以排除。

通俗地讲，数控机床的维修人员从某种意义上说应"多动脑，慎动手"，切忌妄下结论，盲目更换元器件，特别是数控系统的模块以及印制电路板。

（3）重视总结积累

数控机床的维修速度在很大程度上要依靠平时的经验积累，维修人员遇到过的问题、解决过的故障越多，其维修经验也就越丰富。数控机床虽然种类繁多，系统各异，但其基本的工作过程与原理却是相同的。因此，维修人员在解决了某一故障以后，应对维修过程及处理方法及时总结、归纳，形成书面记录，以供今后同类故障维修参考。特别是对于自己一时难以解决，最终由同行技术人员或专家维修解决的问题，尤其应该细心观察，认真记录，以便于提高。如此日积月累，来达到提高自身水平与素质的目的。

（4）善于学习

作为数控机床维修人员，不仅要注重分析与积累，还应当勤于学习、善于学习。数控机床，尤其是数控系统，其说明书内容通常都较多，有操作、编程、清洁、安装调试、维修手册、功能说明、PLC 编程等。这些手册、资料少则数十万字，多至上千万字，要全面掌握系统的全部内容，绝非一日之功；而且在实际维修时，通常也不可能有太多的时间对说明书进行全面、系统地学习。因此，作为维修人员要像了解机床、系统的机构那样全面了解系统说明书的结构、内容、范围，并根据实际需要，精读某些与维修有关的重点章节，理清思路、把握重点、详略得当，切忌大海捞针、无从下手。

（5）具备一定的外语基础

虽然目前国内生产数控机床的厂家已经日益增多，但许多高档数控机床的关键部分——数控系统还主要依靠进口，其配套的说明书、资料往往使用原文资料，数控系统的报警文本显示亦以外文居多。为了能迅速根据系统的提示与机床说明书中所提供信息，确认故障原因，加快维修进程，作为一个维修人员，最好能具备专业外语的阅读能力，提高外语水平，以便分析、处理问题。

（6）能熟练操作机床和使用维修仪器

数控机床的维修离不开实际操作，特别是在维修过程中，维修人员通常要进入一般操作者无法进入的特殊操作方式，例如：进行机床参数的设定与调整、通过计算机以及软件联机调试、利用 PLC 编程器监控等。此外，为了分析判断故障原因，维修过程中往往还需要编制相应的加工程序，对机床进行必要的运行试验与工件的试切削。因此，从某种意义上说，一个高水平的维修人员，其操作机床的水平应比普通操作人员更高，运用编程指令的能力应比编程人员更强。

（7）具有较强的动手能力

动手能力是维修人员必须具备的素质。但是，对于维修数控机床这样精密、关键的设备，动手必须有明确的目的、完整的思路、细致的操作。动手前应仔细思考、观察，找准入手点，动手过程中更要做好记录，尤其是对电气元件的安装位置、导线号、机床参数、调整值等都必须做好明显的标记，以便恢复。维修完成后，应做好"收尾"工作，例如：将机床、系统的罩壳、紧固件安装到位，将电线、电缆整理整齐等。在系统维修时应特别注意：系统中的某些模块是需要电池保持参数的，对于这些板卡和模块切忌随便插拔；更不可以在不了解元器件作用的情况下，随意调换数控系统、伺服驱动等部件中的器件、设定端子，任意调整电位器位置，任意改变设置参数，以避免产生更严重的后果。

3. 技术资料的要求

技术资料是维修的指南，它在维修工作中起着至关重要的作用，借助于技术资料可以大大提高维修工作的效率与维修的准确性。一般来说，对于重大的数控机床故障维修，在理想状态下，应具备以下技术资料。

（1）数控机床使用说明书

它是由机床生产厂家编制并随机床提供的随机资料。机床使用说明书通常包括以下与维修有关的内容：

1）机床的操作过程和步骤。

2）机床主要机械传动系统及主要部件的结构原理示意图。

3）机床的液压、气动、润滑系统图。

4）机床安装和调整的方法与步骤。

5）机床电气控制原理图。

6）机床使用的特殊功能及其说明等。

（2）数控系统的操作、编程说明书

数控系统生产厂家编制的数控系统使用手册，通常包括以下内容：

1）数控系统的面板说明。

2）数控系统的具体操作步骤（包括手动、自动、试运行等方式的操作步骤，以及程序、参数等的输入、编辑、设置和显示方法）。

3）加工程序以及输入格式、程序的编制方法，各指令的基本格式及其所代表的意义等。

在部分系统中，它还可能包括系统调试、维修用的大量信息，如"机床参数"的说明、报警的实际处理方法以及系统的连接图等。它是维修数控系统与操作机床中必须参考的技术资料之一。

（3）PLC 程序清单

PLC 程序是机床厂根据机床的具体控制要求设计、编制的机床控制软件。PLC

程序中包含了机床动作的执行过程，以及执行动作所需的条件，它表明了指令信号、检测元件与执行元件直径的全部逻辑关系。借助 PLC 程序，维修人员可以迅速找到故障原因，它是数控机床维修过程中使用最多、最重要的资料。大多数控系统的显示器可以直接对 PLC 程序进行动态检测和观察，为维修提供了极大的便利。因此，在维修中一定要熟练掌握这方面的操作和使用技能。

（4）机床参数清单

机床生产厂根据机床的实际情况，会对数控系统进行设置与调整，这些内容很多会体现在机床参数上。机床参数是系统与机床之间的"桥梁"，它不仅直接决定了系统的配置和功能，而且也关系到机床的动、静态性能和精度，因此也是维修机床的重要依据与参考。在维修时，应随时参考系统"机床参数"的设置情况来调整、维修机床；特别是在更换数控系统模块时，一定要记录机床的原始设置参数，以便机床功能的恢复。

（5）数控系统的连接说明、功能说明

该资料由数控系统生产厂家编制，通常只提供给机床生产厂家作为设计资料。维修人员可以从机床生产厂家或系统生产、销售部门获得。系统的联机说明、功能说明书不仅包含了比电气原理图更为详细的系统各部分之间连接要求与说明，而且还包括了原理图中未反映的信号功能描述，是维修数控系统、尤其是检查电气接线的重要参考资料。

（6）伺服、主轴驱动说明书

伺服系统及主轴驱动系统的原理与连接说明书，主要包括伺服、主轴的状态显示与报警显示、驱动器的调试、设定要点，信号、电压、电流的测试点，驱动器设置的参数及意义等方面的内容，用于伺服驱动系统、主轴驱动系统维修参考。

（7）PLC 使用与编程说明

通过 PLC 说明书中的 PLC 的功能与指令说明，维修人员可以分析、理解 PLC 程序，并由此详细了解、分析机床的动作过程、动作条件、动作顺序以及各信号之间的逻辑关系，必要时还可以对 PLC 程序进行部分修改。

（8）机床主要配套功能部件的说明书与资料

在数控机床上往往会使用较多功能部件，例如：数控转台、自动换刀装置、润滑与冷却系统、排屑器等。这些功能部件，其生产厂家一般都提供了较完整的使用说明书，机床生产厂家应将其提供给用户，以便功能部件发生故障时进行参考。

以上都是在理想情况下应具备的技术资料，但是实际维修时往往难以做到这一点。因此，在必要时，维修人员应通过现场测绘、平时积累等方法完善、整理有关技术资料。

（9）维修记录

这是维修人员对机床维修过程的记录与维修总结。最理想的情况是：维修人员对自己所进行的每一步维修都进行详细记录，不管当时的判断是否正确，这样不仅有助于今后进一步维修，而且也有助于维修人员的经验总结与水平提高。

4. 维修工具及仪器的要求

要准确快速地确定故障并尽快恢复机床的功能，必须具备一些常用的工具及仪器。以下列出常用的工具及仪器，维修人员应根据具体的机床与不同的问题合理选用。

（1）万用表

万用表是最常用的一种测量电路及元器件电信号的工具。它通常可测量电压、电流、电阻及音频电平等多种电参量。有的万用表还可测量三极管的放大倍数和电器元件（三极管、二极管、电容、电感等）的有关参数，并以此作为判断元器件质量好坏的依据。由于万用表的输入阻抗高，不会过多地产生分流，故其测量结果是可靠的。万用表的显示方式目前有指针式和数字式两种，两者相比，前者既有测量误差又有读数误差，而后者仅有测量误差，故其结果的准确性以后者为佳。另外，可利用数字式万用表内的蜂鸣器方便地判断电路中有无短路、断路现象。数字万用表如图 1-4 所示。

图 1-4　数字万用表

万用表在使用前应选择合适的档位和适当的量程，以防实际测量时错档或测量值大于所设量程范围，烧坏表内部件。另外在使用万用表前须先校零（指针式校零位，数字式校零显示），以求测量值的准确性。

（2）相序表

相序表（见图 1-5）用于检查输入电源的相序，确认输入电源的相序与机床上各处标定的电源相序应绝对一致。

图 1-5　相序表

（3）数字转速表

数字转速表（见图1-6）用于测量与调整旋转轴的转速，通过测量旋转轴实际转速，以及调整系统及驱动器的参数，可以使旋转轴的理论转速值与旋转轴的实际转速值相符。它是主轴等旋转部件维修与调整的测量工具之一。

（4）钳形电流表

钳形电流表（见图1-7）是在不断开电路的情况下进行电流测量的一种仪表。它分为可测量交流和可测交、直流电流两类。

图1-6 数字转速表

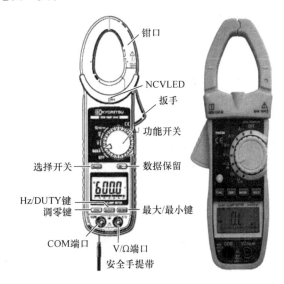

图1-7 钳形电流表

测量交流电流用的钳形电流表是由一只电流互感器和一只整流式电流表组成，当把载流导体卡入钳口时，相当于互感器的初级绕组流过电流，次级绕组将出现感应电流，整流式电流表的指针指出被测电流数值。

进行电流测量时，被测载流导体的位置应放在钳口中央，以免产生误差。测量前应先估计被测电流的大小，选择合适的量程，或选择较大的量程，再根据指针偏转的情况减小量程。

（5）示波器

利用示波器能观察各种不同信号幅度随时间变化的波形曲线，还可以用它测试各种不同的电量，如电压、电流、频率、相位差、调幅度等。数字示波器如图1-8所示。

数控机床上的脉冲编码器、测速机、光栅的输出波形，伺服驱动、主轴驱动单元的各级输入、输出波形等都可以利用示波器方便直观地显示出来；其次，它还可以用于检测开关电源、显示器的垂直、水平振荡与扫描电路的波形等。数控机床维修用的示波器通常选用频带宽为 10 ~ 100MHz 的多通道示波器。

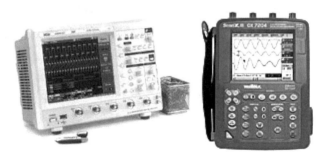

图 1-8　数字示波器

（6）百分表与千分表

百分表与千分表主要用于测量几何误差，可测量两件相互之间的平行度、轴线与导轨的平行度、导轨的直线度、工作台台面平面度及主轴的端面圆跳动、径向圆跳动和轴向窜动，也可用于机床上安装工件时的精密找正。百分表外形及结构示意图如图 1-9 所示。

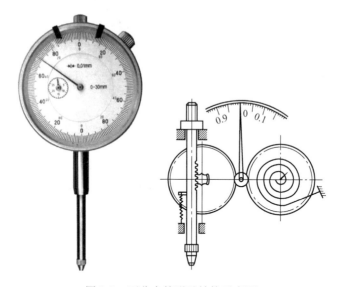

图 1-9　百分表外形及结构示意图

（7）水平仪

水平仪（见图 1-10）是一种测量小角度的常用量具，用于测量相对于水平位置的倾斜角、导轨的平面度和直线度、设备安装的水平位置和垂直位置等。按水平仪的外形不同可分为框式水平仪和尺式水平仪两种；按水平仪的固定方式又可分为可调式水平仪和不可调式水平仪。

（8）逻辑笔

逻辑笔亦称为逻辑探针，它是目前在数字电路测试中使用最为广泛的一种工具，虽然它不能处理像逻辑分析仪所能做的那种复杂工作，但对检测数字电路中各点电平是十分有效的。对于大部分数字电路中的故障，这种逻辑笔可以很快地将90%以上的故障芯片找出来。

如果将逻辑笔的探针尖端放在某一点上（如某一芯片的某一引脚、电路中的某一点），逻辑笔上的指示灯会将此点的逻辑状态指示出来（逻辑高电位、逻辑低电位或高阻抗状态）。大部分逻辑笔的探针尖端都加有保护电路，以防止不小心触碰到比逻辑门限电压（+5V）更高的电压点时可能造成的损坏（其保护能力最高电压可达+12V、接触时间30s内）。

图1-10 水平仪

逻辑笔一般提供4种逻辑状态指示：①绿色发光二极管亮时，表示逻辑低电位（逻辑0）；②红色发光二极管亮时，表示逻辑高电位（逻辑1）；③黄色发光二极管亮时，表示浮空或三态的高阻抗状态；④如果红、绿、黄三色发光二极管同时闪烁，则表示有脉冲信号存在。

逻辑笔的电源取自于被测试电路。测试时，将逻辑笔的电源夹子夹在被测试电路的任一电源点，另一个夹子夹到被测试电路的公共地端。

虽然逻辑笔是可以用来寻找示波器不易发现的瞬间而且频率较低的脉冲信号的理想工具，但其主要还是用于测试输出信号相对固定于高电位或低电位的逻辑门电路。

使用逻辑笔检修电路时，一般应从可能出现故障的电路中心部分开始检查逻辑电平的正确性（当然，使用这种方法时必须要有一份系统的电路图）。一般方法是根据逻辑门电路的输入值，测试其输出电平的合理性。采用此种方法，通常不需要太多的时间就可将输出总是停留在某一固定逻辑状态的故障芯片找出。逻辑笔的唯一限制是一次只能监测一条导线上的信号。

（9）逻辑脉冲发生器

在测试电路时，如果被测试电路的信号不变，或是有脉冲信号产生时，可以使用逻辑脉冲发生器将受控制的脉冲信号送至电路中。

当逻辑脉冲发生器上的开关或启动按钮打开时，脉冲信号发生器首先检查目前被测试点上的逻辑状态，然后自动产生一个或一组逻辑状态相反的脉冲信号，此脉冲信号的逻辑状态可由脉冲信号发生器上的发光二极管（LED）显示出来。

由于不需除焊或切断导线即可将不同的信号送至电路中，使得逻辑脉冲发生器能配合逻辑笔成为理想的测试工具。这两种工具配合使用，可以一步一步测试电路的每一部分是否工作正常。图 1-11 为带脉冲发生器功能的逻辑笔。

（10）电流跟踪器

电流跟踪器是一种便携式检修辅助工具，这种辅助测试工具可以帮助检修者准确地找出系统电路板中的短路点。电流跟踪器可以感应电路中电流所产生的磁场，如果用逻辑脉冲发

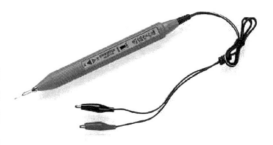

图 1-11　带脉冲发生器功能的逻辑笔

生器来产生一脉冲信号，这个信号就可以由电流跟踪器查出。当电流跟踪器上的指示灯闪亮时，就表示有电流存在。

如果将电流跟踪器的探头放在印制电路上，并沿着电路导线移动，此时只要电流存在就会使电流跟踪器上的指示灯发亮。当探头移至短路点时，LED 指示灯会变暗甚至不亮，这说明已经找到短路点了。

（11）集成电路芯片测试仪

由于微型计算机中大量使用集成电路芯片，因此，经常会遇到检测芯片好坏的测试工作。此时，如果有一台集成电路芯片测试仪，将对测试工作十分有利。目前，中档的芯片测试仪几乎可以测试微机系统中所有的集成电路芯片，一些高档的芯片测试仪，甚至允许操作人员从远处遥控测试工作的进行。

由 Micro Sciences 公司生产的集成电路芯片测试仪，可以测试 100 种以上的 74 系列 TTL 集成电路以及 4000 系列 CMOS 集成电路，这种测试仪还可选配 RAM 及 ROM 测试硬件，以强化芯片测试功能。

由 Micro Leb 所研制的集成电路芯片测试仪，可以针对所有 54 系列及 74 系列 900 多种 TTL 集成电路芯片的每一引脚做完整的功能测试。这种测试仪利用液晶显示器将被测芯片的测试状况显示出来，并用 LED 显示 GO/NO GO（正常/故障）的测试结果。

由 VuData 推出的一种电路元件测试仪是一种工作频带为 50MHz，可显示电路板上所有电压与电流关系特性的显示器。所能测试的元器件包括电阻、电容、二极管、三极管以及集成电路芯片等。有了这种测试仪后，便可从屏幕的显示图形看到被测元件的工作情况，也可以方便地找出电路中发生断路、短路、漏电的二极管和三极管、损坏的集成电路芯片等故障。由于这类仪器可以测试仍焊接在电路板上的各类元件，因此特别有实用价值。

（12）逻辑分析仪

逻辑分析仪（见图 1-12）实际上是一种带存储器的多踪示波器，它可以把拾取或储存的许多数字信号同时显示出来。如果每个信号代表数据总线上的一位数

据，则用逻辑分析仪可同时看到整个数据总线上的信息，即所传递的数据。这意味着可将信号取样时间内所储存任一瞬间各数据位的逻辑电平显示出来。换句话说，将总线上的信号储存于存储器后，可随时加以显示与分析，这是逻辑分析仪的突出优点。

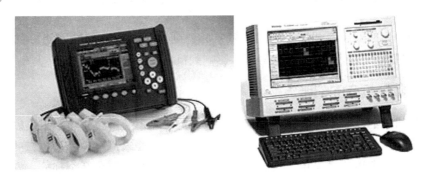

图 1-12 逻辑分析仪

逻辑分析仪的用途之一是做软件分析和侦错的工作。可用机器码的形式将程序或数据读入，并追踪这些数据在电路中的流动情形。可以针对某个可能有故障的芯片（如 RAM）同时进行输入及输出分析。此时，可以发现间歇性的杂乱脉冲，这种干扰可能会对计算机系统造成极大的破坏。此外，逻辑分析仪还可用于其他许多方面。

逻辑分析仪可以称为数字领域中的示波器，对于软件或硬件设计及维修人员来说是一种强有力的测试辅助工具，但逻辑分析仪的价格较贵。

（13）工具包

工具包应包括常用的普通工具，主要有：

1）电烙铁。电烙铁是最常用的焊接工具，用于芯片时可选 30W 左右的电烙铁。电烙铁使用时，接地线要可靠，防止烙铁漏电出现意外事故或损坏元器件。

2）吸锡器。吸锡器是用以将元器件从电路板上分离出来的一种工具。吸锡器有手动和电动两种，手动的吸锡器价格便宜，但在一些场合吸锡效果不好，如拆多层电路板上芯片的接地和电源引脚时，因散热快，难以吸净焊锡。电动吸锡器带电热丝和吸气泵，使用效果较好。

3）螺钉旋具（螺丝刀）。常用的螺钉旋具有一字旋具和十字旋具，有时需要专用螺钉旋具，如拆下伺服模块需用头部为六角形的螺钉旋具。

4）钳类工具。常用的是平头钳、尖嘴钳、斜口钳、剥线钳。

5）扳手。大小活扳手、各种尺寸的内六角扳手。

6）化学用品。松香、纯酒精、清洁触点用喷剂、润滑油等。

7）其他。剪刀、镊子、刷子、吹尘器、清洗盘、连接线等。这些是最基本的拆装、焊接等工具，一般机床厂会随机配备一小部分基本工具，绝大多数需要使用者自己配置。在使用过程中应注意它们的规格型号、使用方法、使用场合、绝缘情况等。

1.4　数控机床的安装、调试、验收和维护

数控机床的安装与调试是使机床恢复和达到出厂时的各项性能指标的重要环节。数控机床的安装与调试的优劣直接影响到机床的性能。

1.4.1　数控机床的安装

数控机床的安装一般包括基础施工、机床拆箱、吊装就位、连接组装以及试车调试等工作。数控机床安装时应严格按产品说明书的要求进行。小型机床的安装可以整体进行，所以比较简单。大、中型机床由于运输时分解为几个部分，安装时需要重新组装和调整，因而工作复杂得多。现将机床的安装过程分别予以介绍。

1. 基础施工及机床就位

机床安装之前就应先按机床厂提供的机床基础图打好机床地基。机床的位置和地基对于机床精度的保持和安全稳定地运行具有重要意义。机床的位置应远离振源，避免阳光照射，放置在干燥的地方。若机床附近有振源，在地基四周必须设置防振沟。安装地脚螺栓的位置做出预留孔。机床拆箱后先取出随机技术文件和装箱单，按装箱单清点各包装箱内的零部件、附件等资料是否齐全，然后仔细阅读机床说明书，并按说明书的要求进行安装，在地基上放多块用于调整机床水平的垫铁，再把机床的基础件（或小型整机）吊装就位在地基上。同时把地脚螺栓按要求安放在预留孔内。

2. 机床连接组装

机床连接组装是指将各分散的机床部件重新组装成整机的过程。如主床身与加长床身的连接，立柱、数控柜和电气柜安装在床身上，刀库机械手安装在立柱上等。机床连接组装前，先清除连接面和导轨运动面上的防锈涂料，清洗各部件的外表面，再把清洗后的部件连接组装成整机。部件连接定位要使用随机所带的定位销、定位块，使各部件恢复到拆卸前的位置状态，以利于进一步的精度调整。

部件安装之后，按机床说明书中的电气接线图和液压气动布管图及连接标记，把电缆、油管、气管对号连接好，并检查连接部位有无损坏和松动。特别要注意接触密封的可靠。数控柜和电气柜要检查其内部插接件有无因运输造成的损坏，检查各接线端子、连接器和印制电路板是否插入到位、连接到位及接触良好。仔细检查完成这些工作后，才能顺利试车。

3. 试车调整

机床试车调整包括机床通电试运转的粗调机床的主要几何精度。机床安装就位

后可通电试车运转，目的是考核机床安装是否稳固，各传动、操纵、控制、润滑、液压、气动等系统是否正常、灵敏、可靠。

通电试车前，应按机床说明书要求给机床加注规定的润滑油液和油脂，清洗液压油箱和过滤器，加注规定标号的液压油，接通气动系统的输入气源。

通电试车通常是在各部件分别通电试验后再进行全面通电试验的。应先检查机床通电后有无报警故障，然后用手动方式陆续起动各部件。检查安全装置是否起作用，各部件能否正常工作，能否达到工作指标。例如：起动液压系统时要检查液压泵电动机转动方向是否正确，液压泵工作后管路中能否形成油压，各液压元件是否正常工作，有无异常噪声，有无油路渗漏以及液压系统冷却装置是否正常工作；数控系统通电后有无异常报警；系统急停、清除复位按钮能否起作用；检查机床各转动和移动是否正常等。

机床经通电初步运转后，调整床身水平，粗调机床主要几何精度，调整一些重新组装的主要运动部件与主机之间的相对位置，如刀库机械手与主机换刀位置的校正，自动交换托盘与机床工作台交换位置的找正等。粗略调整完成后，即可用快干水泥灌注主机和附件的地脚螺栓，灌平预留孔。等水泥干固后，就可以进行下一步工作。

1.4.2 数控机床的调试

1. 机床精度调整

机床精度调整主要包括精调机床床身的水平和机床几何精度。机床地基固化后，利用地脚螺栓和调整垫铁精调机床床身的水平，对普通机床，水平仪读数不超过 $0.04\text{mm}/1000\text{mm}$；对于高精度机床，水平仪读数不超过 $0.02\text{mm}/1000\text{mm}$。然后移动床身上各移动部件（如立柱、床鞍和工作台等），在各坐标全行程内观察记录机床水平的变化情况，并调整相应的机床几何精度，使之达到允差范围。小型机床床身为一体，刚性好，调整比较容易。大、中型机床床身大多是多点垫铁支承，为了不使床身产生额外的扭曲变形，要求在床身自由状态下调整水平，各支承垫铁全部起作用后，再压紧地脚螺栓。这样可保持床身精调后长期工作的稳定性，提高几何精度的保持性。一般机床出厂前都经过精度检验，只要质量稳定，用户按上述要求调整后，机床就能达到出厂前的精度。

2. 机床功能调试

机床功能调试是指机床试车调整后，检查和调试机床各项功能的过程。调试前，首先应检查机床的数控系统及可编程序控制器的设定参数是否与随机表中的数据一致。然后试验各主要操作功能、安全措施、运行行程及常用指令执行情况等，如手动操作方式、点动方式、编辑方式（EDIT）、数据输入方式（MDI）、自动运行方式（MEMORY）、行程的极限保护（软件和硬件保护）以及主轴挂档指令和各级转速指令等是否正确无误。最后检查机床辅助功能及附件的工作是否正常，如机床照明灯、冷却防护罩和各种护板是否齐全；切削液箱加满切削液后，试验喷管能否喷切削液，在使用冷却防护罩时是否外漏；排屑器能否正常工作；主轴箱、恒温箱是否起作用；选择刀具管理功能和接触式测头能否正常工作等。

对于带刀库的数控加工中心，还应调整机械手的位置。调整时，让机床自动运行到刀具交换位置，以手动操作方式调整装刀机械手和卸刀机械手对主轴的相对位置，调整后紧固调整螺钉和刀库地脚螺钉。然后装上几把接近允许质量的刀柄，进行多次从刀库到主轴位置的自动交换，以动作正确、不撞击和不掉刀为合格。

3. 机床试运行

数控机床安装调试完毕后，要求整机在带一定负载条件下经过一段时间的自动运行，较全面地检查机床功能及工作可靠性。运行时间一般采用每天运行 8h，连续运行 2~3 天，或者 24h 连续运行 1~2 天。这个过程称为安装后的试运行。试运行中采用的程序叫拷机程序，可以直接采用机床厂调试时用的拷机程序，也可自编拷机程序。拷机程序中应包括：数控系统主要功能的使用（如各坐标方向的运动、直线插补和圆弧插补等），自动更换取用刀库中 2/3 的刀具，主轴的最高、最低及常用的转速，快速和常用的进给速度，工作台面的自动交换，主要 M 指令的使用及宏程序、测量程序等。试运行时，机床刀库上应插满刀柄，刀柄质量应接近规定质量；交换工作台面上应加上负载。在试运行中，除操作失误引起的故障外，不允许机床有故障出现，否则表示机床的安装调试存在问题。

对于一些小型数控机床，如小型经济数控机床，直接整体安装，只要调试好床身水平，检查几何精度合格后，经通电试车后就可投入运行。

1.4.3 数控机床的验收

1. 机床几何精度的检查

数控机床的几何精度综合反映机床的关键零部件组装后的几何形状误差。数控机床的几何精度检查和普通机床的几何精度检查基本类似，使用的检查工具和方法也很相似，只是检查要求更高。每项几何精度的具体检测办法和精度标准按有关检测条件和检测标准的规定进行。同时要注意检测工具的精度等级必须比所测的几何精度要高一级。现以一台普通立式加工中心为例，列出其几何精度检测的内容：

1) 工作台面的平面度。

2) 各坐标方向移动的相互垂直度。

3) X 坐标方向移动时工作台面的平行度。

4) Y 坐标方向移动时工作台面的平行度。

5) X 坐标方向移动时工作台 T 形槽侧面的平行度。

6) 主轴的轴向窜动。

7）主轴孔的径向圆跳动。

8）主轴沿 Z 坐标方向移动时主轴轴心线的平行度。

9）主轴回转轴心线对工作台面的垂直度。

10）主轴箱在 Z 坐标方向移动的直线度。

对于主轴相互联系的几何精度项目，必须综合调整，使之都符合允许的误差。如立式加工中心的轴和轴方向移动的垂直误差较大，则可以调整立柱底部床身的支承垫铁，使立柱适当前倾或后仰，以减少这项误差。但是这也会改变主轴回转轴心线对工作台面的垂直度误差，因此必须同时检测和调整，否则就会由于这一项几何精度的调整造成另一项几何精度不合格。

机床几何精度检测必须在地基及地脚螺栓的混凝土完全固化以后进行。考虑到地基的稳定过程时间，一般要求在机床使用数月到半年以后再精调一次水平。

检测机床几何精度常用的检测工具有：精密水平仪、90°角尺、精密方箱、平尺、平行光管、千分表或测微仪以及高精度主轴心棒等。各项几何精度的检测方法按各机床的检测条件规定。各种数控机床的检测项目也略有区别，如卧式机床比立式机床多几项与平面转台有关的几何精度。

在检测中要注意消除检测工具和检测方法的误差，同时应在通电后各移动坐标往复运动几次，主轴在中等转速回转几分钟后，机床稍有预热的状态下进行检测。

2. 机床性能及数控功能的试验

根据《金属切削机床试验规范总则》的规定，试验项目包括可靠性、静刚度、空运转振动、热变形、抗振性切削、噪声、激振、定位精度、主轴回转精度、直线运动不均匀性及加工精度等。在进行机床验收时，各验收内容需按照机床出厂标准进行。

（1）机床定位精度的检查

数控机床的定位精度是表明机床各运动部件在数控装置控制下所能达到的运动精度。因此，根据实测的定位精度数值，可以判断出该机床以后在自动加工中所能达到的最好的加工精度。

定位精度的主要检测内容如下：

1）直线运动定位精度。

2）直线运动重复定位精度。

3）直线运动的原点返回精度。

4）直线运动失动量。

5）回转轴运动的定位精度。

6）回转轴运动重复定位精度。

7）回转轴原点返回精度。

8）回转轴运动失动量。

（2）机床加工精度的检查

机床加工精度的检查是在切削加工条件下，对机床几何精度和定位精度的综合考核。一般分为单项加工精度检查或加工一个综合性试件精度检查两种。加工中心的主要单项加工精度有：镗孔精度，端面铣刀切削平面的精度，镗孔的孔距精度和孔径分散度，直线铣削精度，斜线铣削精度以及圆弧铣削精度等。

镗孔精度主要反映机床主轴的运动精度及低速进给时的平稳性。端面铣刀铣削平面的精度主要反映 X 和 Y 轴运动的平面度及主轴中心线对 X－Y 运动平面的垂直度。孔距精度主要反映定位精度和失动量的影响。直线铣削精度主要反映机床 X 向、Y 向导轨的运动几何精度。斜线铣削精度主要反映 X、Y 两轴的直线插补精度。

（3）其他性能的实验

数控机床性能实验除上述定位精度、加工精度外，一般还有十几项内容。现以一台立式加工中心为例说明一些主要项目。

1）主轴系统性能。用手动方式试验主轴动作的灵活性。用数据输入方式，使主轴从低速到高速旋转实现各级转速。同时观察机床的振动和主轴的升温。试验主轴准停装置的可靠性。

2）进给系统性能。分别对各坐标进行手动操作，试验正反方向不同进给速度和快速移动的开、停、点动的平稳性和可靠性。用数据输入方式测定点定位和直线插补下的各种进给速度。

3）自动换刀系统性能。检查自动换刀系统性能的可靠性、灵活性，测定自动交换刀具的时间。

4）数控装置及数控功能。检查数控柜的各种指示灯，检查操作面板，电控柜冷却风扇及数控柜的密封性，各种动作和功能是否正常可靠。按机床说明书，用手动或编程的方法，检查数控系统主要的使用功能，如定位、直线插补、圆弧插补、暂停、自动加减速、坐标选择、刀具补偿、固定循环、行程停止、程序结束、单段程序、程序暂停、进给保持、紧急停止、螺距误差补偿以及间隙补偿等功能的准确及可靠性。

5）安全装置。检查操作者的安全性和机床保护功能的可靠性，如安全防护罩，机床各运动坐标行程极限保护自动停止功能，各种电流电压过载保护和主轴电动机过热、过载时的紧急停止功能等。

6）机床噪声。机床运转时的总噪声不得超过标准规定（80dB）。数控机床大量采用电气调速，主轴箱的齿轮往往不是噪声源，而主轴电动机的冷却风扇和液压系统液压泵的噪声等，可能成为噪声源。

7）电气装置。在运转前后分别作一次绝缘检查，检查地线质量，确认绝缘的可靠性。

8）润滑装置。检查定时定量润滑装置的可靠性，检查润滑油路有无渗漏，以及各润滑点的油量分配功能的可靠性。

9）气、液装置及附属装置。检查压缩空气和液压油路的密封、调压功能，油箱正常工作的情况；检查机床各附件的工作可靠性。

10）连续无载荷运转。用事先编制的功能比较齐全的程序使机床连续运行 8 ~ 16h，检查机床各项运动、动作的平稳性和可靠性，在运行中不允许出故障，对整个机床进行综合检查考核。达不到要求时，应重新开始运行考核，不允许累积运行时间。

1.4.4 数控机床的维护

1. 严格遵循操作规程

数控机床编程、操作和维修人员必须经过专门的技术培训，熟悉所用数控机床的机械、数控系统、强电设备、液压、气源等部分及使用环境、加工条件等；能按机床和系统使用说明书的要求正确合理地使用；应尽量避免因操作不当引起的故障。

通常，首次采用数控机床或由不熟练工人来操作，在使用的第一年内，有三分之一以上的系统故障是由于操作不当引起的。应按操作规程要求进行日常维护工作。有些地方需要天天清理，有些部件需要定时加油和定期更换。

2. 防止数控装置过热

定期清理数控装置的散热通风系统。应经常检查数控装置上各冷却风扇工作是否正常。应视车间环境状况，每半年或一个季度检查清扫一次，具体方法如下：

1）拧下螺钉，拆下空气过滤器。

2）轻轻振动过滤器的同时，用压缩空气由里向外吹掉空气过滤器内的灰尘。

3）过滤器太脏时，可用中性清洁剂（清洁剂和水的配方为 5∶95）冲洗（但不可揉擦），然后置于阴凉处晾干即可。

由于环境温度过高，造成数控装置内温度超过 55 ~ 60℃ 时，应及时加装空调装置。在我国南方常会发生这种情况，安装空调装置之后，数控系统的可靠性有比较明显的提高。

3. 经常监视数控机床的电网电压

通常，数控机床允许的电网电压范围在额定值的 +10% ~ -15%，如果超出此范围，轻则使数控机床不能稳定工作，重则会造成重要电子部件损坏。因此，要经常注意电网电压的波动。对于电网质量比较恶劣的地区，应及时配置数控机床专用的交流稳压电源装置，这将使故障率有比较明显的降低。

4. 防止尘埃进入数控装置内

除了进行检修外，应尽量少开电气柜门。因为车间内空气中飘浮的灰尘和金属粉末落在印制电路板和电气插接件上，容易造成元件间绝缘电阻下降，从而出现故障，甚至使元件损坏。有些数控机床的主轴控制系统安置在强电柜中，强电门关得不严，是使电器元件损坏、主轴控制失灵的一个原因。有些使用者当夏天气温过高时干脆打开数控柜门，采用电风扇往数控柜内吹风，以降低机内温度，使机床勉强工作。这种办法最终会导致系统加速损坏。电火花加工数控设备和火焰切割数控设备，周围金属粉尘大，更应注意防止外部尘埃进入数控柜内部。一些已受外部尘埃、油雾污染的电路板和插接件可采用专用电子清洁剂喷洗。在清洁插接件时可对插孔喷射足够的液雾后，将原插头或插脚插入，再拔出，即可将脏物带出，可反复进行，直至内部清洁为止。插接部位插好后，多余的喷液会自然滴出，将其擦干即可。经过一段时间之后自然干燥的喷液会在非接触表面形成绝缘层，使其绝缘良好。在清洗受污染的电路板时，可用清洁剂对电路板进行喷洗，喷完后，将电路板竖放，使尘污随多余的液体一起流出，待晾干之后即可使用。

5. 存储器用电池定期检查和更换

通常，数控系统中部分 CMOS 存储器中的存储内容在断电时由电池供电保持。一般采用锂电池或可充的镍镉电池。当电池电压下降至一定值就会造成参数丢失。因此，要定期检查电池电压，当该电压下降至限定值或出现电池电压报警时，应及时更换电池。更换电池时一般要在数控系统通电状态下进行，这样才不会造成存储参数丢失。一旦参数丢失，在调换新电池后，可重新将参数输入。

6. 数控机床长期不用时的维护

当数控机床长期闲置不用时，也应定期对数控机床进行维护保养。首先，应经常给数控机床通电，在机床锁住不动的情况下，让其空运行。在空气湿度较大的梅雨季节应该天天通电，利用电器元件本身发热驱走数控柜内的潮气，以保证电子部件的性能稳定可靠。实践证明，经常停置不用的机床，过了梅雨天后，一开机往往容易发生各种故障。

如果数控机床闲置半年以上不用，应将直流伺服电动机的电刷取出来，以免由于化学腐蚀作用，使换向器表面腐蚀，换向性能变坏，甚至损坏整台电动机。

7. 尽量提高数控机床的利用效率

由于数控机床价格昂贵，结构复杂，出现故障时用户又难以排除，因此有些用户从"保护"设备出发，经常闲置机床，只有万不得已时才使用，设备利用率极低。其实，这种"保护"方法是不可取的，尤其对于数控机床更是如此。因为数控机床由成千上万个电子器件组成，它们的性能和寿命具有很高的离散性。虽经严格筛选，但在使用过程中难免会有某些元件出现故障。

初始运行时系统的故障率呈负指数函数曲线，故障率较高。一般来说，数控机床要经过 9~14 个月的运行才能进入有效寿命区。因此用户安装数控机床后，要长期连续运行，充分利用一年保修的有利条件，使初期运行区在保修期内结束。

一般维修应包括两方面的含义：一是日常的维护，这是为了延长平均无故障的时间;二是故障维修,此时要缩短平均修复时间。为了延长各元器件的寿命和正常机械磨损周期,防止意外恶性事故的发生,争取机床能在较长时间内正常工作,必须对数控机床进行日常保养。

表1-1中列举了数控机床的日常维护检查要求。日常维护分为每天检查、每周检查、每半年及一年检查和不定期检查等多种检查周期,检查内容为常规检查内容。对一些机床上频繁运动的元、部件(无论是机械部分还是控制驱动部分),都应作为重点的定时检查对象。

表1-1 数控机床的日常维护检查要求

序号	检查周期	检查部位	检查要求
1	每天	导轨润滑油箱	检查油标、油量,及时添加润滑油,润滑泵能定时起动打油及停止
2	每天	X、Y、Z轴向导轨面	清除切屑及脏物,检查润滑油是否充分,导轨面有无划伤损伤
3	每天	压缩空气气源压力	检查气动控制系统压力,应在正常范围
4	每天	气源自动分水滤气器和自动空气干燥器	及时清理分水器中滤出的水分,保证自动空气干燥器正常工作
5	每天	气液转换器和增压器油面	发现油面不够时及时补充油
6	每天	主轴润滑恒温油箱	工作正常,油量充足并调节温度范围
7	每天	机床液压系统	油箱、油泵无异常噪声,压力表指示正常,管路及各接头无泄漏,工作油面高度正常
8	每天	液压平衡系统	平衡压力指示正常,快速移动时平衡阀工作正常
9	每天	CNC的输入/输出单元	如光电阅读机清洁,机械结构润滑良好
10	每天	各种电气柜散热通风装置	各电柜冷却风扇工作正常,风道过滤网无堵塞,CNC装置温度<60℃
11	每天	各种防护网罩	导轨、机床防护罩等应无松动、漏水
12	每周	清洗各电柜过滤网	
13	每半年	滚珠丝杠	清洗丝杠上旧的润滑脂,涂上新油脂
14	每半年	液压油路	清洗溢流阀、减压阀、滤油器,清洗油箱箱底,更换或过滤减压油
15	每半年	主轴润滑恒温油箱	清洗过滤器,更换润滑油
16	每年	检查并更换直流伺服电动机电刷	检查换向器表面,吹净碳粉,去除毛刺,更换长度过短的电刷,并应磨合后才能使用
17	每年	润滑油泵,滤油器清洗	清理润滑油池底,更换滤油器
18	不定期	检查各轴导轨上镶条,压紧滚轮的松紧状态	按机床说明书调整
19	不定期	冷却冰箱	检查液面高度,切削液太脏时需更换并清理水箱底部,经常清洗过滤器
20	不定期	排屑器	经常清理切屑,检查有无卡住等

（续）

序号	检查周期	检查部位	检查要求
21	不定期	清理废油池	及时取走废油池中的废油，以免外溢
22	不定期	调整主轴驱动带的松紧	按机床说明书调整
23	每天	到库送刀及定位状况，机械手定位	如定位不准应及时调整
24	每年	CMOSRAM 用可充电电池	在 CNC 装置通电状态下不更换新电池

练习与思考题 1

1-1　数控机床故障诊断与维修的意义是什么？

1-2　什么是平均无故障工作时间？什么是平均有效度？

1-3　数控系统故障如何分类？

1-4　数控机床常用的故障诊断与维修的方法有哪些？故障诊断的一般步骤是什么？

1-5　数控机床故障诊断常用的工具有哪些？各有什么用途？

1-6　数控机床的故障曲线有什么特点？

1-7　数控机床一般如何安装、如何调试？

1-8　数控机床维护的内容有哪些？

第 2 章

数控系统故障诊断与维修

2.1 数控系统维修基础

2.1.1 数控系统的基本构成及各部分功能

1. 数控系统的基本构成

数控系统是数控机床的核心。数控装置有两种类型：一是完全由硬件逻辑电路构成的专用硬件数控装置，即 NC（Numeric Control）装置；二是由计算机硬件和软件组成的计算机数控装置，即 CNC（Computer Numeric Control）装置。数控技术发展早期普遍采用的是 NC 装置。由于 NC 装置本身的缺点，随计算机技术的迅猛发展，现在 NC 装置已基本被 CNC 装置取代。目前数控装置主要是针对 CNC 装置而言的。

计算机数控系统由硬件和软件共同完成数控任务，其基本组成如图 2-1 所示。通过系统控制软件、硬件的配合，合理地组合、管理数据的输入、数据处理、插补运算和信息输出，控制执行部件，使数控机床按照操作者的要求，有条不紊地进行加工。

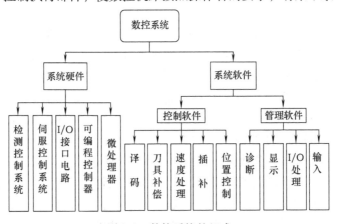

图 2-1 数控系统的组成

硬件控制系统以微处理器为核心，由大规模集成电路芯片、可编程序控制器、伺服驱动单元、伺服电动机、各种输入输出设备（包括显示器、控制面板、输入输出接口等）等部件组成。

软件控制系统及数控软件由数据输入输出、插补控制、刀具补偿控制、位置控制、伺服控制、键盘控制、显示控制、接口控制等控制软件及各种机床参数、可编程序控制器参数、报警文本等组成。

2. 数控系统各部分的功能

数控系统一般由输入/输出装置（I/O 装置）、数控装置、驱动控制装置、机床电气逻辑控制装置四部分组成。其硬件结构示意图如图 2-2 所示。

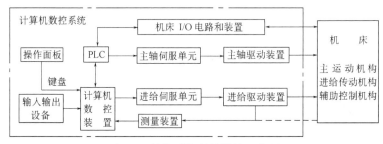

图 2-2 数控系统硬件结构示意图

（1）输入输出装置

输入装置将数控加工程序和其他各种控制信息输入数控装置，数控装置可以显示输入的内容和数控系统的工作状态等。磁盘驱动器、键盘和控制面板、CRT 显示器等都属于输入输出装置。

（2）数控装置

数控装置是数控系统的核心。CNC 系统由硬件和软件共同完成数控任务，它与数控系统的其他部分通过接口相连。数控系统硬件结构类型的分类方式很多，按 CNC 装置中各印制电路板的插接方式可以分为大板式结构和功能模板式结构；按数控装置中微处理器的个数可以分为单微处理器和多微处理器结构等。总的来说，CNC 装置与通用计算机一样，是由中央处理器（CPU）及存储数据与程序的存储器组成。存储器分为系统控制软件程序存储器（ROM）、加工程序存储器（RAM）及工作区存储器（RAM）。ROM 中的系统和软件程序是由数控系统生产厂家写入的，用来完成 CNC 系统的各项功能，数控机床操作者将各自的加工程序存储在 RAM 中，供数控系统用于控制机床加工零件。工作区存储器是系统程序执行过程的活动场所，用于堆栈、参数保存、中间运算结果保存等。中央处理器执行系统程序、读取加工程序，经过加工程序段译码、预处理计算，然后根据加工程序指令，进行实时插补，并通过与各坐标伺服系统的位置、速度反馈信号比较，控制机床的各坐标轴的位移；同时将辅助动作指令通过 PLC 发往机床，并接受通过 PLC 返回的机床各部分信息，以决定下一步操作。

（3）驱动控制装置

驱动控制装置用于控制各个轴的运动，其中进给轴的位置控制部分常在数控装置中以硬件位置控制模块和软件位置调节器实现，即数控装置接收实际位置反馈信号，将其与插补计算出的命令位置相比较，通过位置调节作为轴位置控制给定量，再输出给伺服驱动系统。

（4）机床电气逻辑控制装置

机床电气逻辑控制装置接收数控装置发出的数控辅助功能控制的指令，进行机床操作面板及各种机床电器控制/监测机构的逻辑处理和监控，并为数控系统提供机床状态和有关应答信号，在现代数控系统中机床电气逻辑控制装置已普遍采用可编程序控制器 PLC，有内装式和外置式两种类型。

2.1.2 数控系统维修的基本要求

数控系统的故障一般是由于硬件电路或软件参数设置引起的，维修人员在对数控系统进行故障诊断与维修时，应当强调以下几个方面的内容：

1）具备相应的计算机知识、模拟与数字电路技术知识、自动控制基本理论及相应的检测技术。

2）有较强的电子电路动手能力，可以熟练使用各种检测工具及维修工具。

3）熟悉数控系统的总体结构，对每一部分的功能了如指掌，熟悉数控系统各部分之间的接线。

4）熟悉数控系统的基本操作，熟练掌握数控系统的自诊断功能。

5）拥有数控系统厂家提供的数控系统调试手册、维修诊断手册、机床参数手册、机床电气接线图、PLC 源程序及参数定义手册等，以便随时查询。

6）拥有万用表、钳形电流表、相序表、示波器、频谱分析仪、电烙铁、焊锡、松香、吸锡器等工具。

2.1.3 数控系统的诊断与维修方法

数控系统的故障诊断与维修方法除第 1 章中介绍的几种方法外，应重点利用系统的自诊断功能。故障自诊断技术是当今数控系统一项非常重要的技术，它的强弱是评价数控系统性能的一个重要指标。随着微处理器技术的发展，数控系统的自诊断能力越来越强，从原来的简单诊断发展到为多功能和智能化的诊断。对维修人员来说，熟悉和运用系统的自诊断功能是十分重要的。

一般来说，常用的自诊断方法归纳起来一般有开机自检、实时诊断两种。

1. 开机自检

每当数控系统通电开机时，系统内部自诊断软件就对系统中最关键的硬件和控制软件，如数控系统装置中的 CPU、RAM、ROM 等芯片，MDI、CRT、I/O 等模块及监控软件、系统软件等逐一进行检测，并将检测结果在 CRT 上显示出来。一旦检测未通过，即在 CRT 上显示报警信息和报警号，指出哪个部分发生了故障。有的系统启动诊断程序还能对配置进行检查，用以确定所有指定的设备、模块是否已正常地连接，甚至还能对某些重要的集成电路，如 RAM、ROM、LSI（专用大规模集成电路）是否插装到位，选择的规格型号是否正确进行诊断。只有当全部开机诊断项目都通过后，系统才能进入正常运行准备状态。开机诊断通常在 1min 内结束，有些采用硬盘驱动器的数控系统，如 SINUMERIK 840C 系统，因为要调用硬盘中的文件，时间要略长一些。上述开机诊断有些可将故障原因定位到电路板和模块上，有些甚至可以定位到芯片。如指出哪一块 EPROM 出现了故障。在不少情况下开机诊断仅将故障原因定位的某一范围内，此时，维修人员需要通过维修手册中所指出的数种可能的故障原因及相应排除方法找到真正的故障原因并加以排除。

2. 实时诊断

实时诊断是指通过数控系统的内部程序，在系统处于运行状态时，对 CNC 系统本身以及与 CNC 装置相连的各个伺服单元、伺服电动机、主轴伺服单元和主轴电动机以及外部设备等进行自动测试、检查，并显示相应的状态信息和故障。只要系统不停电，实时诊断就不会停止。

实时诊断时，系统不仅能在屏幕上显示报警号及报警内容，而且还能实时显示 CNC 内部的关键标志寄存器及 PLC 的操作单元的状态，为故障诊断提供极大的帮助。

由于计算机技术及网络技术的飞速发展，数控领域出现了一些新兴的自诊断方法。一方面，依靠系统资源发展人工智能专家故障诊断系统；另一方面，利用网络进行远程会诊也成为一个基本的自诊断技术。例如：SIEMENS840D、FANUC、华中数控等均支持网络诊断。

自诊断系统的思想是：向被诊断的部件或装置写入一串称为测试码的数据，然后观察系统相应的输出数据（称为校验码），根据事先已经知道的测试码、校验码与故障的对应关系，通过对观察结果的分析以确定故障。

自诊断的运行机制是：系统开机后，自动诊断整个硬件系统，为系统的正常工作准备好条件；另外，在系统的运行或输入加工程序过程中，一旦发现错误，则自动进入自诊断程序，通过故障检测，定位并发出故障报警信息。

2.2 常用数控系统配置

2.2.1 SIEMENS 数控系统的基本配置

德国 SIEMENS 公司是生产数控系统的世界著名厂家。20 世纪 70 年代，SIE-

MENS 公司生产出 SINUMERIK-6T、6M、7T、7M 系统；20 世纪 80 年代初期又推出了 SINUMERIK 8T、8M、8MC 系统；之后又相继推出 SINUMERIK 850T、850M 和 850/880 系统。到现在，市面上常用的数控系统有 802 系列、840 系列、810 系列等。SIEMENS 公司目前比较普及的数控系统产品结构如图 2-3 所示。

每一个数控厂家生产的数控系统在产品更新换代过程中，都有一定的继承性，不仅包括硬件的功

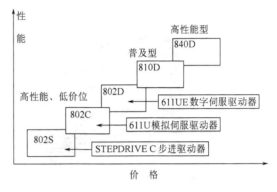

图 2-3 SIEMENS 数控系统产品结构

能，还包括软件的特点，如参数设置、接口设置、基本操作界面等。SIEMENS 不同系列的数控产品也不例外，其产品具有较高的通用性。本节将以 SIEMENS 的 SINUMERIK 802S/C base line 系统为例来学习 SIEMENS 数控系统。

1. 802S C base line 的系统组成

SINUMERIK 802S base line 是在 SINUMERIK 802S 基础上开发的经济型数控系统。它可以控制 2～3 个步进电动机轴和一个伺服主轴或变频器，连接步进驱动 STEPDRIVE C/C⁺。步进电动机的控制信号为脉冲信号、方向信号和使能信号。电动机每转给出 1000 个脉冲，步距角为 0.36°。硬件组成如图 2-4 所示。

SINUMERIK 802C base line 是在 SINUMERIK 802S 基础上开发的全功能数控系统。它可以控制 2～3 个伺服电动机进给轴和一个伺服主轴或变频主轴，连接 SIMODRIVE 611U 或 SIMODRIVE base line。当系统匹配 SIMODRIVE 611U 或 SIMODRIVE base line 时，连接 1FK7 系列伺服电动机。硬件组成如图 2-5、图 2-6 所示。

SINUMERIK 802S/C base line 系统主要包括：

（1）CNC 控制器 集成式、紧凑型 CNC 控制器，配置 8″液晶显示器、全功能操作键盘、机床操作界面。

（2）驱动器和电动机 SINUMERIK 802S base line 使用步进驱动 STEPDRIVE C/C⁺和五相混合式步进电动机。SINUMERIK 802C base line 配置伺服进给驱动 SIMODRIVE 611U 或 SIMODRIVE base line 带 1FK7 系列伺服电动机。

（3）电缆 SINUMERIK 802S base line 的电缆包括连接 CNC 控制器到步进驱动器的电缆和连接步进驱动器到伺服电动机的电缆。SINUMERIK 802C base line 的电缆包括连接 CNC 控制器到伺服驱动器的电缆（为速度给定值电缆和位置反馈值电缆）及连接驱动器到电动机的电缆（为编码器电缆和电动机动力电缆）。

2. 系统结构及接口

SINUMERIK 802S/C base line 具有集成式操作面板，分为 3 大区，分别为 LCD

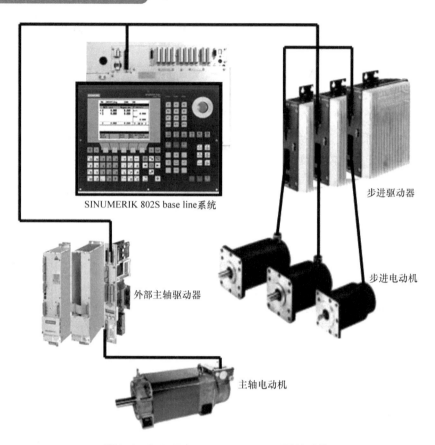

图 2-4　SINUMERIK 802S base line 硬件系统

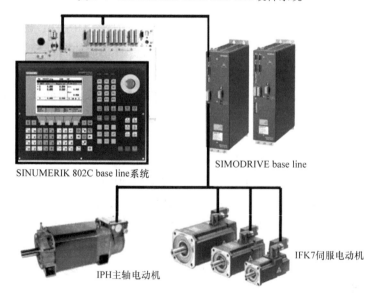

图 2-5　SINUMERIK 802C base line 配置 SIMODRIVE base line 驱动器

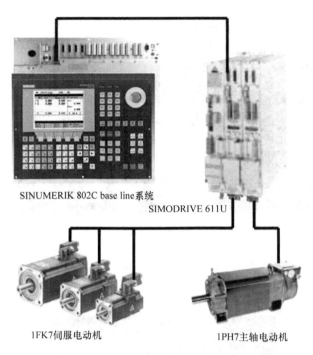

SINUMERIK 802C base line系统

SIMODRIVE 611U

1FK7伺服电动机

1PH7主轴电动机

图2-6　SINUMERIK 802C base line 配置 SIMODRIV E611U 驱动器

显示区、NC 键盘区和机床控制面板（MCP）区域，系统前视图如图2-7 所示。

（1）操作面板划分

（2）NC 键盘区（见图2-8）

（3）机床控制面板（MCP）区域（见图2-9）

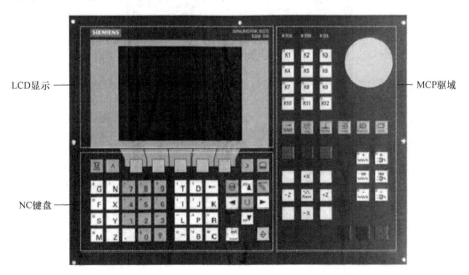

LCD显示

MCP驱域

NC键盘

图2-7　SINUMERIK 802S/C base line 系统前视图

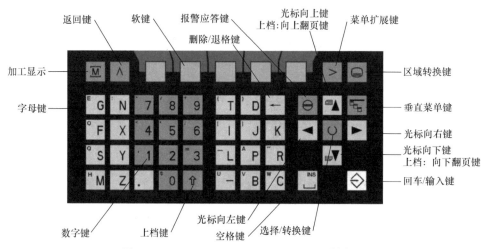

图 2-8　SINUMERIK 802S/C base line NC 键盘区

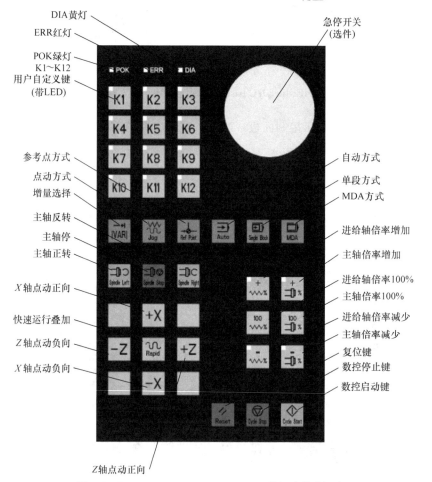

图 2-9　SINUMERIK 802S/C base line 的机床控制面板

（4）系统接口布局

系统的接口位于机箱的背面，SINUMERIK 802C base line 与 SINUMERIK 802C base line 具有不同的接口布置，请参见图2-10和图2-11。

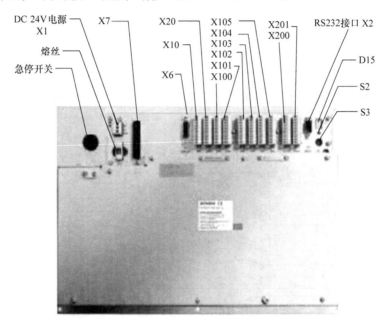

图 2-10　SINUMERIK 802S base line 系统接口布局

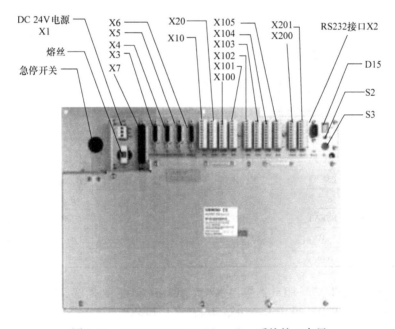

图 2-11　SINUMERIK 802C base line 系统接口布局

1）电源端子 X1。系统工作电源为直流 24V 电源，接线端子为 X1，见表 2-1。

表 2-1　系统工作电源（X1）

端子号	信号名	说明
1	PE	保护地
2	M	0V
3	P24	直流 24V

2）RS232 通信接口 X2。在使用外部 PC/PG 与 SINUMERIK 802S/C base line 进行数据通信（WINPCIN）或编写 PLC 程序时，使用 RS232 接口，连接参见图 2-12。

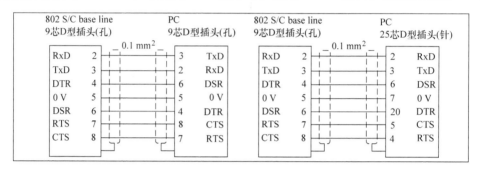

图 2-12　通信接口 RS232 通信连接

3）编码器接口 X3～X6。编码器接口 X3、X4、X5 和 X6 均为 SUB-D15 芯孔插座，其接口引脚分配相同。其中，X3、X4 和 X5 接口仅用于 SINUMERIK 802C base line。编码器接口 X6 在 802C base line 中作为编码器 4 接口，而在 802S base line 中作为主轴编码器接口使用。X3～X6 接口引脚分配均相同，见表 2-2。

表 2-2　编码器接口 X3 引脚分配（X4/X5/X6 相同）

引脚	信号	说明	引脚	信号	说明
1	n. c		9	M	电压输出
2	n. c		10	Z	输入信号
3	n. c		11	Z_N	输入信号
4	P5EXT	电压输出	12	B_N	输入信号
5	n. c.		13	B	输入信号
6	P5EXT	电压输出	14	A_N	输入信号
7	M	电压输出	15	A	输入信号
8	n. c.				

4）驱动器接口 X7。驱动器接口 X7 为 SUB-D 50 芯针插座，SINUMERIK 802S base line 与 SINUMERIK 802C base line 中的 X7 接口的引脚分配不一样，见表 2-3 和表 2-4。

表 2-3　驱动器接口 **X7** 引脚分配（在 SINUMERIK 802S base line 中）

引脚	信号	说明	引脚	信号	说明	引脚	信号	说明
1	n. c.		18	ENABLE1	O	34	n. c.	
2	n. c.		19	ENABLE1_N	O	35	n. c.	
3	n. c.		20	ENABLE2	O	36	n. c.	
4	AGND4	AO	21	ENABLE2_N	O	37	AO4	AO
5	PULS1	O	22	M	VO	38	PULS1_N	O
6	DIR1	O	23	M	VO	39	DIR1_N	O
7	PULS_N	O	24	M	VO	40	PULS2	O
8	DIR2_N	O	25	M	VO	41	DIR2	O
9	PULS3	O	26	ENABLE3	O	42	PULS3_N	O
10	DIR3	O	27	ENABLE3_N	O	43	DIR3_N	O
11	PULS4_N	O	28	ENABLE4	O	44	PULS4	O
12	DIR4_N	O	29	ENABLE4_N	O	45	DIR4	O
13	n. c.		30	n. c.		46	n. c.	
14	n. c.		31	n. c.		47	n. c.	
15	n. c.		32	n. c.		48	n. c.	
16	n. c.		33	n. c.		49	n. c.	
17	SE4. 1	K				50	SE4. 2	K

表 2-4　驱动器接口 **X7** 引脚分配（在 SINUMERIK 802C base line 中）

引脚	信号	说明	引脚	信号	说明	引脚	信号	说明
1	AO1		18	n. c.	O	34	AGND1	
2	AGND2		19	n. c.	O	35	AO2	
3	AO3		20	n. c.	O	36	AGND3	
4	AGND4	AO	21	n. c.	O	37	AO4	AO
5	n. c.	O	22	M	VO	38	n. c.	O
6	n. c.	O	23	M	VO	39	n. c.	O
7	n. c.	O	24	M	VO	40	n. c.	O
8	n. c.	O	25	M	VO	41	n. c.	O
9	n. c.	O	26	n. c.	O	42	n. c.	O
10	n. c.	O	27	n. c.	O	43	n. c.	O
11	n. c.	O	28	n. c.	O	44	n. c.	O
12	n. c.	O	29	n. c.	O	45	n. c.	O
13	n. c.		30	n. c.		46	n. c.	
14	SE1. 1[#]		31	n. c.		47	SE1. 2[#]	
15	SE2. 1[#]		32	n. c.		48	SE2. 2[#]	
16	SE3. 1[#]		33	n. c.		49	SE3. 2[#]	
17	SE4. 1[#]	K				50	SE4. 2[#]	K

5）手轮接口 X10。通过手轮接口 X10 可以在外部连接两个手轮。X10 有 10 个接线端子，引脚见表 2-5。

表 2-5　手轮接口 X10

引脚	信号	说明	引脚	信号	说明
1	A1 +	手轮 1　A 相 +	6	GND	地
2	A1 −	手轮 1　A 相 −	7	A2 +	手轮 2　A 相 +
3	B1 +	手轮 1　B 相 +	8	A2 −	手轮 2　A 相 −
4	B1 −	手轮 1　B 相 −	9	B2 +	手轮 2　B 相 +
5	P5V	+5V DC	10	B2 −	手轮 2　B 相 −

6）高速输入接口 X20。通过接线端子 X20 可以连接 3 个接近开关，仅用于 SINUMERIK 802S base line，见表 2-6。

表 2-6　高速输入接口 X20

引脚	信号	说明	引脚	信号	说明
1	RDY1	使能 2.1#	6	HI_4	
2	RDY2	使能 2.2#	7	HI_5	
3	HI_1	X 轴参考点脉冲	8	HI_6	
4	HI_2	Y 轴参考点脉冲	9	N. C.	
5	HI_3	Z 轴参考点脉冲	10	M	24V 地

7）数字输入/输出接口 X100 ~ X105、X200 和 X201。共有 48 个数字输入和 16 个数字输出接线端子，见表 2-7 和表 2-8。

表 2-7　数字输入接口 X100 ~ X105 引脚分配

引脚序号	信号说明	X100 地址	X101 地址	X102 地址	X103 地址	X104 地址	X105 地址
1	空	—	—	—	—	—	—
2	输入	I0.0	I1.0	I2.0	I3.0	I4.0	I5.0
3	输入	I0.1	I1.1	I2.1	I3.1	I4.1	I5.1
4	输入	I0.2	I1.2	I2.2	I3.2	I4.2	I5.2
5	输入	I0.3	I1.3	I2.3	I3.3	I4.3	I5.3
6	输入	I0.4	I1.4	I2.4	I3.4	I4.4	I5.4
7	输入	I0.5	I1.5	I2.5	I3.5	I4.5	I5.5
8	输入	I0.6	I1.6	I2.6	I3.6	I4.6	I5.6
9	输入	I0.7	I1.7	I2.7	I3.7	I4.7	I5.7
10	M24	—	—	—	—	—	—

表 2-8　数字输出接口 X200/X201 引脚分配

引脚序号	信号说明	X200 地址	X201 地址
1	L +		
2	输出	Q0.0	Q1.0
3	输出	Q0.1	Q1.1
4	输出	Q0.2	Q1.2
5	输出	Q0.3	Q1.3
6	输出	Q0.4	Q1.4
7	输出	Q0.5	Q1.5
8	输出	Q0.6	Q1.6
9	输出	Q0.7	Q1.7
10	M24	—	—

8）输入/输出接线。数字输入/数字输出的接线原理参见图 2-13 和图 2-14。

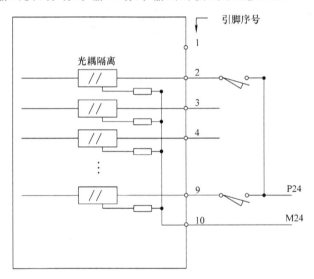

图 2-13　数字输入接线原理

3. 系统的连接举例

SINUMERIK 802S base line CNC 控制器与步进驱动 STEPDRIVE C/C⁺ 和步进电动机的连接参见图 2-15。

SINUMERIK 802C base line CNC 控制器与伺服驱动 SIMODRIVE 611U 和 1FK7 伺服电动机的连接参见图 2-16。

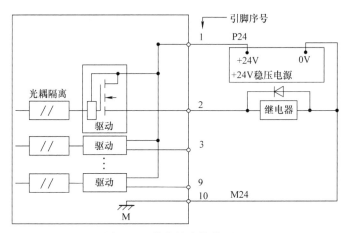

图 2-14　数字输出接线原理

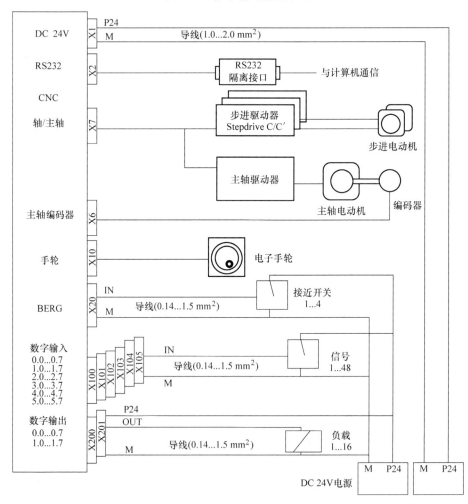

图 2-15　SINUMERIK 802S base line 与 STEPDRIVE C/C⁺和步进电动机

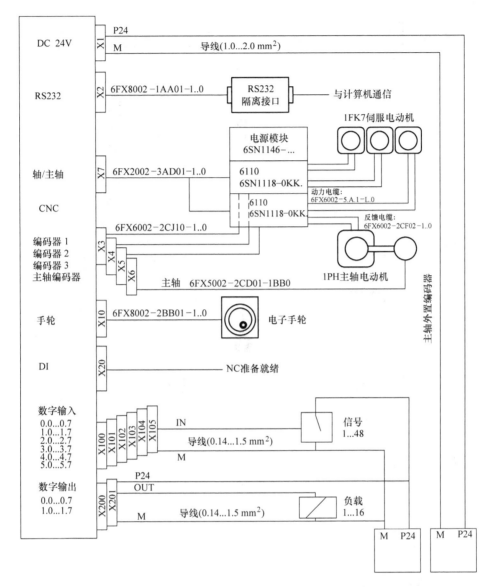

图 2-16 SINUMERIK 802C base line 与 SIMODRIVE 611U 和 1FK7

SINUMERIK 802C base line CNC 控制器与伺服驱动 SIMODRIVE base line 和 1FK7 伺服电动机的连接参见图 2-17。

2.2.2 FANUC 数控系统的基本配置

FANUC 数控系统是最畅销的数控机床控制系统之一。目前，在国内使用的 FANUC 数控系统主要有 0 系统和 0i 系统。针对广大用户的实际情况，本节简要叙述这两种系统的连接及调试。掌握了这两种系统，其他 FANUC 系统的调试则迎刃而解。

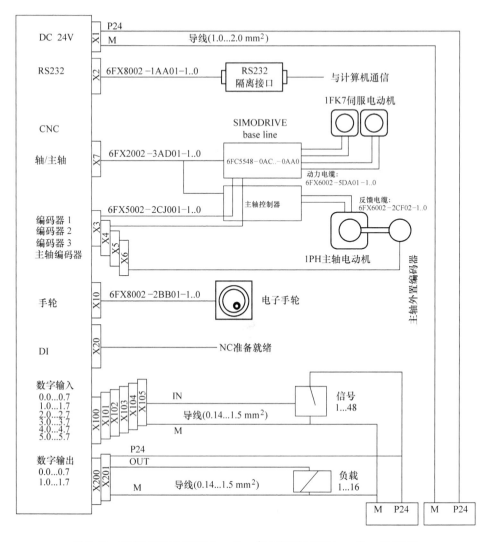

图 2-17　SINUMERIK 802C base line 与 SIMODRIVE base line 和 1FK7

1. FANUC 0 系统

（1）基本构成

FANUC 0 系统由数控单元本体、主轴和进给伺服单元以及相应的主轴电动机和进给电动机、CRT 显示器、系统操作面板、机床操作面板、附加的输入输出接口板、电池和手摇脉冲发生器等部件组成。

FANUC 0 系统的数控单元采用大板式结构，其基本配置有主印制电路板、存储器板、图形显示板、可编程序机床控制器板、伺服轴控制板、输入输出接口板、子 CPU 板、扩展的轴控板、数控单元电源和 DNC 控制板等，各个板卡都在主印制电路板上，与 CPU 的总线连接。其结构示意图如图 2-18 所示。

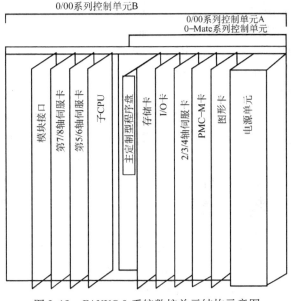

图 2-18 FANUC 0 系统数控单元结构示意图

1）主 PCB 板。主 PCB 板（主印制电路板）是系统的主控制板，由主 CPU 及其外围电路组成，也是安装其他 PCB 板的基板，是 FANUC 0 系统的基本组成部分。系统控制单元有 A 、B 两种型号。A、B 单元的选择是根据机床的需要来确定的，一般 A 规格主要用于 4 轴之内的系统，B 规格用于 5 轴以上的系统。主 PCB 板与控制单元相同，也分为 A、B 两种规格，与控制单元配合使用。

2）电源单元。电源单元是 FANUC 0 系统的基本组成部分，主要为各个部分提供电源。根据输出功率的不同有 A、AI、B2 三种型号，其中电源单元 AI 包含了输入单元，是最常用的一种。

3）存储卡。存储卡是 FANUC 0 系统的基本组成部分，是程序、数据存储的关键部分。另外，存储卡上还有串行主轴接口、模拟主轴接口、主轴位置编码器接口、手摇脉冲发生器接口、CRT/MDI 接口、阅读机/穿孔机接口等。

4）输入/输出卡。输入/输出卡是 FANUC 0 系统的基本组成部分，是连接 CNC 与机床侧开关信号的中间部分。根据输入/输出点数的不同，有 I/OC5 卡（I/O 点数：40/40）、I/OC6 卡（I/O 点数：80/56）、I/OC7 卡（I/O 点数：104/72）几种。

5）1～4 轴控制卡。1～4 轴控制卡是 FANUC 0 系统的基本组成部分。FANUC 0 系统采用全数字式伺服控制，其控制的核心（位置环、速度环、电流环）都在轴卡上。根据控制轴数的不同，轴卡分 2 轴卡、3/4 轴卡几种。

6）PMC-M 控制卡。PMC-M 卡是 FANUC 0 系统的选择部分。如果内装 PMC-L 不能满足要求，需要选择此控制卡。

7）图形控制及 2/3 手脉接口卡 。图形控制及 2/3 手摇脉冲发生器接口卡是

FANUC 0 系统的选择部分，当系统需要图形显示功能、伺服波形显示功能或要连接 2/3 手摇脉冲发生器时，必须选择此控制卡。

8）宏程序 ROM 卡 。宏程序 ROM 卡是 FANUC 0 系统的选择部分。系统使用宏程序执行器时，用户的宏程序固化在宏程序卡的 ROM 中。

9）子 CPU 卡和远程缓冲卡 。子 CPU 卡和远程缓冲卡是 FANUC 0 系统的选择部分。使用远程缓冲/DNC1 /DNC2 控制功能时，应选择此卡。该卡主要在系统与外设之间进行数据通信和 DNC 控制时使用，通过选择不同的子 CPU 软件来实现不同的控制目的。

10）5/6 轴控制卡。5/6 轴控制卡是控制单元 B 的 FANUC 0 系统才可选择的部分。使用 5/6 轴控制时，要选择此卡。该卡只能用于 PMC 控制轴，不能用于伺服控制轴。

11）7/8 轴控制卡。7/8 轴控制卡是控制单元 B 的 FANUC 0 系统才可选择的部分。与 5/6 轴控制卡一样，该卡只能用于 PMC 控制轴，不能用于伺服控制轴。而与 5/6 轴卡不同的是该控制卡不包括子 CPU 。

12）模拟输入/输出接口卡。模拟输入/输出接口卡是控制单元 B 的 FANUC 0 系统才可选择的部分。当用户使用多主轴模拟指令控制或者需要将模拟信号转换为数字信号时，可以选择此卡。

（2）FANUC 0 系统的连接

图 2-19 为 FANUC 0 系统基本轴控制板（AXE）与伺服放大器、伺服电动机和编码器连接图。M184 ~ M199 为轴控制板上的插座编号，其中 M184、M187、M194、M197 为控制器指令输出端；M185、M188、M195、M198 是内装型脉冲编码器输入端，在半闭环伺服系统中为速度/位置反馈，在全闭环伺服系统中作为速度反馈；M186、M189、M196、M199 只作为在全闭环伺服系统中的位置反馈，可以接分离型脉冲编码器或光栅尺。H20 表示 20 针 HONDA 插头，M 表示"针"，F 表示"孔"。如果选用绝对编码器，CPA9 端连接相应电池盒。

存储器板存放着工件程序、偏移量和系统参数，系统断电后由电池单元供电保存。同时连接着显示器、MDI 单元、第一手摇脉冲发生器、串行通信接口、主轴控制器和主轴位置编码器、电池等单元，如图 2-20 所示。

在电源单元中，CP15 为 DC24V 输出端，供显示单元使用，BN6. F 为 6 针棕色插头；CP1 是单相 AC220V 输入端，BK3. F 为 3 针黑色插头；CP3 接电源开关电路；CP2 为 AC220V 输出端，可以接冷却风扇或其他需要 AC220V 设备。

图 2-21 为内置 I/O 接口连接图，其中 M1、M18 为 I/O 输出插座，共计 80 个 I/O 输入点；M2、M19 为 I/O 输出插座，共计 56 个 I/O 输出点；M20 包括 24 个 I/O 输入点和 16 个 I/O 输出点。这些 I/O 点可以用于强电柜中的中间继电器控制、机床控制面板的按钮和指示灯、行程开关等开关量控制。

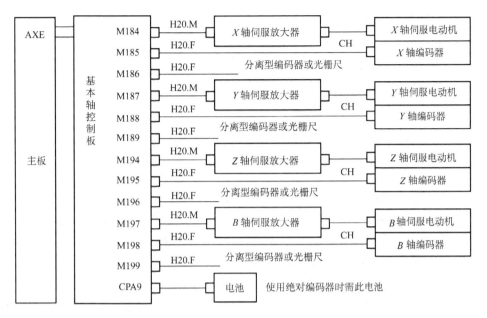

图 2-19 FANUC 0 系统轴控板连接图

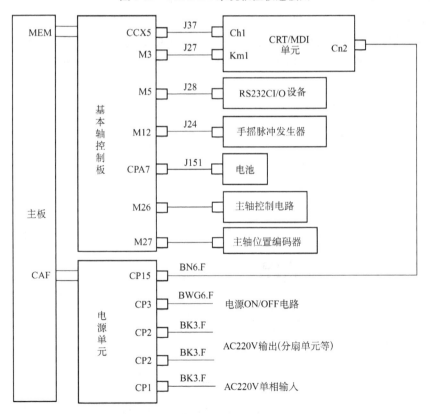

图 2-20 FANUC 0 系统存储器板、电源单元连接图

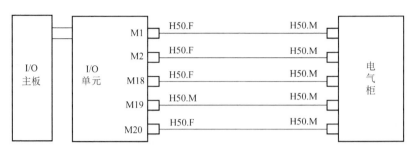

图 2-21　FANUC 0 系统 I/O 板连接图

（3）伺服系统的基本配置

1）进给伺服系统的基本配置。常用的 S 系列交流伺服放大器分 1 轴型、2 轴型和 3 轴型三种。其电源电压为 AC200 ~ 230 V，由专用的伺服变压器供给，AC100V 制动电源由 NC 电源变压器供给。

图 2-22、图 2-23 为 1 轴型和 2 轴型伺服单元的基本配置和连接方法。

图 2-22、图 2-23 中电缆 K1 为 NC 到伺服单元的指令电缆，K2S 为脉冲编码器的位置反馈电缆，K3 为 AC200 ~ 230V 电源输入线，K4 为伺服电动机的动力线电缆，K5 为伺服单元的 AC 100V 制动电源电缆，K6 为伺服单元到放电单元的电缆，K7 为伺服单元到放电单元和伺服变压器的温度接点电缆。QF 和 MCC 分别为伺服单元的电源输入断路器和主接触器，用于控制伺服单元电源的通和断。

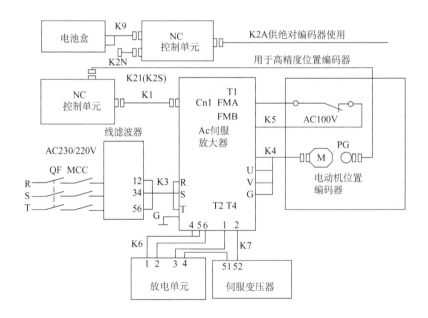

图 2-22　FANUC 0 系统 1 轴型伺服单元

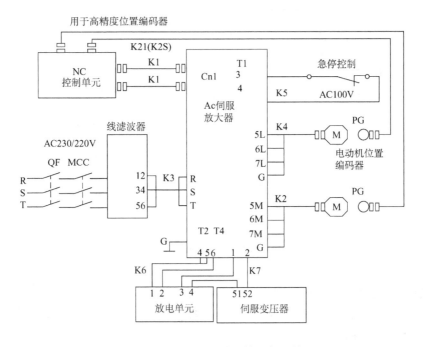

图 2-23 FANUC 0 系统 2 轴型伺服单元

伺服单元的接线端 T2-4 和 T2-5 之间有一个短路片，如果使用外接型放电单元，则应将它取下，并将伺服单元印制电路板上的短路棒 S2 设置到 H 位置，反之则设置到 L 位置。

伺服单元的连接端 T4-1 和 T4-2 为放电单元和伺服变压器的温度接点串联后的输入点，上述两个接点断开时将产生过热报警。如果使用这对接点，应将伺服单元印制电路板上的短路棒 S1 设置到 L 位置。

在 2 轴型伺服单元中，插座 CN1L、CN1M、CN1N 可分别用电缆 K1 和数控系统的轴控制板上的指令信号插座相连，而伺服单元中的动力线端子 T1-5L、6L、7L 和 TI-5M、6M、7M 以及 T1-5N、6N、7N 则应分别接到相应的伺服电动机，从伺服电动机的脉冲编码器返回的电缆也应一一对应地接到数控系统的轴控制板上的反馈信号插座（即 L、M、N 分别表示同一个轴）。

图 2-24 是 FANUC 的 CNC 与 Alpha 系列 2 轴交流驱动单元组成的伺服系统结构简图，伺服电动机上的脉冲编码器作为位置检测元件，也作为速度检测元件，它将检测信号反馈到 CNC 中，由 CNC 完成位置处理和速度处理。CNC 将速度控制信号、速度反馈信号以及使能信号输出到伺服放大器的 JVB1 和 JVB2 端口。

2）S 系列主轴伺服系统的基本配置。图 2-25 是 S 系列主轴伺服系统的连接方

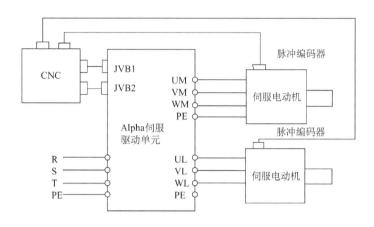

图 2-24　FANUC 的 CNC 与 Alpha 系列 2 轴伺服系统连接

法，其中 K1 为从伺服变压器副边输出的 AC220V 三相电源电缆，应接到主轴伺服单元的 R、S、T 和 G 端，输出到主轴电动机的动力线，应与接线盒盖内面的指示相符。K3 为从主轴伺服单元的端子 T1 上的 R0、S0 和 T0 输出到主轴风扇电动机的动力线，应使风扇向外排风。K4 为主轴电动机的编码器反馈电缆，其中 PA、PB、RA 和 RB 用作速度反馈信号，01H 和 02H 为电动机温度接点，SS 为屏蔽线。K5 为从 NC 和 PMC 输出到主轴伺服单元的控制信号电缆，接到主轴伺服单元的 50 芯插座 CN1。

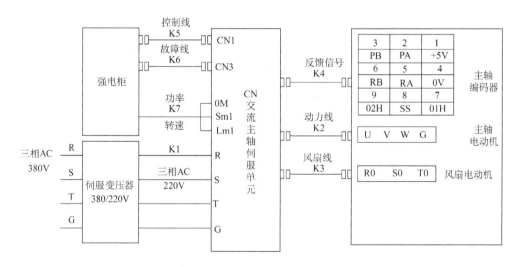

图 2-25　S 系列主轴伺服系统的连接

2. FANUC 0i 系统

FANUC 0i 系统与 FANUC 16/18/21 等系统的结构相似，均为模块化结构。0i 的主 CPU 板上除了主 CPU 及外围电路之外，还集成了 FROM&SRAM 模块、PMC 控制模块、存储器 & 主轴模块、伺服模块等，其集成度较 FANUC 0 系统（FANUC 0 系统为大板结构）的集成度更高，因此 0i 控制单元的体积更小。

（1）基本配置（见图 2-26）

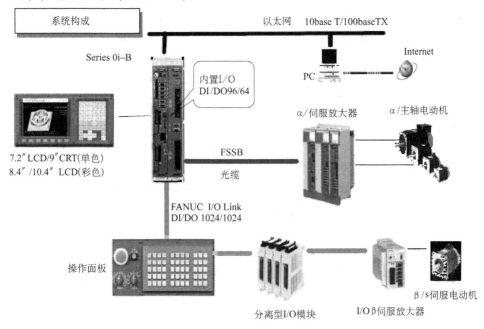

图 2-26　FANUC 0i 的系统配置

1）显示器。系统的显示器可接 CRT 或 LCD（液晶），可以是单色也可以是彩色。用光缆与 LCD 连接。

2）进给伺服。经 FANUC 串行伺服总线 FSSB，用一条光缆与多个进给伺服放大器（αi 系列）相连，放大器有单轴型和多轴型，多轴型放大器最多可接 3 个小容量的伺服电动机，从而可减小电柜的尺寸。放大器本身是逆变器和功率放大器，位置控制部分在 CNC 单元内。

进给伺服电动机使用 αi 系列。最多可接 4 个进给轴电动机。

伺服电动机上装有脉冲编码器，编码器既用作速度反馈，又用作位置反馈。系统支持外接（分离型）编码器（如装在滚珠丝杠的某一侧）的半闭环控制和使用直线光栅尺（装在工作台上）的全闭环控制。分离型位置检测器的接口有并行口（A/B 相脉冲）和串行口两种。位置检测器无论用回转式编码器还是用直线尺均可用增量式或绝对式。

3）主轴电动机控制。主轴电动机控制有两种接口：一种是模拟接口，CNC 根据编程的主轴速度值输出 0～10V 模拟电压，可使用市售的变频器及相配的主轴电动机；另一种是串行口，此时，CNC 将主轴电动机的转数值通过该口以二进制数据的形式输出给主轴电动机的驱动器。因为是串行数据传送，故接线少、抗干扰性强、可靠性高、传输速率高。串行口只能用 FANUC 主轴驱动器和主轴电动机，用 αi 系列。

FANUC 主轴电动机上装有磁性传感器，用作速度反馈。

切螺纹，刚性攻螺纹，Cs 轴轮廓控制或主轴定位、定向时需要在主轴上装位置编码器。

4）机床强电的 I/O 接口。0i-B 的 I/O 口用的是 I/O Link 口。I/O Link 是符合日本 JPCN-1 标准的现场网络。经由该口可实时地控制 CNC 的外部机械或 I/O 点，其传输速度相当高。在 0i-B 上有两种 I/O Link 口硬件：一是 CNC 单元内的 I/O 板，上有 96 点输入，64 点输出，对于机床上的一般 I/O 点控制（如 M 功能、T 功能等），用这块板可满足中小型加工中心或车床的要求；二是 I/O 模块，最多可连 1024 个输入点和 102 个输出点，因此这种模块除用于上述机床的普通 I/O 点控制外，多用于生产线上，控制连接于现场网路的多个外部机械，与其他 CNC 设备共享这些资源。

为了方便用户，FANUC 设计了标准的机床操作面板，用户可以选用。面板上有急停按钮和速度倍率波段开关，并留有用户自己可定义的空白键。面板用 I/O Link 口与 CNC 单元连接。

5）I/O Link β 伺服。为了驱动外部机械（如换刀、交换工作台、上下料等），可以使用经 I/O Link 口连接的 β 伺服放大器驱动的 β is 电动机。最多可接 7 台。

6）网络接口。经该口可连接车间或工厂的主控计算机。FANUC 开发了相应软件，可将 CNC 侧的各种信息（加工程序、位置、参数、刀偏量、运行状态、报警、诊断信号，以至于梯形图等）传送至主机并在其上显示。

7）数据输入/输出口。0i-B 有 RS232C 和 PCMCIA 口。经 RS232C 可与计算机等连接。在 PCMCIA 口中可插 ATA 存储卡。

（2）系统连接

FANUC 0i 系统的系统控制单元接口示意图如图 2-27 所示，FANUC 0i 系统连接图如图 2-28 所示。

图 2-28 中，系统输入电压为 DC24V±10%，约 7A。伺服和主轴电动机为 AC 200V（不是 220V）输入。这两个电源的通电及断电顺序是有要求的，不满足要求会出现报警或损坏驱动放大器。原则是要保证通电和断电都在 CNC 的控制之下。

其他系统如 0 系统，系统电源和伺服电源均为 AC 200V 输入。

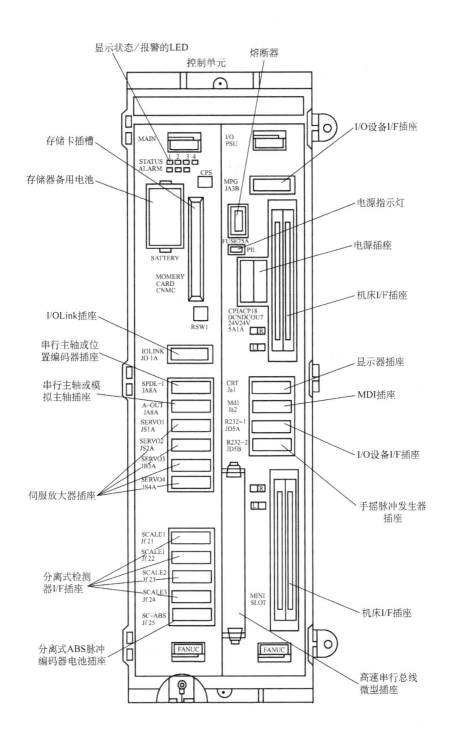

图 2-27 FANUC 0i 系统的系统控制单元接口示意图

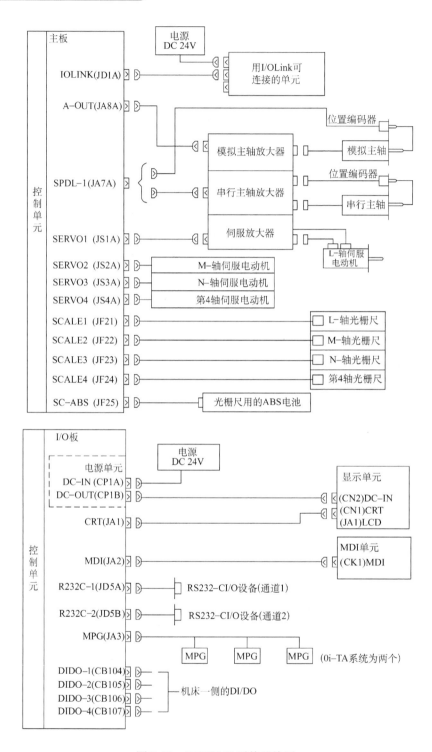

图 2-28　FANUC 0i 系统连接图

伺服的连接分 A 型和 B 型，由伺服放大器上的一个短接棒控制。A 型连接是将位置反馈线接到 CNC 系统；B 型连接是将其接到伺服放大器。0i 和近期开发的系统用 B 型。0 系统大多数用 A 型。两种接法不能任意使用，与伺服软件有关。连接时最后的放大器的 JX1B 需插上 FANUC 提供的短接插头，如果遗忘会出现 #401 报警。另外，若选用一个伺服放大器控制两个电动机，应将大电动机电枢接在 M 端子上，小电动机接在 L 端子上，否则电动机运行时会听到不正常的"嗡嗡声"。

FANUC 系统的伺服控制可任意使用半闭环或全闭环，只需设定闭环形式的参数和改变接线，非常简单。

主轴电动机的控制有两种接口：模拟（DC 0～10V）和数值（串行传送）输出。模拟口需用其他公司的变频器及电动机。

用 FANUC 主轴电动机时，主轴上的位置编码器（一般是 1024 条线）信号应接到主轴电动机的驱动器上（JY4）。驱动器上的 JY2 是速度反馈接口，两者不能接错。

目前使用的 I/O 硬件有两种：内装 I/O 印制板和外部 I/O 模块。I/O 板经系统总线与 CPU 交换信息；I/O 模块用 I/O Link 电缆与系统连接，数据传送方式采用串行格式，所以可远程连接。编梯形图时这两者的地址区是不同的，而且 I/O 模块使用前需首先设定地址范围。

为了使机床运行可靠，应注意强电和弱电信号线的走线、屏蔽及系统和机床的接地。电平 4.5V 以下的信号线必须屏蔽，屏蔽线要接地。连接说明书中把地线分成信号地、机壳地和大地，请遵照执行连接。另外，FANUC 系统、伺服和主轴控制单元及电动机的外壳都要求接大地。为了防止电网的干扰，交流的输入端必须接浪涌吸收器（线间和对地）。如果不正确处理这些问题，机床工作时会出现 #910、#930 报警或是不明原因的误动作。

2.2.3 华中数控系统的基本配置

武汉华中数控系统有限公司提出了基于 PC 发展我国具有自主版权的数控系统的思路，即采用通用的工业微机为硬件主体，在软件技术上进行突破。通过软件的技术革新，不仅实现了高档数控系统的功能，而且系统的体系结构保证了系统的可靠性和发展的延续性。其主要产品包括华中 I 型、华中 2000 系列、世纪星系列等。

1. 系统配置

华中世纪星数控系统是在华中I型、华中 2000 系列数控系统的基础上，满足用户对低价格、高性能、简单、可靠的要求而开发的数控系统。该系统采用先进的开放式体系结构，内置嵌入式工业 PC，配置了 7.5″或 9.4″真彩 TFT 液晶显示器，集成了进给轴接口、主轴接口、手持单元接口、内嵌式 PLC 接口，支持硬盘、电子盘等程序存储方式，具有软驱、DNC、以太网等程序交换功能，主要用于车、铣、加工中心等数控机床控制。华中世纪星 HNC-21 数控系统结构框图如图 2-29 所示。

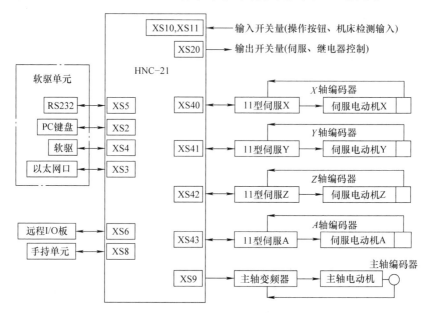

图 2-29　华中世纪星 HNC-21 数控系统结构框图

华中世纪星数控系统的主要特色如下：

1）适用于各种车、铣床加工中心等机床的控制，采用国际标准 G 代码编程，与各种流行的 CAD/CAM 自动编程系统兼容，结构牢靠，造型美观，体积小巧，具有极高的性能价格比。目前已广泛用于车、铣、磨、锻、齿轮、仿形、激光加工、纺织、医疗等设备。

2）最大联动轴数为 4 轴。

3）可选配各种类型的脉冲式（HSV-16 系列全数字交流伺服驱动单元）、模拟式交流伺服驱动单元或步进电动机驱动单元以及 HSV-11 系列串行接口伺服驱动单元。

4）除标准机床控制面板外，配置 40 路开关量输入和 32 路开关量输出接口、手持单元接口、主轴控制与编码器接口。还可扩展远程 128 路输入/128 路输出端子板。

5）采用 7.7″（HNC-22T 为 10.4″）彩色液晶显示器（分辨率为 640×480）、全汉字操作界面、故障诊断与报警、加工轨迹图形显示和仿真，操作简便，易于掌握和使用。

6）采用国际标准 G 代码编程，与各种流行的 CAD/CAM 自动编程系统兼容，具有直线插补、圆弧插补、螺纹切削、刀具补偿、宏程序、恒线速切削等功能，以及反向间隙和单、双向螺距误差补偿功能。

7）内置 RS232 通信接口，轻松实现机床数据通信。

8）8MB Flash RAM（可扩充至16MB）程序断电存储器，16MB RAM（可扩充至此32MB）加工内存缓冲区。

2. 系统连接

华中世纪星数控系统的系统连接图如图2-30所示。

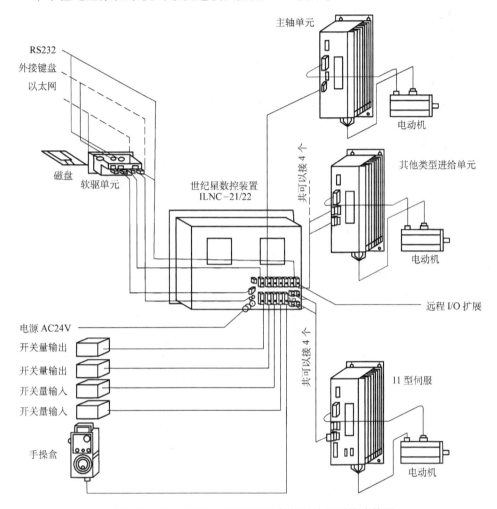

图2-30　华中世纪星 HNC-21/22 数控系统的系统连接图

2.3　数控系统的常见故障诊断与分析

2.3.1　数控系统硬件故障诊断

数控机床的控制系统比较复杂，而且各单元模块之间的关联关系比较紧密，当数控机床的硬件系统出现故障时，很难准确地确定故障部位与故障原因。要解决数控系统的硬件故障，不仅要求维修人员有较高的电子技术水平，熟练掌握控制系统中各模块/单元的作用与工作原理，还要能熟练运用各种故障诊断方法综合分析。下面列出一些诊断实例，结合几种硬件诊断方法以供参考。

【例2-1】一台KMC-3000SD型龙门式加工中心，在安装调试后不久Z轴偶尔出现报警，指示实际位置与指令不一致，检查时发现Z轴编码器外壳有变形的现象，故怀疑该编码器发生故障，已经被损坏，调换一个新的编码器安装后开机运行，故障现象消除。

【例2-2】一台XHK716立式加工中心，在安装调试时，CRT显示器突然不显示任何内容，但是机床可以正常运转。停机后重新开机，又一切正常。在其后运行过程中此故障经常产生。由于此故障偶尔出现，很难判断出其故障原因，于是在旁对其进行长时间观察。最后发现每当车间上方的门式起重机经过时就会出现此故障，由此判断出可能是干扰或元件接触不良。检查显示板，用绝缘棒逐个接触板上的元件，当触动其中一个集成芯片时，CRT上显示突然消失。仔细观察发现该芯片的引脚没有完全插入插座中，而且其旁边的一个晶振引脚上没有焊锡。进行处理后故障消失。

【例2-3】某XK715F型立式数控铣床，系统通电后，正常运行约20min后非正常停机，CRT无任何报警显示。断电30min左右后可以正常起动，但工作数分钟后依旧出现上述故障。

系统因故中断又无任何报警显示，分析认为CPU控制系统中出现故障的几率较大。而且是断电停机30min后能正常起动，运行20min后又出现故障，断定故障与温度有关。检查系统板时，触摸到CPU板上ROM存储器区域一个ROM集成芯片温度较其他芯片异常偏高。用气泵为其吹风强制降温时发现系统能够正常运行，停止冷却后故障重新出现。证实该芯片已损坏，调换后故障排除。

【例2-4】WY203型自动换向数控组合机床Z轴一起动，即出现跟随误差过大报警而停机。经检查发现位置控制环反馈元件光栅电缆由于运动中受力而被拉伤断裂，造成丢失反馈信号。

【例2-5】JCS-081立式加工中心，加工的零件不合标准。检查时发现Z轴电动机偶尔出现异常振动的声音，于是将电动机和丝杠分开，试车时仍然振动，可见振动不是机械传动机构引起的。为区分是电动机故障还是伺服系统出现故障，采用Y轴伺服单元控制Z轴电动机，故障依然，所以确定是电动机损坏。更换电动机后故障消失。

【例2-6】TC1000型加工中心控制面板显示消失。经检查面板MS401板电源熔丝断，诊断发现其内部无短路现象，换上熔丝后显示恢复。

【例2-7】TC1000型加工中心NC系统运行异常，经检查，NC系统冷却风扇未能按时清除污物，空气道堵塞，风扇过负荷而烧坏，导致冷却对象过热，出现异常。更换风扇后故障消除。

【例2-8】 一台从意大利进口的数控铣床，数控系统是德国 HEIDENHAIN 公司的 TNC155。经过几年的使用后，在某冬季 CNC 系统出现了故障，电池虽然是新更换的，但关机后机床数据和加工程序仍经常丢失，有时机床在自动加工时，程序突然中断，CNC 系统死机。冬季过后，故障自然消失，直到下一个冬季来到时，这个故障又重新出现，并且特别频繁，有时因关机使机床参数丢失，而重新输入数据时，CNC 系统就死机，使这台机床基本处于瘫痪状态。根据有时可以开机操作，且夏季并不出现故障的现象分析，认为一是干扰问题，二最大的可能是接触问题，由于温度、湿度的变化，导致一些插接件接触不良。经过检查所有的接地线，并关掉所有能产生干扰的干扰源，但故障仍未消失。后来将机箱拆下并打开，发现总线槽上插接的三块电路板，其中一块已弯曲变形，导致印制电路板线路断路或接触不良。技术人员将该板校直，并采取加固措施，再装上后通电试验，系统稳定工作，再也没有发生这个故障。

总结：以上例子说明，系统发生故障后，首先进行外观检查。运用自己的感官感受判断明显的故障，有针对性地检查有怀疑部分的元器件，看空气断路器、继电器是否脱扣，继电器是否有跳闸现象，熔丝是否熔断，印制电路板上有无元件破损、断裂、过热，连接导线是否断裂、划伤，插接件是否脱落等；若有人检修过电路板，还得检查开关位置、电位器设定、短路棒选择、线路更改是否与原来状态相符；并注意观察故障出现时的噪声、振动、焦煳味、异常发热、冷却风扇是否转动正常等。其次要进行连接电缆、连接线、连接端及插接件检查。针对故障有关部分，用一些简单的维修工具检查各连接线、电缆是否正常。尤其注意检查机械运动部位的接线及电缆，这些部位的接线易受力、疲劳而断裂。再次就是将在恶劣环境下工作的相关元器件、易损部位的元器件进行全面检查。这些元器件容易受热、受潮、受振动、粘灰尘或油污而失效或老化。

【例2-9】 一台 TC500 型加工中心 INDRAMAT X 轴交流伺服单元一接通电源就出现停机现象。维修人员把 X 轴控制电压线路接到其他轴伺服单元供给控制电压，其他调节器正常且故障现象消失。拆下 X 轴伺服单元进行测量，直流电压 +15V，在 X 轴伺服单元中有短路现象，+15V 与 0V 间电阻为 0。检查出 +15V 与 0V 在 PCB 上有 $-47\mu F$ 50V 电容被击穿，更换该电容后，再检查 +15V 不再短路，伺服单元恢复正常。

【例2-10】 FANUC 3T-A 系统 CRT 无显示故障。

故障现象：在调试一零件程序当中，将机床锁住进行空运行时，按下起动按钮显示器无任何显示，也无光栅。

故障检查与分析：CK7815/1 型数控车床采用 FANUC 公司的 3T-A 闭环 CNC 控制系统。进给伺服机构采用 FANUC-BESK 直流伺服电动机（FB-15 型）。主轴驱动采用 FANUC-BESK 直流主轴电动机，可在宽范围内实现无级调速和恒速切削。机床顺序控制由 3T-A 系统内装的可编程序控制器来实现。

机床电源电路如图 2-31 所示，检查 NC 柜中电源板无 24V 直流电压输出，关掉机床电源，将 PCB 主板上与直流 24V 电源相连的插接件 PC_3 拔下，然后给机床通电，电源板有直流 24V 电压，此时 CRT 有光栅，这说明在 PCB 主板或与其相连的插口及印制电路板中有短路的地方。关掉电源，试将与 PCB 连接的输入输出接口 M_1、M_2 和 M_{18} 拔下，把 PC_3 插口恢复，通电试车，CRT 显示正常。关掉电源，逐一连接 M_1、M_2 和 M_{18}。查出输入接口 M_1 和与 PLC 板连接的 M_{18} 中均有短路的地方，至此，排除了 PCB 主板和

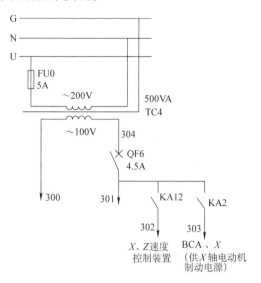

图 2-31　机床电源电路

PLC 板，说明故障出现在机床侧。检查 M_1 和 M_{18} 中的 32P 均与地短路，查 32P 所接线，都是 5 号（即系统直流 24V 电源），通过分线盒与强电柜中的 5 号端子相连，将 5 号端子上的信号线逐一用万用表测量，有一条线与地短路，顺此线查明，故障发生在刀盘接线盒内的刀位开关上，重新调整刀位开关和接线，故障排除了，机床恢复正常工作。

总结： 电源电压正常是机床控制系统正常工作的必要条件，电源电压不正常，一般会造成故障停机，有时还造成控制系统动作紊乱。硬件故障出现后，检查电源电压不可忽视！检查步骤可参考调试说明，方法是参照上述电源系统，从前（电源侧）向后地检查各种电源电压。应注意到电源组功耗大、易发热，容易出故障。多数情况电源故障是由负载引起的，因此更应在仔细检查后继环节后再进行处理，熔丝断了只换熔丝是不够的，应检查真正短路或过流过负载的原因。检查电源时，不仅要检查电源自身馈电线路，还应检查由它馈电的无电源部分是否获得了正常的电压；不仅要注意到正常时的供电状态，还要注意到故障发生时电源的瞬时变化。

【例 2-11】GPM900B-2 型数控曲轴铣床多次出现程序中断故障，显示 W 轴伺服报警。经检查是由于滑板放松指令的执行元件电磁阀卡死，造成前一程序段中断不够彻底，而后一程序段中又指令 W 轴移动，使 W 轴电动机伺服单元过负荷，致使程序中断。

【例 2-12】TC500 型加工中心起动不起来，面板显示 EPROM 故障，并提示出报警部位在 EPROM CHIP 41。因为系统软件全部存储于 EPROM 存储器中，它们的

正确无误是系统正常工作的基本条件，因此，机床每次起动时系统都会对这些存储器的内容进行校验检查，一旦发现检测校验有误，立即显示文字报警，并指示出错芯片的片号。据此可知故障与芯片41有关。经检查41号芯片在伺服处理器MS250上，更换芯片41无效，更换MS250故障消失。

【例2-13】 一台采用SIEMENS SINUMERIK 3M的数控磨床，在回参考点时，轴不动，检查机床的报警信息，有 X 轴超负向限位的报警信息，将取消限位的开关打开，手动让 X 轴向正向运动，但也不走。检查 X 轴的伺服使能条件，发现为0，根据PLC程序进行检查，发现一上料开关应打到不用位置，将这个开关打到正确位置后，将 X 轴走回，然后机床3轴正常回参考点。

【例2-14】 瑞士SOHAUBLIN 110数控车床510号报警的排除方法。

故障现象： 开动机床回参考点时CRT显示510号报警。

故障检查与分析： SOHAUBLIN 110 CNC数控车床是瑞士SCHAUBLIN公司的系列产品，数控系统为FANUC 0TC系统。

首先把检查的重点放在与 X 坐标有关的3个位置传感器上。通过最简单的方法，即在手动运行机床的状态下，由电箱中的PLC显示来直接观察3个位置传感器的工作状态。观察中发现：当机床向 $-X$ 方向运行时，在 $-X$ 极限位置处，X3073.1（Ref X）闪烁一下又常亮（表明SB150到位并有一负脉冲输出，从而证明其工作正常），继续沿该方向向前运行一小段距离后，X3073.6（ $-X$ ）闪烁一下又常亮（表明SB145到位并有一负脉冲输出，从而证明其工作正常）。此后机床将自动停机并显示1012号报警（提示内容为可能碰撞）。

重新起动机床并向反方向（即向 $+X$ 方向）运行，直至超过 $+X$ 方向的极限位置而且出现510号报警（ $+X$ 超程）并且停机时，X3073.1（Ref X）和X3073.7（ $+X$ ）均一直常亮并未闪烁过。为了进一步确认该两只传感器（SB150和SB148）工作状态的好坏（实际上，前面的一个检测步骤已经证实了SB150的工作是正常的），可以将该两个传感器由工作位置上拆下来，用靠近铁质物体的方法来检查，证明两个传感器的工作都是正常的。这样一来，就出现了这样一种情况，即虽然出现了510号报警，但3个传感器的工作却都是正常的。这样的现象，粗看似乎不容易发现，但只要仔细分析前面提到的前、后两种测试过程就不难发现，后面一个测试中，两传感器（SB150和SB148）虽一直常亮未闪烁，而机床则出现了510号报警，并且已经知道两个传感器工作是正常的，那么就只存在着一种可能来解释这种现象：那就是表面上虽然超过了极限位置而且出现了超程报警，而实际上是两只传感器均未到达极限位置。而出现这种情况看来只有一种可能，即机床硬件所限定的极限位置与机床软件所设定的极限位置间产生了误差，从而导致出现了510号报警（如果为 $-X$ 方向超程将出现511号报警）。

这种故障实际上是机床硬件所限定的 X 行程（由SB145、SB148和SB150所决定）与机床软件所设定的 X 行程（ $+X$ 的位置由参数 700 决定； $-X$ 的位置由参数 704 决定）间偏移了一个误差带而产生的。因此，解决的方法可以有两种，即软件的方法和硬件的方法：软件的方法是修改机床的软件参数（数 700 和 704），将软件所设定的 X 行程区间向 $+X$ 方向移动一个误差带，使之与机床硬件所限定的 X 行程区间相对应；硬件的方法是将机床硬件所限定的 X 行程区间向 $-X$ 方向移动一个误差带，使之与机床软件所设定的 X 行程区间相对应。这两种方法的前提都是保证机床原有的 X 行程不变。

比较两种方法，软件方法简单易行、实施方便；而硬件的方法实施较为麻烦。但是由于是在维修场合，必须考虑机床原有的工作状态，即引起机床故障的根本原因。经仔细向操作者了解方得知，在一次运行机床至 $+X$ 极限超程位置并死机后，操作者曾自己用手动的方法将 X 坐标的滚珠丝杠向 $+X$ 方向调整了一段距离使之退出超程位置。

这样一来问题就十分清楚了，故障是由人为因素的错误调整而造成的。在这种情况下，如采用上面所介绍的软件方法来改变机床参数虽简单易行，但却容易造成机床参数的混乱而带来不必要的麻烦；而采用硬件的方法虽然调整过程稍显烦琐，但却可使机床真正恢复到原有的正确状态。因此应考虑采用硬件的方法，即调整 X 坐标丝杠使之恢复到原有的位置。

故障处理：

1）按照机床机械维修手册中的介绍，拆下 X 坐标滑枕最下方的端盖。

2）用一内六角扳手插入端部外露的丝框端面的内六角孔中，旋转丝杠，可使台面上下移动。

3）打开机床开关，并按下 E - STOP 键。仔细观察电柜中的 PLC 显示。

4）旋转丝杠，使台面（滑枕）向上（即 $-X$ 方向）运动一段距离（每次调整量以 10mm 左右为宜）。

5）松开 E - STOP 键，并用手动方式使机床向 $+X$ 方向运行，并走至极限位置且出现 510 号报警。此时应特别留意观察 PLC 中 X3073.1 是否闪烁过一下（原为常亮）。

6）如出现 510 号报警而 X3073.1 常亮不闪烁时，应使机床向 $-X$ 方向运行退回，并再次旋转丝杠使台面向 $+X$ 方向移动一段后，再重复上述操作并注意观察。

7）反复调整丝杠使台面移动，使机床在手动运行状态下达到：

① 在 $+X$ 方向上：X3073.1 闪烁一下，而 X3073.7 常亮不闪。

② 在 $-X$ 方向上：X3073.1 闪烁一下，而 X3073.6 常亮不闪为止。

如果在 $+X$ 方向上出现 X3073.1 闪烁一下后 X3073.7 也闪烁一下时，则为丝杠调整过头，应使台面向反方向（ $-X$ 方向）调整。

如果在 $-X$ 方向上出现 X3073.1 闪烁一下后 X3073.6 也闪烁一下时，则为丝杠调整不足，应继续向 +X 方向调整台面。

至此，调整操作即告完成。

重新起动机床，510 号报警消除，机床恢复正常运行。

总结： 数控机床控制系统多配有面板显示器、指示灯。面板显示器可把大部分被监控的故障识别结果以报警的方式给出。对于各个具体的故障，系统有固定的报警号和文字显示给予提示。特别是彩色 CRT 的广泛使用及反衬显示的应用使故障报警更为醒目。出现故障后，系统会根据故障情况、故障类型，提示或者同时中断运行而停机。对于加工中心运行中出现的故障，必要时系统会自动停止加工过程，等待处理。指示灯只能粗略地提示故障部位及类型等。程序运行中出现的故障，程序显示报警出现时程序的中断部位，坐标值显示提示故障出现时运动部件坐标位置，状态显示能提示功能执行结果。在维修人员未到现场前，操作者尽量不要破坏面板显示状态、机床故障后的状态，并向维修人员报告自己发现的面板瞬时异常现象。维修人员应抓住故障信号及有关信息特征，分析故障原因。故障出现的程序段可能有指令执行不彻底而应答。故障出现的坐标位置可能有位置检测元件故障、机械阻力太大等现象发生。维修人员和操作者要熟悉本机床报警目录，对有些针对性不强、含义比较广泛的报警要不断总结经验，掌握这类故障报警发生的具体原因。

2.3.2 软件故障诊断与分析

软件故障是由软件变化或丢失而形成的。数控机床软件一般存储于 RAM 中。软件故障形成的可能原因如下：

（1）误操作引起

在调试用户程序或修改数控机床参数时，操作者删除或更改了软件内容或参数，从而造成软件故障。

（2）供电电池电压不足

为 RAM 供电的电池电压经过长时间的使用后，电池电压降低到额定值以下，或在停电情况下拔下为 RAM 供电的电池或电池电路断路或短路、接触不良等都会造成 RAM 得不到维持电压，从而使系统丢失软件及参数。

这里要特别注意以下几点：

1）应对长期闲置不用的数控机床经常定期开机，以防电池长期得不到充电，造成机床软件的丢失。实际上，数控机床开机也是对电池充电的过程。

2）当为 RAM 供电的电池出现电量不足报警时，应及时更换新电池，以防最后连报警都无法提供，出现软件和数据的丢失。

（3）干扰信号引起

有时电源的波动及干扰脉冲会窜入数控系统总线，引起时序错误或造成数控装置等停止运行。

（4）软件死循环

运行复杂程序或进行大量计算时，有时会造成系统死循环引起系统中断，造成软件故障。

（5）操作不规范

这里指操作者违反了机床的操作规程，从而造成机床报警或停机现象。如数控机床开机后没有进行回参考点，就进行加工零件的操作。

（6）用户程序出错

由于用户程序中出现语法错误、非法数据、运行或输入中出现故障报警等现象。

对于软件丢失或参数变化造成的运行异常、程序中断、停机故障，可采取对数据、程序更改或清除重新再输入法来恢复系统的正常工作。

对于程序运行或数据处理中发生中断而造成的停机故障，可采取硬件复位法或关掉数控机床总电源开关，然后再重新开机的方法排除故障。

NC 复位、PLC 复位能使后续操作重新开始，而不会破坏有关软件和正常处理的结果，以消除报警。亦可采用清除法，但对 NC、PLC 采用清除法时，可能会使数据全部丢失，应注意保护不想清除的数据。

开关系统电源是清除软件故障常用的方法，但在出现故障报警或开关机之前一定要将报警信息的内容记录下来，以便于排除故障。

以下列出几个软件故障的诊断实例，更多实例请参阅本书第 7 章相关内容。

【例 2-15】 德国维尔纳公司制造的 TC800 卧式加工中心，其控制系统是 SIEMENS 850M。机床使用一年后发现在停止状态下刀链（W 轴）来回小范围抖动。该轴的驱动与其他各轴一样采用交流伺服系统，其位置检测为角度脉冲发生器。开始时抖动不很严重，后来越来越厉害并报警停机。在机床制动停机后，通过测量伺服驱动的指令值，发现该输入电压值"＋""－"不断变化，与抖动周期一致，从屏幕也发现 W 轴的实际位置也不断地发生增减变化，这说明位置反馈是好的。那么 NC（数控）部分、伺服驱动、电动机这几个环节哪一个有故障呢？首先考虑到是零点漂移，但经调整无效。由于是闭环的数控系统，各环节互相控制、互相制约，分析起来比较复杂。而 SIEMENS 850 系统可分为硬件和软件两大部分，软件部分有许多用户可以干预的参数，关于伺服轴的参数也不少。因此决定先从修改参数入手。经几次调整参数，最后将 NC 机床参数 2604（W 轴多项增益）从 25500 改至 15000 后，抖动立即停止。为使系统有比较高的快速性和较宽的稳定裕量，经几次试验将该参数定为 20000。以后刀链一直正常运行至今。

分析： 抖动原因是元件老化，系统参数发生变化，而且伺服系统回路的增益太大。理论上在闭环系统里开环增益过大，系统的稳定裕量就小。由于系统某些原因引起参数发生变化或干扰造成系统振荡或不稳定。在全由硬件组成的系统里可以调整某一环节增益得以校正；而在现代计算机控制的加工中心往往可以通过修改某一个相关参数而收到事半功倍的效果。

【例2-16】一台采用 FANUC 0T 系统的数控车床，开机之后出现死机，任何操作不起作用。将内存全部清除后，重新输入机床参数，系统恢复正常。该故障是由机床数据混乱造成的。

【例2-17】一台带 FANUC 0MC 控制系统的数控加工中心，由于机床的控制装置出现偶发性故障，引起了机床的加工坐标轴 Z 方向发生偏移，偏移量为 3mm，导致 ATC 自动换刀不到位，使加工出来的零件在 Z 方向的尺寸不合格。但是机床的运转状况良好无反映，CRT 显示屏也无任何报警信息。

在认真调查了发生异常现象的前后状况，得出几种可能的原因：

1）ATC 机械手进行刀具交换中没有到位。

2）机床 Z 轴坐标位置原点有偏移。

3）机床异常状况与 CNC 数控装置参数有关。

通过检查，排除了 1）、2）两项因素。于是，根据这类数控机床的特点，分析检查了与坐标位移有关的参数，发现第 510 号参数是 Z 轴的栅格位移量（GRD-SZ），其设定值在 $0 \sim +32767\mu m$ 或 $0 \sim -32767\mu m$。机床在执行参考原点时，首先会碰到减速限位开关，一旦减速信号发出，机床变为低速移动，当移动部位到达栅格位置时进给也就停止，回参考点工作才完成。由于机床的异常原因使 Z 轴参考原点偏移约 3mm，这个偏移量是与坐标轴栅格移位量有关的。查看 CRT 画面 510 号参数，它的原始设定值是 $-6907\mu m$，由于加工的工件是过切削而超差。现将这一数据修改为 $-9907\mu m$，再重新开机，先做机床回原点、自动交换刀具等一系列动作都正常后，再进行加工试验，将加工完成的工件送检后证实合格。对维修人员来说，这种方法不同于以往的只忙于查找损坏器件的维修处理，而是由 CNC 控制装置的数据变化去分析和查找数控机床故障。

练习与思考题 2

2-1　数控系统由哪几部分构成？各有什么作用？

2-2　数控系统故障诊断有哪些基本要求？常用的方法有哪些？

2-3　试举例阐述系统的自诊断功能。

2-4　试说明 SIEMENS、FANUC 数控系统的基本配置情况。

2-5　SIEMENS SINUMERIK 840DE 系统通电后显示屏时亮时灭，系统无报警。请分析其可能的故障原因并给出排除方案。

2-6　数控机床系统参数丢失可能的原因是什么？应如何防止？

2-7　一台数控车床，开机之后出现死机，任何操作都不起作用。试分析其可能的原因。

第 3 章

伺服系统的故障诊断与维修

3.1 概述

数控机床的伺服系统是指以机床运动部件的位移和速度为控制对象的自动控制系统，主要由数控装置和驱动系统组成。在数控机床上，伺服系统主要有主轴伺服系统和进给伺服系统两种。主轴伺服系统控制主轴的起动、停止、正转、反转、转速调节等，但当要求机床有螺纹加工功能、准停功能和恒线速加工等功能时，就对主轴提出了相应的位置控制要求。伺服控制系统主要控制机床各坐标的进给运动，是数控装置和机床机械传动部件间的联系环节。

在现有技术条件下，CNC 装置的性能已相当优异，并正在迅速向更高水平发展，而数控机床的最高运动速度、跟踪及定位精度、加工表面质量、生产率及工作可靠性等技术指标，往往又主要取决于伺服系统的动态和静态性能。数控机床的故障也主要出现在伺服系统上。可见提高伺服系统的技术性能和可靠性，对于数控机床具有重大意义，研究与开发高性能的伺服系统一直是现代数控机床的关键技术之一。

3.1.1 伺服系统的组成

数控机床的伺服系统一般由驱动单元、机械传动部件、执行部件和检测反馈环节等组成。驱动控制单元和驱动元件组成伺服驱动系统，机械传动部件和执行部件组成机械传动系统，检测元件和反馈电路组成检测装置（或称作检测系统）。伺服系统的一般组成如图 3-1 所示。

伺服系统一般是一个反馈控制系统，通过输入给定值与反馈值进行比较，利用比较后产生的偏差对系统进行自动调节，从而达到消除偏差、使被调节量与给定值一致的目的。图 3-1 所示的伺服系统是一个双闭环系统，内环是速度环，外环是位置环。速度环中用作速度反馈的检测装置为测速发电机、脉冲编码器等。速度控制单元是一个独立的单元部件，它由速度调节器、电流调节器及功率驱动放大器等各部分组成。位置环是由 CNC 装置中的位置控制模块、速度控制单元、位置检测及反馈控制等各部分组成。位置控制主要是对机床运动坐标轴进行控制，轴控制是要求最高的位置控制，不仅对单个轴的运动速度和位置精度的控制有严格要求，而且在多轴联动时，还要求各移动轴有很好的动态配合，才能保证加工效率、加工精度和表面粗糙度。

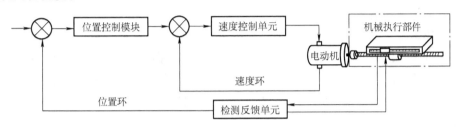

图 3-1　伺服系统的一般组成图

3.1.2　伺服系统的分类

1. 按调节理论分类

按数控系统的进给伺服子系统有无位置测量装置可分为开环数控系统和闭环数控系统，在闭环数控系统中根据位置测量装置安装的位置又可分为全闭环和半闭环两种。

（1）开环伺服系统

开环伺服系统的驱动元件主要是功率步进电动机或电液脉冲马达。这两种驱动元件工作原理的实质是数字脉冲到角度位移的变换，它不用位置检测元件实现定位，而是靠驱动装置本身，转过的角度正比于指令脉冲的个数；运动速度由进给脉冲的频率决定。

开环伺服系统的结构如图 3-2 所示

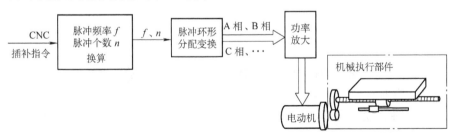

图 3-2　开环伺服系统示意图

开环系统有以下特点：

1）没有位置测量装置，信号流是单向的（数控装置→进给系统），故系统稳定性好。

2）开环系统无位置反馈，精度相对闭环系统来讲不高，其精度主要取决于伺服驱动系统和机械传动机构的性能和精度。

3）一般以功率步进电动机作为伺服驱动元件。

4）这类系统具有结构简单、工作稳定、调试方便、维修简单、价格低廉等优点，在精度和速度要求不高、驱动力矩不大的场合得到广泛应用。一般用于经济型数控机床。

（2）闭环伺服系统

闭环系统是误差控制随动系统。数控机床进给系统的误差是CNC输出的位置指令和机床工作台（或刀架）实际位置的差值。闭环系统运动执行元件不能反映运动的位置，因此需要有位置检测装置。该装置测出实际位移量或者实际所处位置，并将测量值反馈给CNC装置，与指令进行比较，求得误差，依此构成闭环位置控制。结构图如图3-3所示。

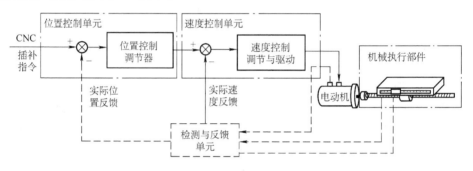

图3-3　闭环伺服系统示意图

由于闭环伺服系统是反馈控制，反馈测量装置精度很高，所以系统传动链的误差、环内各元件的误差以及运动中造成的误差都可以得到补偿，从而大大提高了跟随精度和定位精度。目前闭环系统的分辨率多数为1μm，定位精度可达±(0.01 ~ 0.05)mm；高精度系统分辨率可达0.1μm。系统精度只取决于测量装置的制造精度和安装精度。

闭环伺服系统有以下特点：

1）全闭环数控系统的位置采样点如图3-3的虚线所示，直接对运动部件的实际位置进行检测。

2）从理论上讲，可以消除整个驱动和传动环节的误差、间隙和失动量，具有很高的位置控制精度。

3）由于位置环内的许多机械传动环节的摩擦特性、刚性和间隙都是非线性的，故很容易造成系统的不稳定，使闭环系统的设计、安装和调试都相当困难。

4）该系统主要用于精度要求很高的镗铣床、超精车床、超精磨床以及较大型的数控机床等。

（3）半闭环系统

位置检测元件不直接安装在进给坐标的最终运动部件上（见图3-4），而是中间经过机械传动部件的位置转换，称为间接测量。亦即坐标运动的传动链有一部分在位置闭环以外，在环外的传动误差没有得到系统的补偿，因而伺服系统的精度低于闭环系统。

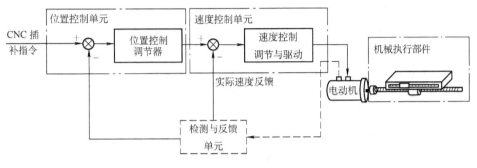

图 3-4　半闭环系统

半闭环伺服系统有以下特点：

1）半闭环数控系统的位置采样点如图3-4所示，是从驱动装置（常用伺服电动机）或丝杠引出，采样旋转角度进行检测，不是直接检测运动部件的实际位置。

2）半闭环环路内不包括或只包括少量机械传动环节，因此可获得稳定的控制性能，其系统的稳定性虽不如开环系统，但比闭环要好。

3）由于受机械变形、温度变化、振动以及其他因素的影响，系统稳定性难以调整。

4）由于丝杠的螺距误差和齿轮间隙引起的运动误差难以消除，因此，其精度较闭环差，较开环好。但可对这类误差进行补偿，因而仍可获得满意的精度。

5）机床运行一段时间后，由于机械传动部件的磨损、变形及其他因素的改变，容易使系统稳定性改变，精度发生变化。

6）半闭环数控系统结构简单、调试方便、精度也较高，在具备传动部件精密度高、性能稳定、使用过程温差变化不大的高精度数控机床上才使用全闭环伺服系统。

2. 按使用直流伺服电动机和交流伺服电动机分类

（1）直流伺服系统

直流伺服系统常用的伺服电动机有小惯量直流伺服电动机和永磁直流伺服电动机（也称为大惯量宽调速直流伺服电动机）。小惯量伺服电动机最大限度地减少了电枢的转动惯量，所以能获得最好的快速性。在早期的数控机床上应用较多，现在也有应用。小惯量伺服电动机一般都设计成有高的额定转速和低的转动惯量，所以应用时，要经过中间机械传动（如齿轮副）才能与丝杠相连接。

永磁直流伺服电动机能在较大过载转矩下长时间工作以及电动机的转子惯量较大，能直接与丝杠相连而不需中间传动装置。此外，它还有一个特点是可在低速下运转，如能在 1r/min 甚至在 0.1r/min 下平稳地运转。因此，这种直流伺服系统在数控机床上获得了广泛的应用。自 20 世纪 70 年代至 80 年代中期，直流伺服系统在数控机床上的应用占绝对多数，至今，许多数控机床上仍使用这种电动机的直流伺服系统。永磁直流伺服电动机的缺点是有电刷，限制了转速的提高，一般额定转速为 1000~1500r/min，而且结构复杂，价格较贵。

（2）交流伺服系统

交流伺服系统使用交流异步伺服电动机（一般用于主轴伺服电动机）和永磁同步伺服电动机（一般用于进给伺服电动机）。由于直流伺服电动机存在着如上所述一些固有的缺点，使其应用环境受到限制。交流伺服电动机没有这些缺点，且转子惯量较直流电动机小，使得动态响应好。另外在同样体积下，交流电动机的输出功率可比直流电动机提高 10%~70%，且交流电动机的容量可以比直流电动机大，因此可达到更高的电压和转速。所以，交流伺服系统得到了迅速发展，已经形成潮流。从 20 世纪 80 年代后期开始，大量使用交流伺服系统，到今天，有些国家的厂家已全部使用交流伺服系统。

3. 按进给驱动和主轴驱动分类

（1）进给伺服系统

进给伺服系统是指一般概念的伺服系统，它包括速度控制环和位置控制环。进给伺服系统完成各坐标轴的进给运动，具有定位和轮廓跟踪功能，是数控机床中要求最高的伺服控制。

（2）主轴伺服系统

严格来说，一般的主轴控制只是一个速度控制系统。主要实现主轴的旋转运动，提供切削过程中的转矩和功率，且保证任意转速的调节，完成在转速范围内的无级变速。具有 C 轴控制的主轴与进给伺服系统一样，为一般概念的位置伺服控制系统。

此外，刀库的位置控制是为了在刀库的不同位置选择刀具，与进给坐标轴的位置控制相比，性能要低得多，故称为简易位置伺服系统。

4. 按反馈比较控制方式分类

（1）脉冲、数字比较伺服系统

该系统是闭环伺服系统中的一种控制方式。它是将数控装置发出的数字（或脉冲）指令信号与检测装置测得的以数字（或脉冲）形式表示的反馈信号直接进行比较，以产生位置误差，达到闭环控制。

脉冲比较伺服系统如图 3-5 所示。

该系统比较环节采用可逆计数器，当指令脉冲为正、反馈脉冲为负时，计数器作加法运算；当指令脉冲为负、反馈脉冲为正时，计数器作减法运算。指令脉冲

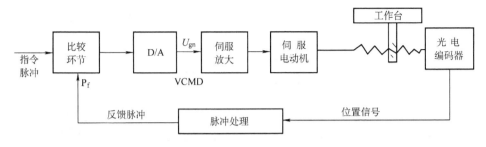

图3-5 脉冲比较伺服系统

为正时，工作台正向移动；为负时，工作台作反向运动。

指令脉冲 F 来自插补器，反馈脉冲 P_f 来自检测元件光电编码器。两个脉冲源是相互独立的，而脉冲频率随转速变化而变化。脉冲到来的时间不同或执行加法计数与减法计数若发生重叠，都会产生误操作。为此在可逆计数器前还有脉冲分离处理电路。

可逆计数器为 12 位计数器，允许计算范围是 − 2048 ～ + 2047。外部输入信号有加法计数脉冲输入信号 UP、减法计数脉冲输入信号 DW 和清零信号 CLR。

12 位可逆计数器的值反映了位置偏差，该计数值经 12 位 D/A 转换，输出双极性模拟电压，作为伺服系统速度控制单元的速度给定电压，由此可实现根据位置偏差控制伺服电动机的转速和方向，即控制工作台向减少偏差的位置进给。

当计数器清零时，相当于 D/A 变换器输入数字量为 800H，D/A 输出量为 $U_{gn} = 0$，电动机处于停转状态；当计数器值为 FFFH 时，D/A 输出量为 $+ U_{REF}$ 最大值；当计数器值为 000H 时，D/A 输出量为 $- U_{REF}$ 最小值。U_{REF} 为 D/A 装置的基准电压。改变 U_{REF} 之值或调整 D/A 输出电路中的调整电位器，即可获得速度控制单元所要求的控制电压极性和转速满刻度电压值。

脉冲、数字比较伺服系统结构简单，容易实现，整机工作稳定，在一般数控伺服系统中应用十分普遍。

（2）相位比较伺服系统

相位比较伺服系统中，位置检测装置采取相位工作方式，指令信号与反馈信号都变成某个载波的相位，然后通过两者相位的比较，获得实际位置与指令位置的偏差，实现闭环控制。

相位比较伺服系统的结构框图如图 3-6 所示。该系统采用了感应同步器作为位置检测元件。由感应同步器工作原理可知，当它工作在相位方式时，它是以定尺的相位检测信号经整形放大后所得到的 $P_B(\theta)$ 作为位置检测信号。指令脉冲 F 经脉冲调相后转换成重复频率为 f_0 的脉冲信号 $P_A(\theta)$，它与 $P_B(\theta)$ 是两个同频率的脉冲信号，其相位差 $\Delta\theta$ 即为指令位置和实际位置的偏差。$\Delta\theta$ 的大小与极性由鉴相器判别检测出来。鉴相器在系统中起了比较环节的作用。鉴相器的输出是与此相位差 $\Delta\theta$

成正比的电压信号，再用这个电压信号经放大后去控制速度单元驱动电动机带动工作台运动。

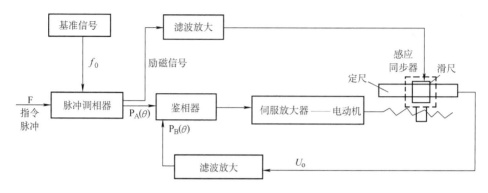

图 3-6　相位比较伺服系统

当指令脉冲 F 为正时，经脉冲调相后，$P_A(\theta)$ 产生正的相位移 $+\theta$，经与反馈脉冲 $P_B(\theta)$ 比较后，鉴相器输出 $\Delta\theta = +\theta_0$。伺服系统按指令脉冲的方向使工作台作正向移动，以消除 $P_A(\theta)$ 与 $P_B(\theta)$ 间的相位差。当指令脉冲 F 为负时，则 $P_A(\theta)$ 产生负的相位移 $-\theta$，此时 $\Delta\theta = -\theta_0$，伺服电动机驱动工作台作反向运动。当指令脉冲 F = 0，且工作台处于静止状态时，$P_A(\theta)$ 与 $P_B(\theta)$ 应为同频率、同相位的脉冲信号，经鉴相器鉴别后，其输出 $\Delta\theta = 0$，工作台维持不动。

相位伺服系统适用于感应式检测元件（如旋转变压器，感应同步器）的工作状态，可得到满意的精度。此外由于载波频率高、响应快、抗干扰性强，很适于连续控制的伺服系统。

（3）幅值比较伺服系统

幅值比较伺服系统是以位置检测信号的幅值大小来反映机械位移的数值，并以此信号作为位置反馈信号，一般还要将此幅值信号转换成数字信号才与指令数字信号进行比较，从而获得位置偏差信号构成闭环控制系统。该系统的特点之一是，所用的位置检测元件应工作在幅值方式上。

幅值比较伺服系统的位置检测元件多用感应同步器或旋转变压器。其系统结构框图如图 3-7 所示。

幅值系统工作前，指令脉冲 F 与反馈脉冲 P_f 均没有，比较器输出为 0，这时，伺服电动机不会转动。当指令脉冲 F 建立后，比较器输出不再为零，其数据经 D/A 转换后，向速度控制电路发出电动机运转的信号，电动机转动并带动工作台移动。同时，位置检测元件将工作台的位移检测出来，经鉴幅器和电压频率转换器处理，转换成相应的数字脉冲信号，其输出一路作为位置反馈脉冲 P_f，另一路送入检测元件的励磁电路。当指令脉冲与反馈脉冲两者相等，比较器输出为零，说明工作台实际移动的距离等于指令信号要求的距离，指引电动机停转，停止带动工作台移

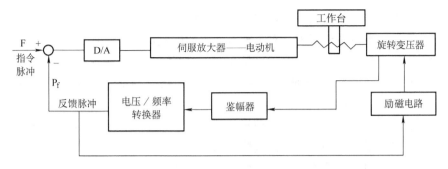

图 3-7　幅值比较伺服系统

动；若两者不相等，说明工作台实际移动距离不等于指令信号要求的距离，电动机就会继续运转，带动工作台移动直到比较器输出为零时再停止。

在以上三种伺服系统中，相位比较和幅值比较系统从结构上和安装维护上都比脉冲、数字比较系统复杂和要求高，所以一般情况下脉冲、数字比较伺服系统应用得广泛，而且相位比较系统又比幅值比较系统应用得多。

（4）全数字伺服系统

随着微电子技术、计算机技术和伺服控制技术的发展，数控机床的伺服系统已开始采用高速、高精度的全数字伺服系统。使伺服控制技术从模拟方式、混合方式走向全数字方式。由位置、速度和电流构成的三环反馈全部数字化、软件处理数字PID，使用灵活，柔性好。数字伺服系统采用了许多新的控制技术和改进伺服性能的措施，使控制精度和品质大大提高。

3.2　主轴驱动系统故障及诊断

主轴伺服系统主要完成切削加工时主轴刀具旋转速度的控制，主轴要求调速范围宽，当数控机床有螺纹加工、准停和恒线速度加工等功能时，主轴电动机需要装配脉冲编码器位置检测元件作为主轴位置反馈。现在有些系统还具有 C 轴功能，即主轴旋转像进给轴一样进行位置控制，它可以完成主轴任意角度的停止以及和 Z 轴联动完成刚性攻螺纹等功能。

主轴伺服系统分为直流主轴系统和交流主轴系统。

直流主轴电动机的结构和永磁式电动机不同，由于要输出较大的功率，所以一般采用他励式。直流主轴控制系统要为电动机提供励磁电压和电枢电压，在恒转矩区励磁电压恒定，通过增大电枢的电压来提高电动机的速度；在恒功率区，保持电枢电压恒定，通过减少励磁电压来提高电动机转速。为了防止直流主轴电动机在工作中过热，常采用轴向强迫风冷或采用热管冷却技术。直流电动机的功率一般比较大，因此直流主轴驱动多半采用三相全控晶闸管调速。

交流主轴伺服电动机大多数采用感应异步电动机的结构形式，这是因为永磁式电动机的容量还不能做得很大，对主轴电动机的性能要求还没有对进给伺服电动机的性能要求那么高。感应异步电动机是在定子上安装一套三相绕组，各绕组之间的角度相差是120°，其中转子是用合金铝浇注的短路条与端环。这样的结构简单，与普通电动机相比，它的机械强度和电气强度得到了加强。在通风结构上已有很大的改进，定子上增加了通风孔，电动机外壳使用成形的硅钢片叠片，有利于散热。电动机尾部安装了脉冲编码器等位置检测元件。

交流主轴伺服最早采用的是矢量变换来控制感应异步电动机，矢量变换主要包括：三相固定坐标系变换为两相固定坐标系，两相固定坐标系变换成两相旋转坐标系，直角坐标系变换成极坐标系以及这些变换的反变换。通过坐标变换，把交流电动机模拟成直流电动机来控制。现在交流主轴伺服正发展为直接转矩控制，主回路脉宽调制技术（PWM）从正弦PWM技术发展到优化PWM技术和随机PWM技术，功率元器件从可关断晶闸管（GTO）、电力晶体管（GTR）、绝缘栅双极型晶体管（IGBT）发展到IPM等智能模块。

数控机床对主轴一般有如下要求：

1）输出功率大。

2）在整个调速范围内速度稳定，尽可能在全速度范围内提供主轴电动机的最大功率，即恒功率范围要宽。

3）加减速时间短，主轴要具有四象限驱动能力。

4）振动、噪声小。

5）电动机可靠性高、寿命长、容易维护。

6）系统有螺纹加工、准停和线速度加工等功能时，主轴要具有进给轴控制和位置控制功能。

3.2.1 常用主轴系统的基本结构与工作原理

1. 直流主轴速度控制

在数控机床的主轴驱动中，直流主轴电动机通常采用晶闸管直流调速。

（1）主电路及其工作原理

数控机床主轴要求能正、反转，且切削功率尽可能大，并希望停止和改变转向迅速，故主轴直流电动机驱动装置往往采用三相桥式反并联逻辑无环流可逆调速系统，其主电路如图3-8所示，其中VT1为正组晶闸管，VT2为反组晶闸管。

反并联线路能实现电动机正反向的电动和回馈发电制动，三相桥式反并联逻辑无环流可逆调速系统四象限运行示意图如图3-9所示。

电动机正向转动时，正组晶闸管VT1工作在整流状态，提供正向直流电流；电动机反向转动时，则反组晶闸管VT2工作在整流状态，提供反向直流电流，正

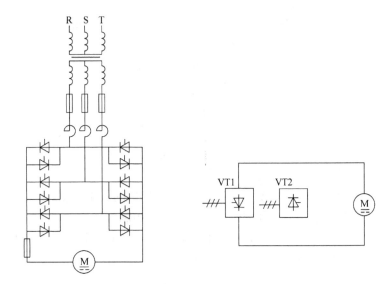

图 3-8 三相桥式反并联逻辑无环流可逆调速系统的主电路

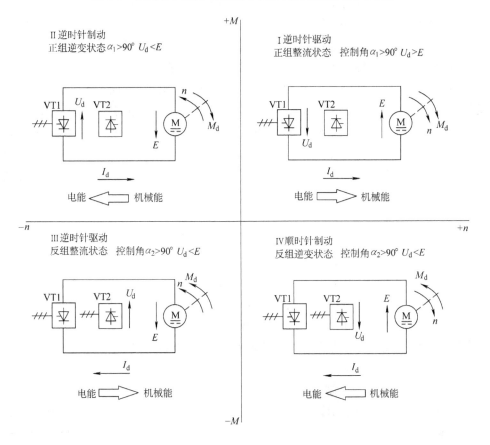

图 3-9 三相桥式反并联逻辑无环流可逆调速系统四象限运行示意图

组晶闸管 VT1 工作在待逆变状态，为反向制动作准备。当电动机需要从正向转动状态转到反向转动状态时，速度指令由正变负，电动机电枢回路中的电感储能维持电流方向不变，电动机仍处于转动状态，但电枢电流逐渐减小。当电枢电流减小到零后，必须使正反组晶闸管都处于封锁状态，以避免控制失误造成短路，此时电动机在惯性作用下自由转动。经过安全延时后，反组晶闸管进入有源逆变状态，电动机工作在回馈发电制动状态，将机械能送回电网，转速迅速下降，转速到零后，反组晶闸管进入整流状态，电动机反向起动，完成了从正转到反转的转换过程，也就完成了从第一象限到第三象限的工作转换。

电动机从反转到正转的转换只不过是 VT1 和 VT2 的控制相反。

该电路的回馈发电制动也能实现电动机的停车控制。

因此，反并联线路除了能缩短制动和正反向转换的时间外，还能将主轴旋转的机械能转换成电能反馈电网，提高工作效率。

（2）主电路控制要求

为了保证两组晶闸管不同时工作，避免造成短路，可采用逻辑无环流可逆控制系统。它是利用逻辑电路，检测电枢电路的电流是否到达零值，并判断旋转方向，提供正组或反组的允许开通信号，使一组晶闸管在工作时，另一组晶闸管的触发脉冲被封锁，从根本上切断了正、反两组晶闸管之间的直流环流通路。

因此逻辑电路必须满足下述条件：第一，任何时刻只允许向一组晶闸管提供触发脉冲；第二，只有当工作的那一组晶闸管电流为零后，才能撤销其触发脉冲，以防止当晶闸管逆变时，电流没有为零就撤销触发脉冲而出现逆变颠覆现象，造成故障；第三，只有当工作的那一组晶闸管完全关断后，才能再向另一组晶闸管提供触发脉冲，以防止出现大的环流；第四，任何一组晶闸管导通时，都要防止其输出电压与电动机电动势方向一致，而导致电流过大。

（3）励磁控制回路

图 3-10 为 FANUC 直流主轴电动机驱动控制示意图。直流电动机的励磁绕组控制回路由励磁电流设定回路、电枢电压反馈回路及励磁电流反馈回路组成。

当电枢电压低于 210V 时，磁场控制回路中的电枢电压反馈环节不起作用，只有励磁电流的反馈作用维持励磁电流不变，从而实现额定转速以下的恒转矩调压调速；当电枢电压高于 210V 后，励磁电流反馈不起作用，而引入电枢反馈电压。随着电枢电压的提高，磁场电流减小，使转速上升，实现额定转速以上的恒功率弱磁调速。

（4）每组晶闸管的控制系统

电枢绕组的每一组晶闸管控制均采用双闭环调速系统，其中内环是电流环，外环是速度环，如图 3-10 所示。根据速度指令的模拟电压信号 V_g 与实际转速反馈电压 V_{fm} 的差值 ΔV_n，经速度调节器输出，作为电流调节器的给定信号 V_i，然后，电

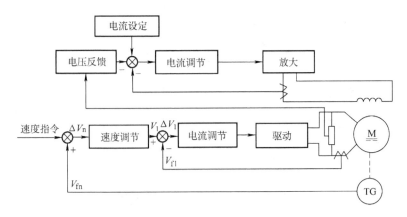

图 3-10 FANUC 直流主轴电动机驱动控制示意图

流调节器的给定信号 V_i 与实际驱动电动机电枢电流反馈信号综合比较后，差值为 ΔV_i，根据 ΔV_i 的大小，按偏差控制电动机的电流和转矩。速度差值大时，电动机转矩大，系统加速度也大，电动机能较快达到转速给定值；当转速比较接近给定值时，电动机转矩自动减小，又可以避免过大的超调，避免稳定时间过长。

电流环的作用是当系统受到外来干扰时，能迅速地做出抑制响应，以保证系统具有最佳的加速和制动时间特性。另外，双闭环调速系统中速度调节器的输出限幅也限定了电流环中的电流。在电动机起动过程中，电动机转矩和电枢电流急剧增加，达到限定值，使电动机以最大转矩加速，转速直线上升。当电动机的转速达到甚至超过了给定值时，速度反馈电压大于速度给定电压，速度调节器的输出低于限幅值时，电流调节器使电枢电流下降，转矩也随之下降，电动机减速。当电动机的转矩小于负载转矩时，电动机又会加速，直到重新回到速度给定值，因此，双闭环直流调速系统对主轴的快速起停，保持稳定运行等都起到了相当重要的作用。

另外，直流主轴驱动装置一般还具有速度到达、零速检测等辅助信号输出，并具有速度反馈消失、速度偏差过大、过载及失磁等多项报警保护措施，以确保系统安全可靠地工作。

2. 交流主轴速度控制

随着交流调速技术的发展，数控主轴驱动大多采用变频器控制交流主轴电动机。变频器的控制方式从最初的电压矢量控制、磁通矢量控制，已发展为直接转矩控制；变流器件由逆变器到脉宽调制（PWM）技术，脉宽调制（PWM）技术又从正弦 PWM 发展到优化 PWM 技术和随机 PWM 技术，电流谐波小，电压利用率、效率高，转矩脉动及噪声强度大幅度削弱；功率器件由 GTO、GTR、IGBT 发展到智能模块 IPM，开关速度快、驱动电流小、控制驱动简单、故障率降低，干扰也得到了有效的控制，使保护功能进一步完善。

（1）6SC650 系列交流主轴驱动装置

图 3-11 为 SIEMENS 6SC650 系列交流主轴驱动装置原理图。

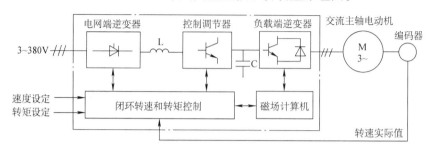

图 3-11　SIEMENS 6SC650 系列交流主轴驱动装置原理图

6SC650 系列交流主轴驱动装置由晶体管脉宽调制变频器、1PH 系列交流主轴电动机、编码器组成，可实现主轴自动变速、主轴定位控制和主轴 C 轴的进给。

其中，电网端逆变器采用三相全控桥式变流电路，既可工作在整流方式，向中间电路直接供电，也可工作于逆变方式，实现能量回馈。

控制调节器可将整流电压从 535V 提高到 575(1 + 2%)V，提供足够的恒定磁通变频电压源，并在变频器能量回馈工作方式时实现能量回馈的控制。

负载端逆变器由带反并联续流二极管的 6 只功率晶体管组成。通过磁场计算机的控制，负载端逆变器输出三相正弦脉宽调制（SPWM）电压，使电动机获得所需的"转矩电流和励磁电流"。输出的三相 SPWM 电压幅值控制范围为 0～430V，频率控制范围为 0～300Hz。在回馈制动时，电动机能量通过变流器的 6 只续流二极管向电容器 C 充电，当电容器 C 上的电压超过 600V 时，控制调节器和电网端逆变器将电容器 C 上的电能回馈给电网。6 只功率晶体管有 6 个互相独立的驱动级，通过对各功率晶体管 U_{ce} 和 U_{be} 的监控，可以防止电动机超载，并对电动机绕组匝间短路进行保护。

电动机的实际转速是通过电动机轴上的编码器测量的。闭环转速、转矩控制以及磁场计算，是由两片 16 位处理器（80186）组成的控制电路完成的。

6SC650 系列交流主轴驱动系统结构组成，如图 3-12 所示。

6SC650 系列交流主轴驱动变频器主要组件基本相同，只是功率部件的安装方式有所区别。较小功率的 6SC6502/3 变频器（输出电流 20/30A），其功率部件是安装在印制电路板 A1 上的，如图 3-12b 所示；大功率的 6SC6504～6SC6520 变频器（输出电流 40/200A），其功率部件是安装在散热器上的。

6SC650 系列交流主轴驱动变频器主要组件如下：

1）控制模块（N1）。主要是两片 80186 及其扩展电路，完成矢量变换计算、电网端逆变器触发脉冲控制以及变频器的 PWM 调制。

2）UO 模块（U1）。主要是由 U/f 变换器、MD、D/A 电路组成，为 N1 组件

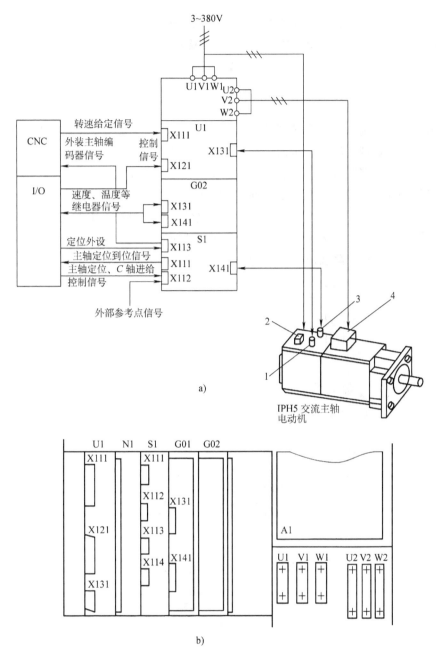

图 3-12　6SC650 系列交流主轴驱动系统结构组成
a）系统结构组成　b）印制电路板
1—编码器（1024 脉冲/r）及电动机温度传感器插座　2—主轴电动机冷却风扇接线盒
3—用于主轴定位及 C 轴进给的编码器　4—主轴电动机三相电源接线盒

处理各种 I/O 信号。

3）电源模块（G01）和中央控制模块（G02）。除供给控制电路所需的各种电源外，在 G02 上还输出各种继电器信号至数控系统。

4）选件（S1）。选配的主轴定位电路板或 C 轴进给控制电路板，通过内装轴端编码器（18000 脉冲/r）或外装轴端编码器（1024 脉冲/r 或 9000 脉冲/r），实现主轴的定位或 C 轴控制。

（2）主轴通用变频器

随着数字控制的 SPWM 变频调速系统的发展，采用通用变频器控制的数控机床主轴驱动装置越来越多。所谓"通用"，一是可以和通用的笼型异步电动机配套应用；二是具有多种可供选择的功能，以应用于不同性质的负载。

三菱 FR-A500 系列变频器的系统组成及接口定义如图 3-13 所示。

在图 3-13a 中，为了减小输入电流的高次谐波，电源侧采用了交流电抗器，直流电抗器则是用于功率因数校正。有时为了减小电动机的振动和噪声，在变频器和电动机之间还可加入降噪电抗器。为防止变频器对周围控制设备的干扰，必要时可

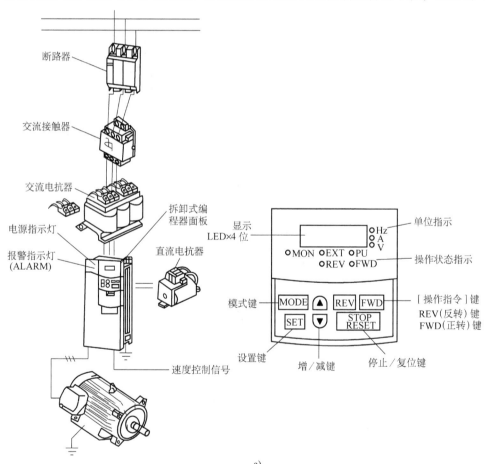

a)

图 3-13　三菱 FB-A500 系列变频器系统组成及接口定义
a）变频器系统组成

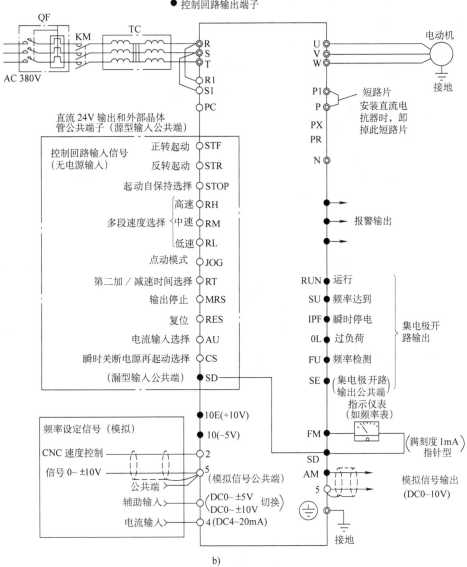

图 3-13　三菱 FB-A500 系列变频器系统组成及接口定义（续）

b）接口定义

在电源侧选用无线电干扰（REI）抑制电抗器。该变频器的速度是通过 2、5 端 CNC 系统输入的模拟速度控制信号，以及 RH、RM 和 RL 端由拨码开关编码输入的开关量或 CNC 系统数字输入信号来设定的，可实现电动机从最低速到最高速的三级变速控制。

使用变频器应注意安全，并掌握其参数设置。

1）变频器的电源显示。变频器的电源显示也称充电显示，它除了表明是否已经接上电源外，还显示了直流高压滤波电容器上的充、放电状况。因为在切断电源后，高压滤波电容器的放电速度较慢，由于电压较高，对人体会造成危险。每次关机后，必须等电源显示完全熄灭后，方可进行调试和维修。

2）变频器的参数设置。变频器和主轴电动机配用时，根据主轴加工的特性和要求，必须先进行参数设置，如加减速时间等。设定的方法是通过编程器上的键盘和数码管显示，进行参数输入和修改。

① 首先按下模式转换开关，使变频器进入编程模式。

② 按数字键或数字增减键（△键和▽键），选择需进行预置的功能码。

③ 按读出键或设定键，读出该功能的原设定数据（或数据码）。

④ 如需修改，则通过数字键或数字增减键来修改设定数据。

⑤ 按写入键或设定键，将修改后的数据写入。

⑥ 如预置尚未结束，则转入第②，进行其他功能设定。如预置完成，则按模式选择键，使变频器进入运行模式起动电动机。

图 3-14 为数字控制的开环变频调速系统框图。为提高速度控制精度，有些变频器可通过速度检测编码器，实现速度的闭环控制。同时，环中通过附加的定位模块来实现主轴的定位控制或 C 轴进给控制。

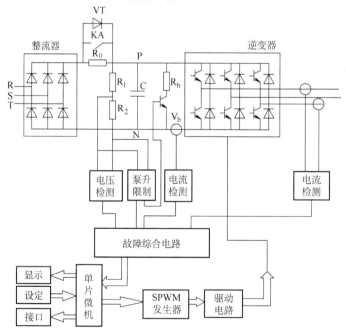

图 3-14　数字控制的开环变频调速系统框图

在图 3-14 中，R_0 的作用是限制起动电流，起动后，触点 KA 延时闭合或晶闸管 VT 延时导通，R_0 被短接，减少运行损耗。异步电动机进入发电制动状态时，通过逆变器的续流二极管向电容 C 充电，当电容上电压（通称泵升电压）升高到一定限值时，通过泵升限制电路使开关器件 V_b 导通，将电动机释放的动能消耗在制动电阻 R_b 上。为便于散热，制动电阻器 R_b 常作为附件，单独装在变频器外。定子电流和直流回路电流的检测是为了对定子电压进行补偿控制。

3.2.2　主轴伺服系统的故障形式及诊断方法

主轴伺服系统常见故障有：

1. 外界干扰

由于受电磁干扰，屏蔽和接地措施不良，主轴转速指令信号或反馈信号受到干扰，使主轴驱动出现随机和无规律性的波动。判别有无干扰的方法是：当主轴转速指令为零时，主轴仍往复转动，调整零速平衡和漂移补偿也不能消除故障。

2. 过载

切削用量过大，频繁正、反转等均可引起过载报警。具体表现为主轴电动机过热、主轴驱动装置显示过电流报警等。

3. 主轴定位抖动

主轴准停用于刀具交换、精镗退刀及齿轮换档等场合，有三种实现方式：

1）机械准停控制。由带 V 形槽的定位盘和定位用的液压缸配合动作。

2）磁性传感器的电气准停控制。发磁体安装在主轴后端，磁传感器安装在主轴箱上，其安装位置决定了主轴的准停点，发磁体和磁传感器之间的间隙为 (1.5 ± 0.5) mm。

3）编码器型的准停控制。通过主轴电动机内置安装或在机床主轴上直接安装一个光电编码器来实现准停控制，准停角度可任意设定。

上述准停均要经过减速的过程，如减速或增益等参数设置不当，均可引起定位抖动。另外，准定方式 1）中定位液压缸活塞移动的限位开关失灵，准定方式 2）中发磁体和磁传感器之间的间隙发生变化或磁传感器失灵均可引起定位抖动。

4. 主轴转速与进给不匹配

当进行螺纹切削或用每转进给指令切削时，会出现停止进给、主轴仍继续运转的故障。要执行每转进给的指令，主轴必须有每转一个脉冲的反馈信号，一般情况下为主轴编码器有问题。可用以下方法来确定：①CRT 画面有报警显示；②通过 CRT 调用机床数据或 I/O 状态，观察编码器的信号状态；③用每分钟进给指令代替每转进给指令来执行程序，观察故障是否消失。

5. 转速偏离指令值

当主轴转速超过技术要求所规定的范围时，要考虑：①电动机过载；②CNC

系统输出的主轴转速模拟量（通常为 0 ~ ±10V）没有达到与转速指令对应的值；③测速装置有故障或速度反馈信号断线；④主轴驱动装置故障。

6. 主轴异常噪声及振动

首先要区别异常噪声及振动发生在主轴机械部分还是在电气驱动部分。

1）在减速过程中发生，一般是由驱动装置造成的，如交流驱动中的再生回路故障。

2）在恒转速时产生，可通过观察主轴电动机自由停车过程中是否有噪声和振动来区别，如存在，则主轴机械部分有问题。

3）检查振动周期是否与转速有关。如无关，一般是主轴驱动装置未调整好；如有关，应检查主轴机械部分是否良好，测速装置是否不良。

7. 主轴电动机不转

CNC 系统至主轴驱动装置除了转速模拟量控制信号外，还有使能控制信号，一般为 DC +24V 继电器线圈电压。

1）检查 CNC 系统是否有速度控制信号输出。

2）检查使能信号是否接通。通过 CRT 观察 I/O 状态，分析机床 PLC 梯形图（或流程图），以确定主轴的起动条件，如润滑、冷却等是否满足。

3）主轴驱动装置故障。

4）主轴电动机故障。

3.2.3 主轴驱动的故障诊断

【例 3-1】 主轴系统故障的排除。

故障现象：SABRE –750 数控龙门式加工中心，数控系统为 FANUC-0M。该加工中心无论在 MDI 方式或 AUTO 方式，送入主轴速度指令，一按起动键，机床 PLC 立刻送出"主轴单元故障"的报警信息。观察电柜中主轴伺服单元的报警号为 AL-12。

故障诊断：报警号 AL-12，意为主轴单元逆变回路的直流侧有过电流发生。拆开主轴单元的前端控制板及中层的功率控制板，露出底层的两只 150A 的大功率 IGBT 晶体管模块。每只 IGBT 模块内封装着 6 个 IGBT 晶体管和 6 只阻尼二极管，组成两组三相全控桥，分别用来整流和逆变。用万用表按其管脚图测量，很快就发现其中一只晶体管模块中的 IGBT 管有短路现象。

故障已经查出，似乎只要外购一只晶体管模块换上，主轴单元就能修复。但不能这样简单地处理，重要的问题是要找出故障产生的根源。经向操作工询问故障过程，操作工说：当主轴箱移动到不同的位置时，主轴有时能正常工作，有时不能正常工作。尤其主轴箱沿机床的横梁（即 r 轴）移动时，在某些位置主轴能正常运行。为确定故障的发生与主轴箱的位置有何联系，爬到横梁上仔细观察主轴箱的运动情况，很快就找到了故障的原因。原来主轴箱作为机床的 r 轴沿着横梁移动，主轴电动机的动力线和反馈线是通过电缆拖链与电柜连接的，拖链随着主轴箱在横梁上移动。拖链的材质虽然是工程塑料的，但每节之间的连接销是金属的，当拖链中的电缆与拖链一起移动时，电缆的绝缘外皮与连接销摩擦，时间长久竟将绝缘皮磨破，露出了中间的金属线，当主轴移动到某个位置时，电缆中的金属线与金属的连接销相碰，连接销又直接与机床的床身相碰，造成主轴电动机的动力线对地短路，主轴驱动单元的功率晶体管模块被击穿。这才是 IGBT 模块损坏的根本原因。

故障排除：更换晶体管模块，对磨破的电缆进行处理和更换，对拖链中电缆的固定方式进行改进，使电缆与连接销不再摩擦。经此次修复后未再发生过类似的故障。

【例 3-2】主轴驱动模块故障维修。

故障现象：日本 FANUC-α 系列主轴驱动模块，型号为：A06B-6087-H126B（POWER SUPPLY MODULE）。在使用过程中，频繁出现该模块主电路 IGBT（绝缘栅大功率晶体管）击穿烧毁及 IGBT 的驱动电路同时烧毁。前几次在分析故障原因时，将着眼点放在了电网电压过高、电源高次谐波过多、环境温度较高或器件不良等方面，但随着故障的频繁出现，发现了以下不容忽视的现象：

1）IGBT 总是三块同时被烧毁。

2）IGBT 烧毁并伴随驱动电路烧毁，贴片式 PNP 及 NPN 晶体管也被击穿，电路烧断，光耦合器烧坏，电路如图 3-15 所示。

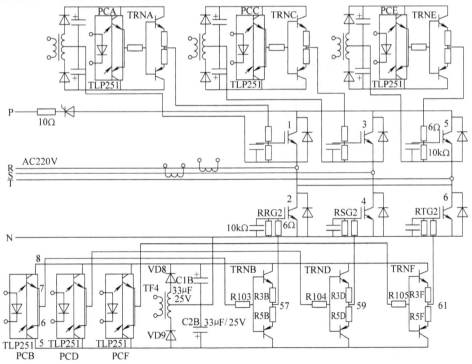

图 3-15　主轴模块电路

3）烧毁的驱动模块主回路中配置的 MSS 接触器主触头严重烧蚀，前置空气开关主触头也烧蚀。

故障分析：经过对以上现象仔细分析，可得出以下结论：IGBT 烧毁的根本原因是主轴再生制动过程中发电的电流较大，而接触器或空气开关主触头接触不良，接触电阻产生较大电压，该电压又作为虚假的相序信号反馈给控制电路，从而使本不应开启的功率管开启，形成相间短路，从而导致电路电压及电流超过 IGBT 最大允许值，造成 IGBT 烧毁。

从这部分电路看，它通过变压器供电，经空气开关、MSS 接触器、交流电抗器到主轴驱动模块（见图 3-16），其特点是：

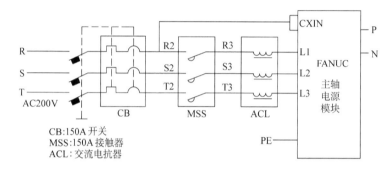

图 3-16　主回路电路

1）由于设置了交流电抗器，因此可有效抵制电源的各高次谐波对电源模块的影响，滤掉毛刺电压形成的浪涌。

2）此部分电路有两层触头——空气开关和 MSS 接触器。当触头接触不良时会造成以下现象：主轴驱动器用电时，导致电压下降，如三相 200V 整流后约为 DC300V，其中某一相触头接触不良并不会造成 DC 侧电压明显下降，只是其余两相电流增大而补偿另外一相的电流；若两相或三相都接触不良，则会造成 DC 侧电压下降，主轴功率下降，控制电路可给出报警。因此，当机床主轴切削工作时，即负载是用电状况时，该电路是比较安全的。但是，如果机床主轴处于制动状态时，会具有很大的机械转动惯量功能（加工铝件一般经常由 12000r/min 直接制动），主轴驱动模块瞬间要把主轴高速旋转的功能转变成电能，使 DC 电压升高。此时主轴电源模块必须及时将 DC 逆变成与电网相序角度一样的三相交流电，并返送到电网中去，如果返送不及时或逆变的三相交流电相序角度不对，与电网不同步，瞬间巨大的能量可使这部分电路崩溃。

3）准确地与电网相序同步，及时开启/关闭 IGBT 是保障电路安全的关键。但是，如果触头接触不良，比如 MSS 接触有烧蚀现象，在再生制动产生的 100A 电流的作用下，触头接触面上每 112Ω 的电阻值都会形成 100V 的电压差，触头存在的几欧姆电阻此时可能会形成数百伏的电压，对于要求与电网同步的再生制动来说，将形成虚假的相序角检测结果，后果是严重的。

4）每次主轴驱动模块的烧毁，都给企业带来较大经济损失，一般损失如下：

① 购 IGBT 及驱动电路费用一般约 2000 元。

② 修理、检测所用时间一般约 1 周。

③ 停机损失按周计算约 2~3 万元。

维修对策： 分析几种不同的方案，最后采取以下可行的措施：

1）在主轴驱动主回路中增加一个 100A 以上的接触器与原 MSS 接触器并联，增大触头容量，减小触头电压降。

2）增设电压 480V 的压敏电阻，滤掉由驱动模块产生的浪涌及过高电压。

3）延长主轴制动时间，限制主轴制动再生电流，将原设置再生电流 100A 改为再生电流限制为 50A，缓解接触器触头电流压力。

通过实施以上措施，有效地防止了 FANUC-α 系列主轴驱动模块烧毁现象的出现，提高了机床的可靠性，降低了修理费用，并减少了停机时间，保障了企业的经济效益。

【例 3-3】 加工中心主轴电动机隐性的故障排除。

故障现象及现场测试： 德国 DECKEL 公司 DCA5 加工中心，SIEMENS 公司 SINUMERIK 880MC 数控系统，BOSCH 公司生产的主轴、进给驱动模块以及德国 KESSLER 电动机。在加工过程中，该机床连续出现过载报警而停机，而且每次报警都有一定规律，从开机到出现故障停机，时间基本差不多。停机一段时间后重新开机，又一切正常。经过全面仔细检查，确认主轴驱动模块完全正常。

为区分是否由于机械负载过重而引起过载，首先将电动机与机械负载完全脱开，并把 NC 测量系统与电动机也脱开，即位置环处于开环状态，电动机尾部的测速反馈和电源主轴驱动单元仍连接，使速度环工作，在此基础上进行了现场测试。方法是：外部给定 1.5V 直流信号（一节电池电压），加使能信号起动电动机，电动机工作正常，运行平稳。此时用指针式万用表的交流电压档测量主轴驱动模块的输出为 125V（主轴电动机的额定电压为 330V），用钳型表测量电动机的电流为了 7.5A（电动机的额定电流为 42A），三相电压、三相电流均平衡，连续空载运行 1h，电动机只有微量温升，电动机工作一切正常。但是工作 1h45min 以后，处于监控状态的电压、电流开始出现变化，电动机的输入电压由当时的 125V 逐步上升到 370V，电流也由 7.5A 逐步上升到 90A，电动机表面温度逐步升高，三相电流电压仍旧平衡，电动机随之出现振动声，而且越来越强烈，整个过程仅几十秒。这时立即关断总电源，电动机惯性停转。次日，按上述条件和步骤重新开机，故障现象依旧，还是在相同时间出现。

现场测试表明，出现故障时电动机实测电流已大大超过了额定值，说明电动机确已过载，电动机在空载的状态下仍有过载现象的可能原因是：

1）轴承不良，造成机械负载过大。

2）电动机绕组局部短路。

3）转子有断条，且似断非断，起动初期接触良好，运行一段时间后，由于离心力和电动力的作用，似断非断处裂痕增大。

4）电源电压过低或电源电压相位差过大。

5）定、转子相摩擦（可能是转子轴直线度不佳、轴承磨损、铁心变形或松动、安装不正等造成）。

为确定以上具体可能原因，必须对电动机进行解体检查。

解体检查过程： 在对电动机进行解体检查中发现，电动机两端轴承润滑良好，轴承径向间隙正常；电动机端盖上 8 只紧固螺钉中有 3 只松动；转子圆周上有一圈严重擦伤的痕迹，痕迹光亮明显；鼠笼条上粘有一些排列没有规律的铁粉，定子槽中间有一米粒大小的棕色物体，实质由绝缘漆形成，有一定弹性，米粒的顶尖有坚硬点。根据测量，转子上一圈被擦伤的痕迹与该斑点位置吻合，因此断定，转子上一圈被擦伤痕迹与该硬物有关，见图 3-17。

经分析硬物的形成与电动机端盖紧固螺钉松动有

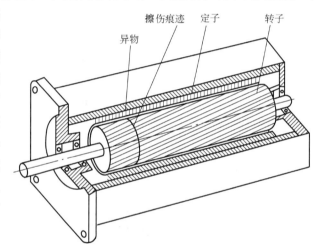

图 3-17　有异物的主轴电动机示意图

关。当螺钉松动以后，端盖密封被破坏，由于电动机内部磁场的作用，加工现场空气中的铸铁粉尘被吸入电动机内部，随着时间的推移，粉尘越积越多。当堆积到一定程度时，与残留在定子上的一滴绝缘漆接触。由于电动机工作时将产生一定的热量，使得粉尘与绝缘漆相互粘接，长期的接触摩擦，使绝缘漆形成了硬物。

故障原因分析： 主轴电动机的稳速运行是驱动模块自动控制的结果，条件是主轴电动机本身完好。

交流主轴电动机为笼型异步电动机，转子为斜槽的铸铝结构，但制造精度大为提高，通常定、转子之间的间隙仅几十微米。为达到与直流电动机相仿的调速特性，交流主轴电动机的控制采用了矢量变换控制原理。矢量变换控制原理的关键就是设法模拟直流电动机控制转矩的规律，建立一个等效的旋转磁场，即通过旋转坐标变换，将定子电流分解成转矩和励磁分量，从而方便地对转矩分量和励磁分量分别进行控制。该电动机由于定子中米粒状硬物的存在，当电动机工作一段时间，温升达到一定程度时，硬物受热膨胀，与运转中的转子接触，转子旋转受到一定的阻力，相当于负载加重，加上转子前端轴承过量径向间隙的存在，使定、转子之间的同轴度变差，造成了气隙的不均匀，而气隙的不均匀又促使转子电流有大有小，这电流的一大一小，一方面产生了电磁转矩的大小变化，另一方面又产生了磁拉力，使轴产生挠度，并与定子产生某种摩擦，更加重了负载。电动机为了拖动机械负载（摩擦力矩）而被迫降低转速，以增大转子电流来提高电动机的电磁转矩，使新增加的转矩与负载转矩达到新的平衡继续运行。由于转子电流增加，引起定子电流增加，造成电动机铜耗增加并发热，而发热的结果更加导致定子中硬物的热膨胀，转子旋转阻力更大，实际输出转矩仍然小于负载转矩，因此主轴驱动系统继续调节增大转矩分量，形成了正反馈控制，控制的结果是电压、电流直线上升，大大超过了电动机的额定电流输出直至报警停机。由于主轴驱动系统控制时间常数很小，响应速度很快，所以，从定子上硬物热膨胀并与转子接触开始到停机，整个过程是很短暂的。

当停机一段时间，电动机散热以后，米粒状硬点冷却收缩，为下一次电动机正常起动创造了条件。硬物受热膨胀条件不变，硬物接触到转子的时间就不变，每次起动到故障停机的时间成为有规律的了。因此，定子上异物的热膨胀是引起电动机过载和振动的直接原因，而电动机内异物的存在则是造成电动机隐性故障的根源。

故障维修：清除异物，紧固电动机螺栓。仍按试验条件和步骤重新开机，故障现象不再出现，恢复安装，机床运行正常，故障彻底排除。

3.3 进给伺服系统故障及诊断

进给伺服系统由各坐标轴的进给驱动装置、位置检测装置及机床进给传动链等组成，进给伺服系统的任务就是要完成各坐标轴的位置控制。数控系统根据输入的程序指令及数据，经插补运算后得到位置控制指令，同时，位置检测装置将实际位置检测信号反馈于数控系统，构成全闭环或半闭环的位置控制。经位置比较后，数控系统输出速度控制指令至各坐标轴的驱动装置，经速度控制单元驱动伺服电动机带动滚珠丝杠传动进行进给运动。伺服电动机上的测速装置将电动机转速信号与速度控制指令比较，构成速度环控制。因此，进给伺服系统实际上是外环为位置环、内环为速度环的控制系统。对进给伺服系统的维护及故障诊断将落实到位置环和速度环上。组成这两个环的具体装置有：用于位置检测的光栅、光电编码器、感应同步器、旋转变压器和磁栅等；用于转速检测的测速发电机或光电编码器等。进给驱动系统由直流或交流驱动装置及直流和交流伺服电动机组成。

3.3.1 常见进给驱动系统及其结构形式

1. 常见进给驱动系统

（1）直流进给驱动系统

1）FANUC 公司直流进给驱动系统。从 1980 年开始，FANUC 公司陆续推出了小惯量 I 系列、中惯量 M 系列和大惯量 H 系列的直流伺服电动机。中、小惯量伺服电动机采用 PWM 速度控制单元，大惯量伺服电动机采用晶闸管速度控制单元。驱动装置具有多种保护功能，如过速、过电流、过电压和过载等。

2）SIEMENS 公司直流进给驱动系统。SIEMENS 公司在 20 世纪 70 年代中期推出了 1HU 系列永磁式直流伺服电动机，规格有 1HU504、1HU305、1HU307、1HU310 和 1HU313。与伺服电动机配套的速度控制单元有 6RA20 和 6RA26 两个系列，前者采用晶体管 PWM 控制，后者采用晶闸管控制。驱动系统除了各种保护功能外，另具有 I^2t 热效应监控等功能。

3）MITSUBISHI 公司直流进给驱动系统。MITSUBISHI 公司的 HD 系列永磁式直流伺服电动机，规格有 H021、HD41、HD81、HD101、HD201 和 HD301 等。配套的 6R 系列伺服驱动单元，采用晶体管 PWM 控制技术，具有过载、过电流、过电压和过速保护，带有电流监控等功能。

（2）交流进给驱动系统

1）FANUC 公司交流进给驱动系统。FANUC 公司在 20 世纪 80 年代中期推出了晶体管 PWM 控制的交流驱动单元和永磁式三相交流同步电动机，电动机有 S 系列、I 系列、SP 系列和 T 系列，驱动装置有 α 系列交流驱动单元等。

2）SIEMENS 公司交流进给驱动系统。1983 年以来，SIEMENS 公司推出了交流驱动系统。由 6SC610 系列进给驱动装置和 6SC611A（SIMODRIVE 611A）系列进给驱动模块、IFT5 和 IFT6 系列永磁式交流同步电动机组成。驱动采用晶体管 PWM 控制技术，带有 I^2t 热监控等功能。另外，SIEMENS 公司还有用于数字伺服系统的 SIMODRIVE 611D 系列进给驱动模块。

3）MITSUBISHI 公司交流进给驱动系统。MITSUBISHI 公司的交流驱动单元有通用型的 MR-J2 系列，采用 PWM 控制技术，交流伺服电动机有 HC-MF 系列、HA-FF 系列、HC-SF 系列和 HC-RF 系列。另外，MITSUBISHI 公司还有用于数字伺服系统的 MDS-SVJ2 系列交流驱动单元。

4）A-B 公司交流进给驱动系统。A-B 公司的交流驱动系统有 1391 系列交流驱动单元和 1326 型交流伺服电动机。另外，还有 1391-DES 系列数字式交流驱动单元，相应的伺服电动机有 1391-DES15、1391-DES22 和 1391-DES45 三种规格。

（3）步进驱动系统

在步进电动机驱动的开环控制系统中，典型的产品有 KT400 数控系统及

KT300 步进驱动装置，SINUMERIK 802S 数控系统配 STEPDRIVE 步进驱动装置及 IMP5 五相步进电动机等。

2. 伺服系统结构形式

伺服系统不同的结构形式，主要体现在检测信号的反馈形式上，以带编码器的伺服电动机为例：

（1）方式一（见图 3-18）

转速反馈信号与位置反馈信号处理分离，驱动装置与数控系统配接有通用性。图 3-18b 为 SINUMERIK800 系列数控系统与 SIMODRIVE 611A 进给驱动模块和 IFT5 伺服电动机构成的进给伺服系统。数控系统位置控制模块上 X141 端口的 25 针插座为伺服输出口，输出 0 ~ ±10V 的模拟信号及使能信号至进给驱动模块上 56、14 速度控制信号接线端子和 65、9 使能信号接线端子；位控模块上的 X111、X121 和 X131 端口的 15 针插座为位置检测信号输入口，由 IFT5 伺服电动机上的光电脉冲编码器（ROD320）检测获得；速度反馈信号由 IFT5 伺服电动机上的三相交流测速发电机检测反馈至驱动模块 X311 插座中。

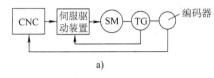

a)

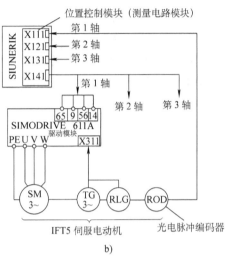

b)

图 3-18 伺服系统（方式一）
a) 框图 b) SIEMENS 伺服进给系统

（2）方式二（见图 3-19）

伺服电动机上的编码器既作为转速检测，又作为位置检测，位置处理和速度处理均在数控系统中完成。图 3-19b 为 FANUC 数控系统与用于车床进给控制的 α 系列 2 轴交流驱动单元的伺服系统，伺服电动机上的脉冲编码器将检测信号直接反馈于数控系统，经位置处理和速度处理，输出速度控制信号、速度反馈信号及使能信号至驱动单元 JV1B 和 JV2B 端口中。

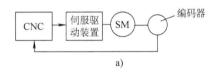

a)

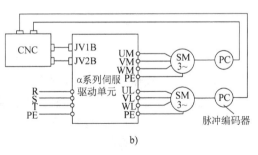

b)

图 3-19 伺服系统（方式二）
a) 框图 b) FANUC 伺服进给系统

（3）方式三（见图 3-20）

伺服电动机上的编码器同样作为速度和位置检测，检测信号经伺服驱动单元一

93

方面作为速度控制，另一方面输出至数控系统进行位置控制，驱动装置具有通用性。如图 3-20b 为由 MR-J2 伺服驱动单元和伺服电动机组成的伺服系统。数控系统输出速度控制模拟信号（0～±10V）和使能信号至驱动单元 CN1B 插座中的 1、2 针脚和 5、8 针脚，伺服电动机上的编码器将检测信号反馈至 CN2 插座中，一方面用于速度控制，另一方面再通过 CN1A 插座输出至数控系统中的位置检测输入口，在数控系统中完成位置控制。该类型控制同样适用于由 SANYODENKIP 系列交流伺服驱动单元和 P6、P8 伺服电动机组成的伺服系统。

在上述 3 种控制方式中，共同的特点是位置控制均在数控系统中进行，且速度控制信号均为模拟信号。

（4）方式四（见图 3-21）

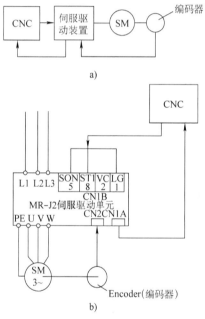

图 3-20　伺服系统（方式三）
a）框图　b）MR-J2 伺服进给系统

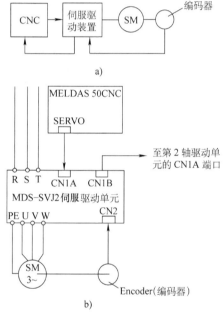

图 3-21　伺服系统（方式四）
a）框图　b）MDS-SVJ2 伺服进给系统

图 3-21a 所示为数字式伺服系统。在数字式伺服系统中，数控系统将位置控制指令以数字量的形式输出至数字伺服系统，数字伺服驱动单元本身具有位置反馈和位置控制功能，能独立完成位置控制。数控系统和数字伺服驱动单元采用串行通行的方式，可极大地减少连接电缆，便于机床安装和维护，提高了系统的可靠性。由于数字伺服系统读取指令的周期必须与数控系统的插补周期严格保持同步，因此决定了数控系统与伺服系统之间必须有特定的通信协议。就数字式伺服系统而言，CNC 系统与伺服系统之间传递的信息有：①位置指令和实际位置；②速度指令和实际速度；③转矩指令和实际转矩；④伺服驱动及伺服电动机参数；⑤伺服状态和

报警；⑥控制方式命令。图 3-21b 为三菱 MELDAS 50 系列数控系统和 MDS-SVJ2 伺服驱动单元构成的数字式伺服系统。数控系统伺服输出口（SERVO）与驱动单元上的 CN1A 端口实行串行通信，通信信息经 CN1B 端口再输出至第 2 轴驱动单元上的 CN1A 端口，伺服电动机上的编码器将检测信号直接反馈至驱动单元上的 CN2 端口中，在驱动单元中完成位置控制和速度控制。

能实现数字伺服控制的数控系统有三菱 MELDAS 50 系列数控系统、FANU-COD、SINUMERIK 810D 和 840D 等。

3.3.2　进给伺服系统的故障形式及诊断方法

进给伺服系统的故障报警现象大约有三种：一是利用软件诊断程序在 CRT 上显示报警信息；二是利用伺服系统上的硬件（如发光二极管、熔丝熔断等）显示报警；三是没有任何报警显示的故障。

1. 软件报警形式

1）伺服进给系统出错报警。这类报警的起因大多是速度控制单元方面的故障引起的，或是主控制印制电路板内与位置控制或伺服信号有关部分的故障。

2）检测出错报警。它是指检测元件（测速发电机、旋转变压器或脉冲编码器）或检测信号方面引起的故障。

3）过热报警。这里所说的过热是指伺服单元、变压器及伺服电动机过热。

总之，可根据 CRT 上显示的报警信号，并阅读机床维修说明书中各种报警信息产生原因的提示进行分析判断，找出故障，将其排除。

2. 硬件报警形式

1）大电流报警。此时多为速度控制单元上的功率驱动元件（晶闸管模块或晶体管模块）损坏。检查时切断电源，用万用表测量模块集电极和发射极之间的阻值，如小于或等于 10Ω，表明该模块已损坏。

2）高电压报警。这类报警的原因是由于输入的交流电源电压超过了额定值的 10%，或是电动机绝缘能力下降，或是速度控制单元的印制电路板不良。

3）电压过低报警。大多是由于输入电压低于额定值的 85%，或是电源连接不良，或是伺服单元的印制电路板发生故障。

4）速度反馈线报警。此类报警多是由伺服电动机的速度或位置反馈线不良或连接器接触不良引起的。

5）过载报警。原因有机械负载不正常，可用示波器或电流表测量电动机予以判断；或是速度控制单元上电动机电流的上限值设定得太低或永磁电动机上的永磁体脱落，或伺服单元印制电路板发生故障。

3. 无报警显示的故障

1）机床失控。这是由于：①伺服电动机内检测元件的反馈信号接反或元件本身故障造成的；②电动机和位置检测器间的连接故障；③主控电路板或伺服单元印制电路板发生故障。

2）机床振动。原因有：①与位置有关的系统参数设定错误；②伺服单元的短路棒或电位器设定错误；③伺服单元的印制电路板发生故障。

3）机床过冲。原因有：①伺服系统的速度增益太低，或数控系统设定的快速移动时间常数太小；②电动机和进给丝杠间的刚性太差，如间隙太大或调速带的张力不良等。

4）机床移动时噪声过大。原因可能是：①电动机换向器表面的粗糙度高或有损伤；②油液、灰尘等侵入电刷槽或换向器；③电动机有轴向窜动。

5）机床在快速移动时振动或冲击。原因多为伺服电动机内的测速发电机电刷接触不良。

6）圆柱度超差。2轴联动加工外圆时圆柱度超差，且加工时象限稍微变化就不一样，则多是进给轴的定位精度太差，需要调整机床精度差的轴。如果是在坐标轴的45°方向超差，则多是由于位置增益或检测增益调整不好造成的。

3.3.3　进给驱动的故障诊断

【例3-4】伺服放大器模块报警的故障排除。

故障现象：中国台湾TAKANG生产的TNC-200DST双轴数控车床，配置日本FANUC-0TT数控系统。开机后屏幕显示报警号401，即速度控制的READY信号（VRDY）"OFF"，打开电柜检查X轴伺服放大器模块，故障显示区的HCAL红色LED亮。

故障诊断及分析：拆除电动机动力线后，试开机故障依旧，说明故障点在伺服驱动模块。该机使用的驱动模块型号为A06B-6058-H224，为双轴驱动模块。

模块为三层结构：①主控制板；②过渡板；③晶体管模块、接触器、电容等。卸下主控制板及过渡板，测量晶体管模块已经击穿。其驱动电路如图3-22所示。

晶体管模块击穿的原因一般是：

1）晶体管模块质量问题。

2）伺服装置散热不良或晶体管模块与散热器接触不良。

3）前置功率驱动电路有问题。

经仔细检查，证明前两项没有问题，关键在第三项的中间过渡板有问题。该伺服驱动装置的主控制板驱动信号均通过中间过渡板的针形插接件，然后经过印制电路板的铜箔接至各晶体管模块。由于针形插接件针间距离较近，加上车间环境的铁灰粉尘、冷却水雾影响，造成绝缘下降。用万用表测量针间或对地电阻值为 $10 \sim 50k\Omega$，如不加以处理，只更换晶体管模块，价格昂贵的模块必然会再次烧毁。

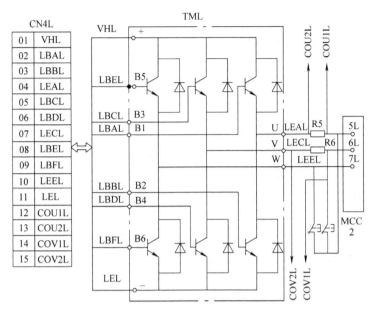

图 3-22　故障的驱动电路

故障排除：

1）使用无水酒精清洗中间过渡板，特别是针形插接件，清洗后用电吹风进行干燥处理。

2）使用 500V 绝缘电阻表测量针间和针对地的绝缘电阻（注意：测量时务必将主控制板分离，以免损坏主板元件）。一般新板的绝缘电阻在 20MΩ 以上，修理板也应达到 5MΩ 以上。

3）修理中发现第 3 脚和第 4 脚虽经清理，绝缘电阻也在 80kΩ 左右。该中间过渡板采用 4 层印制板结构，第 3 脚 LBBL 和第 4 脚 LEAL 通过中间层的铜箔分别接到晶体管模块的 B2 和 U 端，说明中间的绝缘层已损伤，需要修理。具体修复方法是：

① 用透光法找出印制电路板中间层的走向。

② 在靠近晶体管模块走向的端部用手电钻将铜箔切断。

③ 将中间过渡板针形插接件的第 3 针和第 4 针拆除，用导线直接与晶体管模块的 B2 和 U 端相联。

④ 用印制电路板保护薄膜喷剂将中间过渡板进行防护处理。

用对比法测量电阻，发现损坏晶体管模块所对应的驱动厚膜集成电路 FANUC DV47 场效应管 K897 以及光耦合电路 TLP-550 均不正常，必须全部更换新件。

将损坏的晶体管模块从散热器上拆下，用小刀将硅脂小心刮下，涂在新晶体管模块上，然后装在散热器上，重新装好过渡板及主控制板。

恢复电动机接线，插好控制电缆，通电试车，机床运行一切正常，故障彻底排除。

【例 3-5】 直流电动机磁极脱落的故障维修。

故障现象： JCS-018A 立式加工中心，配 FANUC-6M 数控系统与直流伺服系统。机床运行中，X 轴进给直流电动机发出异常声响，不影响机床精度，持续一周后异常现象更严重，电动机温升很高。

故障检查与分析： 将电动机从机床上拆下，单独试验电动机，从声音上判断，电动机内部有松动部件，而且电动机不通电时用手拧电动机转子轴不转。

将电动机解体检查，发现定子磁极有 4 个已经脱落，吸附在转子上，因此不通电时转子转不动，通电时电动机转子与磁极摩擦而导致电流过大，使电动机发热。

故障处理：

1）将磁极逐个取下，注意用油性色笔记好原来的位置。

2）全面清理电动机，将电刷粉末、油污、锈渍清洗干净，特别用无水酒精将粘接面擦洗干净。

3）用 302 改性丙烯酸酯胶（哥俩好）A、B 各一份调好，涂在粘接面上，将磁极粘合在定子上。用细木条插在磁极之间，保持磁极之间的相同距离，并用胶带固定好。

4）4h 后，拆除木条和胶带，清除多余的胶渍。

5）按拆下的反顺序将电动机装好，并更换 6 只新的电刷。

通电试电动机，一切正常。将电动机恢复安装，机床故障排除。

【例 3-6】 Z 轴超程报警故障排除。

故障现象： Z 轴超程报警。

故障检查与分析： 由 CNC 系统知：超程报警一般可分为两种情况。一种是程序错误（即产生软件错误）；另一种为硬件错误。针对上述两种情况，根据"先易后难"的维修原则，首先对软件进行检查，软件无错误。其次对其硬件进行检查，该机床的 Z 轴硬件为行程开关。打开机床防护罩检查，用手撬行程开关，Z 轴能停止移动而不超程。用机床上的挡铁压行程开关，则 Z 轴不能停止移动而产生超程。

从上述检查分析，估计是行程开关或挡铁松动，致使行程开关不能动作，造成 Z 轴超程报警。检查挡铁无松动，将组合行程开关拆开检查，发现 X 轴终点行程开关的紧固部件已断裂一角，这样当挡铁压行程开关时，便产生了位移，这也是由于挡铁与行程开关的压合距离未调整好所致。

故障处理： 更换一个新的行程开关，重新调整好挡铁与行程开关的压合距离，至此故障在未发生。

【例 3-7】 Z 轴抖动故障。

故障现象： 德国 TC1000 卧式加工中心，采用 SINUMERIK 850M 数控系统。机床 Z 轴（立柱移动方向）因位置环发生故障，在移动 Z 轴时立柱突然以很快的速度向反方向冲去。位置检测回路修复后，Z 轴只能以很慢的速度移动（倍率开关置 20% 以下），稍加快点 Z 轴就抖动，移动越快，抖动越严重。

故障检查与分析：先是考虑伺服系统有故障，但更换伺服驱动装置和速度环等器件均告无效。由于驱动电动机有很多保护环节，暂不考虑其有故障，进而怀疑机械传动有问题。检查润滑、轴承、导轨、导向块等均良好；用手转动滚珠丝杠，立柱移动也轻松自如；滚珠丝杠螺母与立柱连接良好；滚珠丝杠螺母副也无轴向间隙，预紧力适度。进而怀疑位置环发生故障。低速时由于立柱移动速度不大，所以转矩和轴向力都不大，而高速时由于转矩和轴向力都较大，加剧了滚珠丝杠的弯曲，使阻力大增，以致使 Z 轴不稳定，引起抖动。

故障处理：拆开 Z 轴伺服驱动装置，取下位置环，更换新的位置环后再试机，故障消失。

【例 3-8】 X 轴不执行自动返回参考点动作故障。

故障现象：国产 JCS-018 立式加工中心，采用北京机床研究所 FANUC-BESK 7M 数控系统。加工程序完成后，X 轴不执行自动返回参考点动作，CRT 上无报警显示，机床各部分也无报警显示，但手动 X 轴能够移动。将 X 轴用手动方式移至参考点后，机床又能正常加工，加工完成后又重复上述现象。

故障检查与分析：由于将 X 轴用手动方式移至参考点后机床能正常加工，可以判断 NC 系统、伺服系统无故障。考虑故障应发生在 X 轴回参考点的过程中，怀疑故障与 X 轴参考点的参数发生变化有关。然而，当在 TE 方式下，将地址为 F 的与 X 轴参考点有关的参数调出检查，却发现这些参数均正常。从数控设备的工作原理可知，轴参考点除了与参数有关外，还与轴的原点位置、参考点的位置有关。检查机床上 X 轴参考点的限位开关，发现其已因油污而失灵，即始终处于接通状态。故加工程序完成后，系统便认为已回到了参考点，因而 X 轴便没有返回参考点的动作。

故障处理：将该限位开关清洗、修复后，故障排除。

3.4　位置检测装置故障及诊断

位置检测元件是由检测元件（传感器）和信号处理装置组成的，是数控机床闭环伺服系统的重要组成部分。它的作用是检测工作台的位置和速度的实际值，并向数控装置或伺服装置发送反馈信号，从而构成闭环控制。检测元件一般利用光或磁的原理完成对位置或速度的检测。

位置检测元件按照检测方式分为直接测量元件和间接测量元件。对机床的直线移动测量时一般采用直线型检测元件，成为直接测量，所构成的位置闭环控制称为全闭环控制。其测量精度主要取决于测量元件的精度，不受机床传动精度的影响。由于机床工作台的直线位移与驱动电动机的旋转角度有精确的比例关系，因此可以采用驱动检测电动机或丝杠旋转角度的方法间接测量工作台的移动距离。这种方法称为间接测量，所构成的位置闭环控制称为半闭环控制。其测量精度取决于检测元件和机床进给传动链的精度。闭环数控机床的加工精度在很大程度上是由位置检测装置的精度决定的，数控机床对位置检测元件有十分严格的要求，其分辨率通常在0.001～0.01mm之间或者更小。通常要求快速移动速度达每分钟数十米，并且抗干扰能力要强，工作可靠，能适应机床的工作环境。在设计数控机床进给伺服系统，尤其是高精度进给伺服系统时，必须精心选择位置检测装置。

数控机床上，除位置检测外还要有速度检测，用以形成速度闭环控制。速度检测元件可采用与电动机同轴安装的测速发电机完成模拟信号的测速，测速发电机的输出电压与电动机的转速成正比。另外，也可以通过与电动机同轴安装的光电编码器进行测量，通过检测单位时间内光电编码器所发出的脉冲数量或检测所发出的脉冲周期完成数字测速。数字测速的精度更高，可与位置检测共用一个检测元件，而且与数控装置和全数字式伺服装置的接口简单，因此应用十分广泛。速度闭环控制通常由伺服装置完成。

进给伺服系统对位置测量装置有着很高的要求：

1）受温度、湿度的影响小，工作可靠，精度保持性好，抗干扰能力强。

2）能满足精度、速度和测量范围的要求。

3）使用维护方便，适应机床工作环境。

4）成本低。

5）易于实现高速的动态测量和处理，易于实现自动化。

位置检测装置按照不同的分类方法可分成不同的种类。按输出信号的形式分类可分为数字式和模拟式；按测量基点的类型分类可分为增量式和绝对式；按位置检测元件的运动形式分类可分为回转式和直线式。如表3-1所示。

表3-1　常用位置检测装置分类表

	数字式		模拟式	
	增量式	绝对式	增量式	绝对式
回转式	脉冲编码器 圆光栅	绝对式脉冲编码器	旋转变压器 圆感应同步器 圆磁尺	三速圆感应同步器
直线式	直线光栅 激光干涉仪	多通道透射光栅	直线感应同步器 磁尺	三速圆感应同步器 绝对磁尺

3.4.1　常用位置检测元件的工作原理

1. 脉冲编码器

脉冲编码器又称码盘，是一种回转式数字测量元件，通常装在被检测轴上随被测轴一起转动，可将被测轴的角位移转换为增量脉冲形式或绝对式的代码形式。根据内部结构和检测方式码盘可分为接触式、光电式和电磁式三种。其中，光电码盘在数控机床上应用较多，而由霍尔效应构成的电磁码盘则可用作速度检测元件。另外，它还可分为绝对式和增量式两种。

（1）绝对式接触式脉冲编码器

如图3-23所示，在一个不导电的码盘基体上做成许多金属区使其导电，其中涂黑部分为导电区，用"1"表示；其他部分为绝缘区，用"0"表示。这样，在每一个径向位置上，都有由"1"或"0"组成的二进制代码，最里一圈是公用的。它和各码道所有导电部分连在一起，经电刷和电阻接电源正极。除公用圈以外，4位二进制码盘的四圈码道上也都装有电刷，电刷经电阻接地。电刷布置结构简图如图3-23a所示。

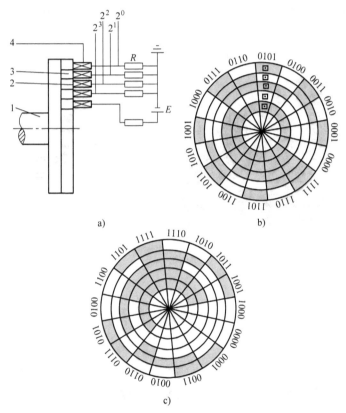

图3-23 绝对式接触式码盘
a）结构简图 b）4位二进制码盘 c）4位格雷码盘
1—码盘 2—导电体 3—绝缘体 4—电刷

由于码盘是与被测转轴连在一起的。而电刷位置是固定的，当码盘随被测轴一起转动时，电刷和码盘的位置发生相对变化，若电刷接触的是导电区域，则经电刷、码盘、电阻和电源形成回路，该回路中的电阻上有电流流过，为"1"；反之，若电刷接触的是绝缘区域，则不能形成回路，电阻上无电流流过，为"0"。由此，可根据码盘的位置得到由"1"、"0"组成的4位二进制码。

图3-23c为4位格雷码盘（二进制循环码盘），与图2-23b所示的4位二进制码盘相比，不同之处在于码盘旋转时，任何两个相邻编码间只有一位是变化的，所以每次只切换一位数，把数值突变造成的影响控制在最小单位内，提高了测量可靠性。

（2）绝对式光电编码器

图3-24为绝对式光电码盘示意图，绝对式光电编码器与接触式编码器的工作原理相似，只是码盘的黑白区域不表示导电区和绝缘区，而是表示透光区和不透光区。其中，黑的区域是不透光区，用"0"表示；白的区域是透光区，用"1"表示。因此，在任意角度都有"1"、"0"组成的二进制代码。另外，在每一码道上都有一组光电元器件，这样，码盘转到任何角度位置，与之对应的光敏器件受光的输出为"1"电平，不受光的输出为"0"电平，由此组成 n 位二进制编码。

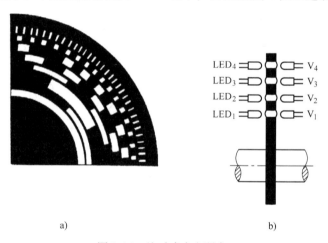

a) b)

图3-24 绝对式光电码盘
a) 8码道光电码盘（1/4圆）
b) 光电码盘与光源（LED）、光敏器件（V）的对应关系（4码道）

光电码盘的特点是没有接触磨损，码盘寿命长，允许转速高，精度较高。就码盘材料而言，不锈钢薄板制成的光电码盘要比玻璃制的抗振性好，环境适应性强，但由于受槽数限制，其分辨力较后者低。

绝对编码器由机械位置决定每个位置的唯一性，它无须记忆，无须找参考点，而且不用一直计数，什么时候需要知道位置，什么时候就去读取它的位置。这样，编码器的抗干扰特性、数据的可靠性大大提高了。

（3）增量式编码器

　　增量式脉冲编码器结构示意图如图 3-25 所示。光电码盘随被测轴一起转动，在光源的照射下，透过光电码盘和光栏板形成忽明忽暗的光信号，光敏元件把此光信号转换成电信号，通过信号处理装置的整形、放大等处理后输出，输出的波形有 6 路。其波形如图 3-26 所示。

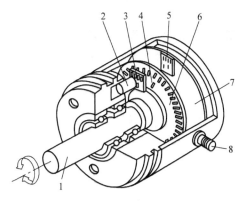

图 3-25　增量式脉冲编码器结构图
1—转轴　2—LED　3—光栏板　4—零标志槽
5—光敏元件　6—码盘
7—印制电路板　8—电源及信号线连接座

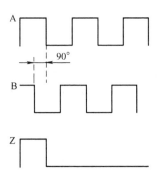

图 3-26　编码器的输出波形

　　当电动机正转时，A 信号超前 B 信号 90°，当电动机反转时，B 信号超前 A 信号 90°。数控装置利用这一关系判断电动机的转动方向，同时利用 A 信号（或 B 信号）的脉冲数量来计算电动机的转角。编码器以每旋转 360°提供多少的通或暗刻线称为分辨率，也称解析分度，或直接称多少线，一般在每转分度 5 ~ 10000 线。因此采用其位置换的分辨率主要取决于光电码盘一圈的条纹数。

　　此外，脉冲编码器每转可以产生一个 Z 信号（零位脉冲信号）。在进给电动机所用的编码器上零位脉冲用于精确确定机床的参考点，而在主轴电动机上，脉冲编码器可以有助于实现主轴的准停功能和螺纹加工功能。

　　在数控机床上，为了提高检测元件的分辨率，从而提高位置检测精度，经常对脉冲编码器的信号进行细分。如果数控装置的接口电路从信号 A 的上升沿和下降沿各取一个脉冲，则每转所检测的脉冲数提高了 1 倍，称为 2 倍频。同样如果从信号 A 和信号 B 的上升沿和下降沿各取一个脉冲，则每转所检测的脉冲数为原来的 4 倍，称为 4 倍频，如图 3-27 所示。假如选用的电动机配置了每转 2000 个脉冲的编码器，直接驱动 8mm 螺距的丝杠，则经数控装置 4 倍频处理，

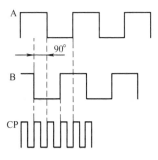

图 3-27　4 倍频信号的波形

可达到每转 8000 个脉冲的角度分辨率，对应工作台的分辨率可达到 0.001mm。

旋转增量式编码器以转动时的输出脉冲,通过计数设备来知道其位置,当编码器不动或停电时,依靠计数设备的内部记忆来记住位置。这样,当停电后,编码器不能有任何的移动。当来电工作时,编码器输出脉冲过程中,也不能有干扰而丢失脉冲,不然,计数设备记忆的零点就会偏移,而且这种偏移的量是无从知道的,只有错误的生产结果出现后才能知道。

解决的方法是增加参考点,编码器每经过参考点,将参考位置修正进计数设备的记忆位置。在参考点以前,是不能保证位置的准确性的。为此,在某些数控机床就有每次操作先找参考点,开机找零等现象。

(4) 脉冲编码器的特点

1) 非接触测量,无接触磨损,码盘寿命长,精度保证性好。

2) 允许测量转速高,精度较高。

3) 光电转换,抗干扰能力强。

4) 体积小,便于安装,适合于机床运行环境。

5) 结构复杂,价格高,光源寿命短。

6) 码盘基片为玻璃,抗冲击和抗振动能力差。

(5) 脉冲编码器的常见故障

1) 编码器本身故障:是指编码器本身元器件出现故障,导致其不能产生和输出正确的波形。这种情况下需更换编码器或维修其内部器件。

2) 编码器连接电缆故障:这种故障出现的几率最高,维修中经常遇到,应是优先考虑的因素。通常为编码器电缆断路、短路或接触不良,这时需更换电缆或接头。还应特别注意是否由于电缆固定不紧,造成松动引起开焊或断路,这时需卡紧电缆。

3) 编码器 +5V 电源下降:是指 +5V 电源过低,通常不能低于 4.75V,造成过低的原因是供电电源故障或电源传送电缆阻值偏大而引起损耗,这时需检修电源或更换电缆。

4) 绝对式编码器电池电压下降:这种故障通常有含义明确的报警,这时需更换电池,如果参考点位置记忆丢失,还须执行重回参考点操作。

5) 编码器电缆屏蔽线未接或脱落:这会引入干扰信号,使波形不稳定,影响通信的准确性,必须保证屏蔽线可靠地焊接及接地。

6) 编码器安装松动:这种故障会影响位置控制精度,造成停止和移动中位置偏差量超差,甚至刚一开机即产生伺服系统过载报警,请特别注意。

2. 光栅

(1) 光栅的工作原理

光栅是用于数控机床的精密检测装置,是一种非接触式测量。它是利用光学原理进行工作,按形状可分为圆光栅和长光栅。圆光栅用于角位移的检测,长光栅用于直线位移的检测。

传感器的光路形式有两种：一种是透射式光栅，它的栅线刻在透明材料（如工业用白玻璃、光学玻璃等）上；另一种是反射式光栅，它的栅线刻在具有强反射的金属（不锈钢）或玻璃镀金属膜（铝膜）上。这种传感器的优点是量程大和精度高。光栅式传感器应用在数控机床和三坐标测量机构中，可测量静、动态的直线位移和整圆角位移。

光栅主要由光栅尺（包括标尺光栅和指示光栅）和光栅读数头两部分组成。光栅读数头由光源、透镜、指示光栅、光敏元件和驱动线路组成，如图3-28所示。

光源：供给光栅传感器工作时所需光能。

透镜：将光源发出的光转换成平行光。

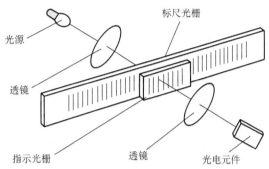

图3-28 透射式光栅的工作原理图

主光栅和指示光栅：主光栅又叫标尺光栅，是测量的基准，另一块光栅为指示光栅，两块光栅合称光栅副。一般来说标尺光栅比指示光栅长。在光栅测量系统中的指示光栅一般固定不动，标尺光栅随测量工作台（或主轴）一起移动（或转动）。但在使用长光栅尺的数控机床中，标尺光栅往往固定在床身上不动，而指示光栅随拖板一起移动。标尺光栅的尺寸常由测量范围确定，指示光栅则为一小块，只要能满足测量所需的莫尔条纹数量即可。

光电接收元件：将光栅副形成的莫尔条纹的明暗强弱变化转换为电量输出。

当光栅尺的相对指示光栅移动一个线距时，莫尔条纹也会相应地移动一个条纹距离，即莫尔条纹本身产生一次明暗的光强变化。当光栅尺与指示光栅发生连续的相对移动时，莫尔条纹的光强会产生近似正弦波的周期性变化。莫尔条纹是一种光学放大现象。它的间距远大于光栅线条间距。因此可方便地利用光电转换元件把莫尔条纹的光强变化转换为电信号，通过电子线路计算出光栅尺的位移量。以同样方法也可利用圆光栅副测量角位移。

常见光栅的工作原理是根据物理上莫尔条纹的形成原理进行工作的，这里不再详述。

（2）光栅的特点

光栅具有如下特点：

1）响应速度快、量程宽、测量精度高。测直线位移，精度可达 $0.5 \sim 3\mu m$（300mm 范围内），分辨率可达 $0.1\mu m$；测角位移，精度可达 $0.15''$，分辨率可达 $0.1''$，甚至更高。

2）可实现动态测量，易于实现测量及数据处理的自动化。

3）具有较强的抗干扰能力。

4）怕振动、怕油污，高精度光栅的制作成本高。

（3）光栅尺常见故障

数控机床中引起光栅尺故障的主要原因有：

1）光栅尺、读数头的污染或损坏。

2）光栅尺、读数头安装不正确。

3）反馈电缆断裂导致无反馈信号或反馈信号虚接。

4）位置控制板或 EXE 前置放大器等。

3. 直线感应同步器

（1）直线感应同步器的工作原理

感应同步器是利用励磁绕组与感应绕组间发生相对位移时，由于电磁耦合的变化，感应绕组中的感应电压随位移的变化而变化，借以进行位移量的检测，相当于一个展开的多极旋转变压器，其结构如图 3-29 所示，定尺和滑尺的基板采用与机床热膨胀系数相近的钢板制成，钢板上用绝缘粘接剂贴有铜箔，并利用腐蚀的办法做成图示的印制绕组。长尺叫定尺，安装在机床床身上，短尺为滑尺，安装于移动部件上，两者平行放置，保持 0.05～0.2mm 间隙。

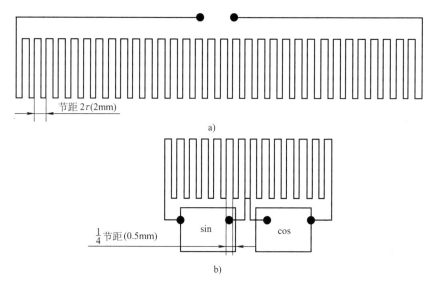

图 3-29　直线式感应同步器结构原理图
a）定尺绕组　b）滑尺绕组

感应同步器按其结构特点一般分为直线式和旋转式两种：直线式感应同步器由定尺和滑尺组成，用于直线位移测量。旋转式感应同步器由转子和定子组成，用于角位移测量。

下面以直线式感应同步器为例，介绍其结构和工作原理。

感应同步器两个单元绕组之间的距离为节距，滑尺和定尺的节距均为 2mm，这是衡量感应同步器精度的主要参数。标准感应同步器定尺长 250mm，滑尺长 100mm，节距为 2mm。定尺上是单向、均匀、连续的感应绕组，滑尺有两组绕组，一组为正弦绕组，另一组为余弦绕组。当正弦绕组与定尺绕组对齐时，余弦绕组与定尺绕组相差 1/4 节距。

当滑尺任意一绕组加交流激磁电压时，由于电磁感应作用，在定尺绕组中必然产生感应电动势，该感应电动势取决于滑尺和定尺的相对位置。当只给滑尺上正弦绕组加励磁电压时，定尺感应电动势与定、滑尺的相对位置关系如图 3-30 所示。

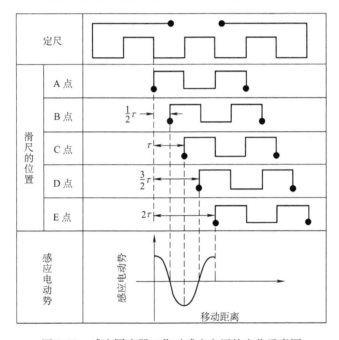

图 3-30　感应同步器工作时感应电压的变化示意图

如果滑尺处于 A 位置，即滑尺绕组与定尺绕组完全对应重合，定尺绕组线圈中穿入的磁通最多，则定尺上的感应电动势最大。随着滑尺相对定尺做平行移动，穿入定尺的磁通逐渐减少，感应电动势逐渐减小。

当滑尺移到图中 B 点位置，与定尺绕组刚好错开 1/4 节距时，感应电动势为零。再移动至 1/2 节距处，即图中 C 点位置时，定尺绕组线圈中穿出的磁通最多，感应电动势最大，但极性相反。再移至 3/4 节距，即图中 D 点位置时，感应电动势又变为零。当移动一个节距位置，如图中 E 点，又恢复到初始状态，与 A 点相同。显然，在定尺移动一个节距的过程中，感应电动势近似于余弦函数变化了一个周期。

由此可见，在励磁绕组中加上一定的交变励磁电压，定尺绕组中就产生相同频率的感应电动势，其幅值大小随着滑尺的移动呈现余弦变化规律。滑尺移动一个节距，感应电动势变化一个周期。

若励磁电压 $U = U_m \sin\omega t$，那么在定尺绕组中产生的感应电动势 e 为

$$e = kU_m \cos\theta \sin\omega t$$

式中　U_m——励磁电压的幅值（V）；

ω——励磁电压角频率（rad/s）；

k——比例常数，其值与绕组间的最大互感系数有关；

t——时间（s）；

θ——滑尺相对定尺在空间的相位角，在一个节距 W 内，位移 x 随 θ 的关系为 $\theta = 2\pi x/W$。

感应同步器就是利用这个感应电动势的变化进行位置检测的。

根据滑尺绕组的供电方式不同以及输出电动势的检测方式不同，感应同步器的测量系统可以分为鉴幅式和鉴相式两种。前者是通过检测感应电动势的幅值测量位移，后者是通过检测感应电动势的相位测量位移。

（2）感应同步器的优点

1）具有较高的精度与分辨力。其测量精度首先取决于印制电路绕组的加工精度，温度变化对其测量精度影响不大。感应同步器是由许多节距同时参加工作，多节距的误差平均效应减小了局部误差的影响。目前长感应同步器的精度可达到 $\pm 1.5\mu m$，分辨力 $0.05\mu m$，重复性 $0.2\mu m$。直径为 300mm（12in）的圆感应同步器的精度可达 $\pm 1''$，分辨力 $0.05''$，重复性 $0.1''$。

2）抗干扰能力强。感应同步器在一个节距内是一个绝对测量装置，在任何时间内都可以给出仅与位置相对应的单值电压信号，因而瞬时作用的偶然干扰信号在其消失后不再有影响。平面绕组的阻抗很小，受外界干扰电场的影响很小。

3）使用寿命长，维护简单。定尺和滑尺，定子和转子互不接触，没有摩擦、磨损，所以使用寿命很长。它不怕油污、灰尘和冲击振动的影响，不需要经常清扫。但需装设防护罩，防止铁屑进入其气隙。

4）可以作长距离位移测量。可以根据测量长度的需要，将若干根定尺拼接。拼接后总长度的精度可保持（或稍低于）单个定尺的精度。目前几米到几十米的大型机床工作台位移的直线测量，大多采用感应同步器来实现。

5）工艺性好，成本较低，便于复制和成批生产。

3.4.2　位置检测装置故障的常见形式及诊断方法

1. 机械振荡（加/减速时）

1）脉冲编码器出现故障，此时检查速度单元上的反馈线端子电压是否在某几点电压下降，如有下降，表明脉冲编码器不良，更换编码器。

2）脉冲编码器十字联轴器可能损坏，导致轴转速与检测到的速度不同步，更

换联轴器。

3）测速发电机出现故障，修复，更换测速机。

2. 机械暴走（飞车）

在检查位置控制单元和速度控制单元的情况下，应检查：

1）脉冲编码器接线是否错误，检查编码器接线是否为正反馈，A相和B相是否接反。

2）脉冲编码器联轴器是否损坏，更换联轴器。

3）检查测速发电机端子是否接反和励磁信号线是否接错。

3. 主轴不能定向或定向不到位

在检查定向控制电路设置和调整，检查定向板，主轴控制印制电路板调整的同时，应检查位置检测器（编码器）是否不良。

4. 坐标轴振动进给

在检查电动机线圈是否短路，机械进给丝杠同电动机的连接是否良好，检查整个伺服系统是否稳定的情况下，检查脉冲编码是否良好、联轴器连接是否平稳可靠、测速机是否可靠。

5. NC报警中因程序错误，操作错误引起的报警

如FAUNUC 6ME系统的NC报警090、091。出现NC报警，有可能是主电路故障和进给速度太低引起。同时，还有可能是：

1）脉冲编码器不良。

2）脉冲编码器电源电压太低，此时调整电源电压的15V，使主电路板的+5V端子上的电压值在4.95~5.10V内。

3）没有输入脉冲编码器的一转信号而不能正常执行参考点返回。

6. 伺服系统的报警

如FAUNUC 6ME系统的伺服报警：416、426、436、446、456，SINUMERIK 880系统的伺服报警：1364，SINUMERIK 8系统的伺服报警：114、104等。当出现以上报警号时，有可能是：

1）轴脉冲编码器反馈信号断线、短路和信号丢失，用示波器测A相、B相一转信号。

2）编码器内部受到污染、太脏，信号无法正确接收。

7. 检测元件的维护保养

检测元件是一种极其精密和容易受损的器件，一定要从下面几个方面注意，以进行正确的使用和维护保养。

1）不能受到强烈振动和摩擦，不能受到灰尘油污的污染，以免影响正常信号的输出。

2）工作环境周围温度不能超标，额定电源电压一定要满足，以便于集成电路芯片的正常工作。

3）要保证反馈线电阻、电容的正常，保证正常信号的传输。

4）防止外部电源、噪声干扰，要保证屏蔽良好，以免影响反馈信号。

5）安装方式要正确，如编码器连接轴要同心对正，防止轴超出允许的载重量，以保证其性能的正常。

总之，在数控设备的故障中，检测元件的故障比例是比较高的，只要正确的使用并加强维护保养，对出现的问题进行深入分析，就一定能降低故障率，并能迅速解决故障，保证设备的正常运行。

3.4.3 位置检测装置故障的诊断与排除

【例 3-9】 X 轴窜动故障排除。

故障现象：北京第一机床厂产 XHK716 立式加工中心，X 轴在运动到某一固定位置时出现窜动，机床不报警。

故障分析与排除：轴窜动可能是由速度环或者位置环异常引起的。首先检查速度环路、测速机、电动机、驱动器及连接电缆正常。该机床 X 轴采用感应同步器作为测量尺，检查励磁正弦和余弦信号、放大器、定尺和滑尺也都正常，但见随工作台移动的信号电缆有明显磨损痕迹，测量该电缆线有时断时续现象，更换电缆故障排除。

【例 3-10】 SINUMERIK 8 系统 104 号报警排除。

故障现象：德国产 32DS250 数控立车，偶尔出现 104 号报警，机床停止运行，断电后重新起动机床又能正常工作。

故障分析与排除：该机床使用 SINUMERIK 8 系统，104 号报警为 X 轴位置测量环开路或短路，不正确的门槛信号或者不正确的频率。检查测量尺信号电缆及插接头未见断线和接触不良；互换信号放大器 EXE 无效；清洗测量尺和测量头，更换位置信号处理板 MS320 故障依旧。经过仔细观察，发现故障总是出现在开启/停止切削液电动机时，从电路图上可见切削液电动机与数控系统共用三相交流电源，检查发现切削液电动机的三相 RC 吸收电路失效，起停电动机时造成了对测量系统的干扰，更换 RC 吸收电路后报警再未出现过。

【例 3-11】 SINUMERIK 8 系统 114 号报警。

故障现象：德国莎尔曼公司产 HC3-3 镗铣床，机床 Y 轴运行到某些位置时出现 114 号报警。

故障分析与排除：该机床数控系统为 SINUMERIK 8 系统，114 号报警为 Y 轴测量尺故障。根据故障出现与 Y 轴位置有关判断，估计问题出在测量尺上，运行时出现信号丢失，即所谓"信号漏读"而产生 114 号报警，分析可能是测量尺脏的原因造成。该轴使用 HEIDENHAIN 的 LB326 反射型光栅尺，在现场用铁丝和绸布自制一个"擦拭工具"，沾上少量无水酒精，从尺子一端密封唇口进入尺面轻轻擦拭，反复几次都只能使脏物发生位置变化，不能彻底清除。只有进行抽尺处理，首先将扫描头取出，将尺盒一端的张力调节螺钉松开，摘开尺子两端的固定机构，用细铁丝钩住尺头的一端固定小孔，将尺子慢慢拉出，放在铺有白纸的平整地面上。用沾有酒精的绸布单方向擦拭，直到用放大镜检查尺面彻底干净为止。然后按拆卸相反顺序安装回去，在整个操作过程中切勿用手接触尺面。经过这样处理之后，114 号报警彻底排除。

【例 3-12】 机床 X 轴超程限位报警解除。

故障现象： 德国 WORAN 公司产 RAPID3K-8MC 镗铣床，机床 X 轴回参考点时发现超程限位报警。

故障分析与排除： 观察机床回参考点的过程，发现有减速动作，由回参考点原理可知，这是在规定距离内没有检测到零标志脉冲的缘故。用慢扫示波器从扫描头插座 7 号、8 号端子上观察，确实没有零脉冲出现，对于这种使用 HEIDENHAIN 的 LB326 型光栅尺的机床来说，没有零标志脉冲可能的原因有定尺上脏物覆盖了标志光栅、干簧管开关电路不良、尺盒内磁性挡块位置调节不当或脱落等。清洗定尺和调节挡块位置无效，断开干簧管一端连线后回参考点正常。这种型号的光栅尺的标志脉冲受一个光电集成电路和干簧管开关控制，只有在磁性挡块作用下断开干簧管开关打开期间标志脉冲才能送出。

【例 3-13】 机床 X 轴回不了参考点，出现超程限位报警故障解除。

故障现象： 瑞士产 S40-4 数控外圆磨床，开机后机床 X 轴回不了参考点，出现超程限位报警。

故障分析与排除： 该机床采用 SIEMENS SINUMERIK 3M 数控系统，执行回参考点指令时 X 轴运动，但是减速以后一直不停，最后压到限位开关报警。由回参考点原理可知，问题出在零标志脉冲上。用示波器观察光栅尺零标志脉冲正常，检查信号电缆和接头未发现问题，更换系统测量板上脉冲整形放大电路 EXE 小板后故障排除。

【例 3-14】 美国 CINCINNATI MILACRON 公司产 T-30 加工中心。

故障现象： 机床在运动中出现"B 轴开环"报警。

故障分析与排除： B 轴是工作台旋转轴，采用 HEIDENHAIN 圆光栅编码器 RON 705，18000 线/rad。光栅信号经过 EXE602 放大细分 5 倍频后输出，因为编码器安装在工作台底部中央，拆卸比较麻烦，手动匀速盘 B 轴电动机，用示波器在放大器输入端观察 ie0、ie1 和 ie2，有峰值为 1V 左右的交流信号，说明编码器没有问题。接着查 EXE 电路信号，发现长线驱动器 75113 有输入而没有输出信号，更换 75113 集成电路后机床恢复正常。

【例 3-15】 脉冲编码器光电盘划分，导致工作台定位不准。

故障现象：芬兰 VMC800 SIEMENS 880 立式加工中心的工作台为双工作台，通过交换工作台完成两工件加工，工作台靠鼠牙盘定位，鼠牙盘等分 360 个齿，每个齿对应 1°。工作台靠液压缸上下运动实现工作的离合，通过伺服电动机拉动同步齿形带，带动工作台旋转，通过脉冲编码器来检测工作台的旋转角度和定位，工作台在 1996 年 8 月出现定位故障，工作台不能正确回参考点，每次定位错误不管自动还是手动都相差几个角度，角度数有时为 1°，有时为 2°，但是工作台如果分别正转几个角度如 30°、60°、90°，再相应地反转 30°、60°、90°时，定位准确，出现定位错误时，CRT 出现 NC 228 ＊ 报警显示。

故障分析：查询 228 ＊ 报警内容为：M19 选择无效，即 M19 定位程序在运行时没有完成，当时认为是 M19 定位程序和有关的 NC MD 有错，但是检查程序和数据正常，经分析有可能是下面几种原因引起工作台定位错误：

1）同步齿形带损坏，导致工作台实际转数与检测到的数值不符。

2）编码器联轴器损坏。

3）测量电路不良导致定位错误。

故障排除：根据以上原因，对同步齿形带和编码器联轴器进行检查，发现一切正常。排除上述原因后，判断极有可能是测量电路不良引起的故障。本机床是由 RAC 2：2-200 驱动模块，驱动交流伺服电动机构成 S1 轴，由 6FX1 121-4BA 测量模块与一个 1024 脉冲的光电脉冲编码器组成 NC 测量电路，在工作台定位出现故障时，检查工作台定位 PLC 图，PLC 输入板 4A1-C8 上输入点 E9.3、E9.4、E9.5、E9.6、E9.7 是工作台在旋转连接定位的相关点，输出板 4A1-C5 上 A2.2、A2.3、A2.4、A2.5、A2.6 是相应的输出点，检查这几个点，工作状态正常，从 PLC 图上无法判断故障原因，于是我们检查测量电路模块 6FX1 121-4BA 无报警，显示正常。在工作台定位的过程中，用示波器测量编码器的反馈信号，判定编码器出现故障。于是我们拆下编码器，拆下其外壳，发现其光电盘与底下的指示光栅距离太近，旋转时产生摩擦，光电盘里圈不透光部分被摩擦划了一个透光圆环，导致产生不良脉冲信号，经更换编码器问题解决。现在考虑当初的报警没有显示测量电路故障，是因为编码器光电盘还没有完全损坏，是一个随机性故障，CNC 无法真实的显示真正的报警内容，因此数控设备的报警并不能完全彻底地说明故障原因，需要更加深入地进行分析。

【例 3-16】脉冲编码器 A 相信号错误，导致轴运动产生振动。

故障现象：FANUC 6ME 系统双面加工中心，X 向在运动的过程中产生振动，并且在 CRT 上出现 NC416 报警。

故障分析：根据故障现象，我们分析引起故障的原因可能有以下几种：

1）速度控制单元出现故障。

2）位置检测电路不良。

3）脉冲编码器反馈电缆的连线和连接不良。

4）脉冲编码器不良。

5）机床数据是否正确。

6）伺服电动机及测速机故障。

故障排除： 针对上述分析出的原因，对速度控制单元、主电路板、脉冲编码器反馈电缆的连接和连线进行检查，发现一切正常，机床数据正常。然后将电动机与机械部分脱开，用手转动电动机，观察 713 号诊断状态，713 诊断内容为：713.3 为 X 轴脉冲编码器反馈信号，如果断线，此位为 "1"；713.2 为 X 轴编码器反馈一转信号；713.1 为 X 轴脉冲编码器 B 相反馈信号；713.0 为 X 轴脉冲编码器 A 相反馈信号。713.2、713.1、713.0 正常时电动机转动应为 "0" "1" 不断变化。在转动电动机时，发现 713.0 信号只为 "0" 不变 "1"。用示波器检测脉冲编码器的 A 相、B 相和一转信号，发现 A 相信号不正常，因此通过上述检查可判定调轴脉冲编码器不良，经更换新编码器，故障解决。

【例 3-17】 测速发电机的励磁绕组线引起控制轴振动的故障。

故障现象： 从芬兰引进的 IRB2000 机器人出现故障，起动机器人，机器人在导轨（第 7 轴）上不运行，并有强烈振动，在控制器上出现 506 1407 和 509 237 报警。

故障分析： 506 1407 报警内容为：

1）机器人在第 7 轴运行时遇到障碍。

2）驱动电动机超载，电磁制动没有松开。

3）驱动电动机通过电流，但不能正确换向。

4）驱动电动机没有通过电流。

509 237 报警内容为：第 7 轴的测速发电机不良，测速机断路。

故障排除： 根据故障现象和报警内容对驱动系统进行检查。驱动电动机为交流伺服电动机，型号为 NAC093A-O-WS-3-C/110-B-1，驱动板为 DSQC236B，该系统的检测为测速发电机和脉冲编码器对速度和位置进行检测控制，首先检查各连接电缆的连线、接头和驱动板都正常，然后又检查强电电路，发现控制驱动电动机电磁制动的时间继电器有一触头断线，焊好后，重新起动，时间继电器虽然工作正常，但是电动机仍不能运行，报警仍未消除。随后把电动机与机械部分脱开，只接通制动电源，用手转动电动机，电动机不动，同时测量制动绕组，发现绕组烧损，经修复制动绕组，故障解除，506 1407 报警消除。但是 509 237 报警仍未消除，机器人运行仍有振动，于是测量测速发电机励磁绕组，发现绕组断线。因绕组线为 0.2mm，线太细并且断掉好几根，修复难度太大，修复无望，于是向公司订货，经更换测速发电机，故障排除。

【例 3-18】 脉冲编码器受油污染，导致轴定位故障。

故障现象： SIEMENS SINUMERIK 880 卧式加工中心工作台在旋转定位过程中

出现故障，运行中断，CRT 出现报警号：1364，报警内容为 1364 ORD 4B2 Measuring System Dirty，即测量系统受污染。

故障分析与排除：根据故障报警内容，我们先拆下检测线路板和反馈电缆接头，用酒精清洗其灰尘和油污，起动工作台，故障没消除，随后我们又拆下检测工作台位置的脉冲编码器，发现里面充满了大量机械油，原来有一通入编码器的压缩空气气路，压缩空气能把进入编码器的灰尘吹出，起到清洁编码器的作用，这些机械油是由气路通气时，因压缩空气不洁净，由压缩空气带进来的，我们用汽油把这些油污洗干净，并提高压缩空气质量，重新安装好编码器后，起动工作台，故障消除。

【例 3-19】闭环电路检测信号线折断，导致控制轴运行故障。

故障现象：SINUMERIK 8 系统卧式加工中心有一次正在工作过程中，机床突然停止运行，CRT 出现 NC 报警 104，关断电源重新起动，报警消除，机床恢复正常，然而工作不久，又出现上述故障，如此反复。

故障分析与排除：查询 NC 104 报警，内容为：X 轴测量闭环电缆折断短路，信号丢失，不正确的门槛信号，不正确的频率信号。本机床的 X、Y、Z 轴采用光栅尺对机床位移进行位置检测，进行反馈控制形成一个闭环系统。

根据故障现象和报警，先检查读数头和光栅尺，光栅尺密封良好，里面洁净，读数头和光栅尺没有受到油污和灰尘污染，并且读数头和光栅尺正常。随后又检查差动放大器和测量线路板，未发现不良现象。经过这些工作后，把重点放在反馈电缆上，测量反馈端子，发现 13 号线电压不稳，停电后测量 13 号线，发现有较大电阻。经仔细检查，发现 13 号线在 X 向随导轨运动的一段有一处将要折断，似接非接，造成反馈值不稳，偏离其实际值，导致电动机失步，经对断线重新接线，起动机床，故障消除。

【例 3-20】脉冲编码器感应光电盘损伤，导致加工件加工尺寸误差。

故障现象：CNC 862 数控车床 X 向切削零件时尺寸出现误差，达到 0.30mm/250mm，CRT 无报警显示。

故障分析与排除：本机床的 X、Z 轴为伺服单元控制直流伺服电动机驱动，用光电脉冲编码器作为位置检测。据分析造成加工尺寸误差的原因一般为：

1）X 向滚珠丝杠与丝母副存在比较大的间隙，或电动机与丝杠相连接的轴承受损，导致实际行程与检测到的尺寸出现误差。

2）测量电路不良。

根据上述分析，经检查发现丝杠与丝母间隙正常，轴承也无不良现象，测量电路的电缆连线和接头良好，最后用示波器检查编码器的检测信号，波形不正常。于是拆下编码器，打开其外壳，发现光电盘不透光部分不知什么原因出现三个透明点，致使检测信号出现误差，更换编码器，问题解决，因为 CNC 862 系统的自诊断功能不是特别强，因此在出现这样的故障时，机床不停机，也无 NC 报警显示。

【例 3-21】机床无法进行回参考点。

故障现象：采用 HEIDENHAIN 金属光栅尺作为位置反馈的某数控镗床，开机后，出现 X 轴正反向运动正常，但机床无法进行回参考点操作。

故障分析与排除：机床 X 轴正、反向运动正常。证明数控系统、伺服驱动工作均正常，在这种情况下，回参考点不良一般是由于回参考点减速信号、零位脉冲信号、回参考点设定不当等原因引起的。

利用系统的诊断功能，检查回参考点减速信号正常，检查回参考点参数设定没有问题，初步判定故障是由于零位脉冲不良引起的。

在检查位置检测系统的连接电缆时，发现连接位置反馈电缆的过渡插头处有一信号线开焊，该信号线正是零脉冲 ua0 信号线，没有零脉冲信号，机床就不会找到参考点。重新焊接好该信号线，连接好过渡插头，机床恢复正常。

【例 3-22】开机后 X 轴缓慢移动。

故障现象：采用 HEIDENHAIN 金属光栅尺作为位置反馈的某数控镗床开机后，出现 X 轴缓慢向正方向运动，系统无报警显示。

故障分析与排除：该机床使用的是 HEIDENHAIN 光栅尺作为位置检测器件，由于伺服系统为全闭环结构，开机后系统无报警，X 轴缓慢向正方向运动，可以初步认为伺服系统的速度控制环工作正常，故障是由于位置环的问题引起的。

检查数控系统的跟随误差，发现在 X 轴缓慢运动的过程中，系统的位置跟随误差无变化，从而判定故障是由于位置反馈信号的不良引起的。

类似的问题通常是由于反馈电缆的连接插头处 ua1 方波信号线断而引起的。首先检查位置检测系统的连接电缆，确认连接正确后，将 X 轴、Y 轴位置控制板更换后，发现 X 轴正常，Y 轴向一个方向缓慢移动，故判定 X 轴位置控制板故障，更换后，机床恢复正常。

【例 3-23】Y 轴重复定位不准

故障现象：采用 HEIDENHAIN 金属光栅尺作为位置反馈的某数控镗床出现 Y 轴重复定位不准，系统无报警显示。

故障分析与排除：将百分表吸在方滑枕上，表针压在工作台上某点处，使表针归零。使 Y 轴（主轴箱升降）向上移动约 2m 距离后再回到该点，发现重复定位差 0.02mm，反复上下移动 Y 轴数次后，再回到该点，发现重复定位精度差得更多。然而在 Y 轴测重复定位精度时，向上移动的距离不超过 1.5m，发现百分表表针能归零，说明此时重复定位准确。故初步判定故障是光栅尺问题引起的。因为 Y 轴没有防护罩，光栅尺又位于 Y 轴丝杠与导轨之间（丝杠与导轨是稀油润滑），很容易使光栅尺污染。一般类似的故障用酒精棉擦拭光栅尺的金属钢带后，故障均可排除。但本次用酒精棉擦拭光栅尺的金属钢带后，故障却不能排除。仔细检查光栅尺的金属钢带发现，在距工作台 1.5 ~ 2m 处，钢带有一划痕，更换金属光栅尺钢带后，机床重复定位正常。

练习与思考题 3

3-1 伺服系统由哪些环节组成？如何分类？

3-2 数控机床对主轴有哪些要求？进给伺服常用的电动机有哪些？各有什么特点？

3-3 简述 FANUC、SIEMENS 的伺服系统结构。

3-4 数控机床常用的位置检测元件有哪些？进行直线位移检测时常用什么元件？

3-5 位置检测元件损坏可能引起的故障现象有哪些？

3-6 常用伺服驱动电路有哪些形式？

3-7 数控机床在进给运动时出现 Z 轴超程，其可能的原因是什么？

3-8 某加工中心不能返回参考点，其可能的原因有哪些？应如何解决？

3-9 数控机床采用 SIEMENS SINUMERIK 840D 系统，加工时出现 Z 轴抖动，请进行分析并说明如何排除故障。

3-10 加工中心出现进给轴抖动，可能的原因是什么？应如何排除？

第 4 章

数控机床电气
系统故障诊断与维修

数控机床电气系统包括交流主电路、机床辅助功能控制电路和电子控制电路，一般将前者称为强电，后者称为弱电。强电是 24V 以上供电，以电器元件、电力电子功率器件为主组成的电路；弱电是 24V 以下供电，以半导体器件、集成电路为主组成的控制系统电路。数控机床的主要故障是电气系统的故障，电气系统故障又以机床本体上的低压电器故障为主。

4.1 数控机床电气系统的特点

4.1.1 数控机床对电气系统的基本要求

1. 高可靠性

数控机床是长时间连续运转的设备，本身要具有高可靠性。因此，在电气系统的设计和部件的选用上普遍应用了可靠性技术、容错技术及冗余技术。所有部件选用的是最成熟的，而且符合有关国际标准并取得授权认证的新型产品。

2. 紧跟新技术的发展

在保证可靠性的基础上，电气系统还要具有先进性，如新型组合功能电器元件的使用、新型电子电器及电力电子功率器件的使用等。

3. 稳定性

要在电气系统中采取一系列技术措施，使其适应较宽泛的环境条件，如要能适应交流供电系统电压的波动，对电网系统内的噪声干扰有一定的抑制作用，同时还符合电磁兼容的国家标准要求，系统内部既不相互干扰，还能抵抗外部干扰，也不向外部辐射破坏性干扰。

4. 安全性

电气系统的连锁要有效；电器装置的绝缘要保证完好，防护要齐全，接地要牢靠，以使操作人员的安全有保证；电器部件的防护外壳要具有防尘、防水、防油污的功能；电柜的封闭性要好，防止外部的液体溅入电柜内部，防止切屑、导电尘埃的进入；电柜内的所有元件在正常供电电压工作时不应出现被击穿的现象，并且有预防雷电袭击的功能；经常移动的电缆要有护套或拖链防护，防止缆线磨断或短路而造成系统故障；要有抑制内部部件异常温升的措施，特别是在夏季，要有强迫风冷或制冷器冷却；有防触电、防碰伤设施。

5. 方便的可维护性

易损部件要便于更换或替换，保护元器件的保护动作要灵敏，但也不能有误动作；一旦出现故障排除后，功能要能恢复。

6. 良好的控制特性

所有被控制的电动机起动要平稳、常噪声、无异常温升。

7. 运行状态明显的信息显示

电气系统要用指示灯作为操作显示。响应快速、特性硬、无冲击、无振动、无振荡、无异常，电器元件要有状态指示、故障指示，有明显的安全操作标识。

8. 操作的宜人性

电气系统要体现人性化设计，如操作部位与人体平均高度、距离相适应，体现操作方便、舒适、便于观察的特点，尤其要随时摸得到急停按钮，保证紧急情况下的快速操作动作；机床电器颜色不仅符合标准，还要美观、明显。

4.1.2 电气系统的故障特点

1）电气系统故障的维修特点是故障原因明了，诊断也比较好做，但是故障率相对比较高。

2）电器元件有使用寿命限制，非正常使用下会大大降低寿命，如开关触头经常过电流使用而烧损、粘连，提前造成开关损坏。

3）电气系统容易受外界影响造成故障，如环境温度过热，电柜温升过高致使有些电器损坏，甚至鼠害也会造成许多电气故障。

4）操作人员非正常操作，能造成开关手柄损坏、限位开关被撞坏的人为故障。

5）电线、电缆磨损造成断线或短路，蛇皮线管进冷却水、油液而长期浸泡，橡胶电线膨胀、粘化，使绝缘性能下降造成短路。

6）异步电动机、冷却泵、排屑器、电动刀架等进水，轴承损坏而造成电动机故障。

4.2 常用低压电器及其常见故障

电器是在电能的生产、输送、分配和应用中起着通断、控制、保护、检测和调节等作用的电气设备。电器的用途广泛，种类繁多，按工作方式可分为高压电器和低压电器。低压电器通常是指工作在交流电压1200V、直流电压1500V及以下的电器。低压电器按其用途又可分为低压配电电器和低压控制电器。

配电电器，包括熔断器、断路器、接触器与继电器（过流继电器与热继电器）以及各类低压开关等，主要用于低压配电电路（低压电网）或动力装置中，对电路和设备起保护、通断、转换电源或转换负载的作用。

控制电器，包括控制电路中用于发布命令或控制程序的开关电器（电气传动控制器、电动机起/停/正反转兼作过载保护的起动器）、电阻器与变阻器（不断开电路的情况下可以分级或平滑地改变电阻值）、操作电磁铁、中间继电器（速度继电器与时间继电器）等。

4.2.1 电源及保护元件

1. 组合开关

在电气控制线路中，组合开关常被作为电源引入的开关，组合开关有单极、双极、三极、四极几种，额定持续电流有10、25、60、100A等多种。组合开关外观如图4-1所示。

组合开关由装在同一根轴上的单个或多个单击旋转开关叠装在一起组成。转动手柄时，每层的动触片随转轴一起转动，使多对触点同时接通和断开。组合开关结

图4-1 组合开关外观

构示意图如图4-2所示。组合开关的电路符号和文字表示如图4-3所示。

常见故障为：

1）机构损坏、磨损、松动造成动作失效。

2）触头弹性失效或尘污接触不良造成三触头不能同时接通或断开。

3）久用污染而形成导电层、胶木烧焦，绝缘破坏，造成短路。

2. 低压断路器

低压断路器（又称自动开关）是一种不仅可以接通和分断正常负荷电流和过负荷电流，还可以接通和分断短路电流的开关电器。低压断路器在电路中除起控制作用外，还具有一定的保护功能，如过负荷、短路、欠压和漏电保护等。其外形如

图 4-4 所示，其工作原理图如图 4-5 所示。

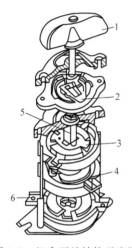

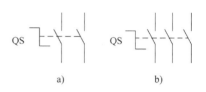

图 4-2　组合开关结构示意图

1—手柄　2—凸轮　3—动触头
4—静触头　5—绝缘方轴　6—接线端

图 4-3　组合开关的电路符号和文字表示

a）双极　b）三极

图 4-4　低压断路器外形

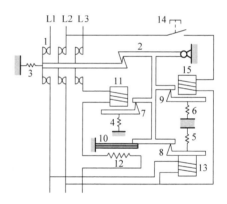

图 4-5　低压断路器工作原理图

1—触头　2—搭钩
3，4，5，6—弹簧　7，8，9—衔铁
10—双金属片　11—过流脱扣绕组
12—加热电阻丝　13—失压脱扣绕组
14—按钮　15—分励绕组

　　低压断路器的分类方式很多，按使用类别分，有选择型（保护装置参数可调）和非选择型（保护装置参数不可调）；按灭弧介质分，有空气式和真空式（目前国产多为空气式）。低压断路器容量范围很大，最小为 4A，而最大可达 5000A。低压断路器广泛应用于低压配电系统各级馈出线，各种机械设备的电源控制和用电终端的控制和保护。

　　低压断路器常见故障现象及诊断如表 4-1 所示。

表 4-1 低压断路器常见故障现象及诊断

	故障现象	故 障 原 因
不动作	手动操作时不能闭合（不能接通或不能起动）	欠压脱扣器绕组损坏 热脱扣的双金属片（热元件）尚未冷却复原，脱扣后未给予足够的时间冷却 储能弹簧失效变形，导致闭合力减小 反作用弹簧力过大 锁键和搭钩因长期使用而磨损 触点接触不良——主触头
	动作延时过长	传动机构润滑不良、锈死、积尘造成阻力过大 锁键和搭钩因长期使用而磨损 弹簧断裂、生锈卡住或失效
	欠压脱扣器不能分断——欠压不报警	拉力弹簧弹性失效、断裂或卡住 欠压脱扣器绕组损坏
误动作	电动机起动时，立即分断（一开机即过流报警）	调试后，过流脱扣器瞬时整定值太小 对于老机床，可能是反力弹簧断裂或弹簧生锈卡住（弹簧失效）
	闭合一定时间后自动分断	调试或维修后，过流脱扣器延时整定值不符合要求 对于老机床，可能是热元件老化
	断路器温升过大（过热报警）	触点阻抗太大造成热效应而导致热脱扣，原因是： 1. 触头表面过分磨损或接触不良 2. 两个导电零件连接螺钉松动
	欠压脱扣器噪声大	噪声只可能由常闭型的脱扣器产生，在老机床中，原因是： 1. 弹簧失效变硬，不恢复 2. 铁心工作面有油污或短路环断裂
	机壳带电	漏电保护断路器失效，原因是： 1. 互感器绕组的触电氧化 2. 接触不良 3. 匝间短路 4. 接地不良

4.2.2 输入元件

1. 控制按钮

控制按钮是数控机床上常见的元器件，如机床的急停按钮、起动按钮等。按钮外观如图 4-6 所示。

控制按钮通常用作短时间接通断开小电流控制电路的开关。一般的控制按钮由按钮帽、复位弹簧、桥式触点和外壳等组成，通常制成具有常开触点和常闭触点的复合式结构。控制按钮结构示意图如图 4-7 所示。

国标规定：停止和急停按钮必须是红色的，当按钮按下的时候设备必须停止工作或断电；起动按钮的颜色是绿色的，点动按钮必须是黑色的等。按钮的电路符号及文字表示如图 4-8 所示。

常见故障为：

1）按下起动按钮有触电感觉，原因为导线与按钮防护金属外壳短路。

图4-6 常见的按钮外观

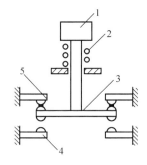

图4-7 控制按钮结构示意图
1—按钮帽 2—弹簧 3—动触点
4—常开静触点 5—常闭静触点

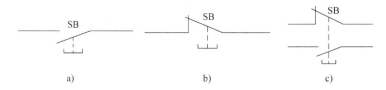

图4-8 按钮的电路符号及文字表示
a）常开（动合）按钮 b）常闭（动断）按钮 c）复合按钮

2）停止按钮失灵，原因为接线错误或线头松动。

3）按下停止按钮，再按起动按钮，被控电器不动作，原因为复位弹簧失效导致动断触头间短路。

2. 行程开关

行程开关又称限位开关，主要用于检测机械的位置，发出信号以控制运动部件的运动方向、行程长短或位置保护。

行程开关有机械式和电子式两种，机械式又分滑轮式和直动式两种。一般而言，行程开关都有一常开触点和一常闭触点两对触点。图4-9列出了能自动复位（单轮式）和不能自动复位（双轮式）两种类型行程开关的外观图。行程开关的内部结构和工作原理以及电路符号和文字表示如图4-10和图4-11所示。

图4-9 行程开关外形图
a）单轮式行程开关
b）双轮式行程开关

常见故障为：

1）机构失灵、损坏、断线或离挡块太远。

2）开关复位，但动断触头不能闭合（触头偏斜或脱落，顶杆移位被卡或弹簧失效）。

3）开关的顶杆已偏转，但触头不动（开关安装欠妥，触头被卡）。

4）开关松动与移位（外因）。

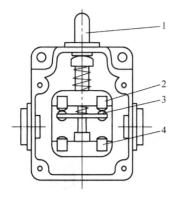

图 4-10 直动式行程开关结构图
1—推杆 2、4—静触头 3—动触头

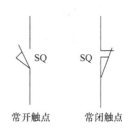

图 4-11 行程开关的电路
符号和文字表示

3. 接近开关

　　行程开关是有触点开关，是由挡块与行程开关的滚轮或触杆碰撞时触点接通或断开工作的。在操作频繁时易产生故障，工作可靠性较差。接近开关是无触点开关，它可以在一定距离内检测有无物体并给出高电平或低电平信号。接近开关具有灵敏度高、频率响应快、重复定位精度高、工作稳定可靠和使用寿命长等优点。目前，接近开关常把检测头、检测电路及信号处理电路做在一个壳体内，壳体带有螺纹以方便安装和距离调整，同时还有发光二极管指示其通断状态。

　　常用的接近开关有电感式、电容式、磁感式、光电式及霍尔式。接近开关不仅可以作为行程开关来使用，还广泛应用于定位、测速等方面。典型的接近开关外形及应用如图 4-12 和图 4-13 所示，其电路图形符号如图 4-14 所示。

图 4-12 磁感应式接近开关外形图

　　常见故障为：

1）与被测物距离过远，超出检测距离，导致不动作。

2）油污或铁屑导致一直接通。

3）本身电路损坏。

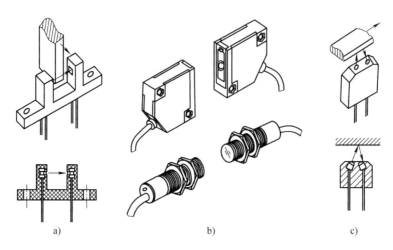

图 4-13　光电式接近开关外形图
a）遮光式　b）透射式　c）反射式

4）线缆损坏。

4.2.3　常用输出元件

1. 接触器

接触器是一种用来频繁接通或断开带有负载的主电路（如电动机）的自动控制电器。其用途是用小电流控制大电流。接触器按照其主触点通过的电流种类不同，分为直流和交流两种，一般的交流接触器的主触头

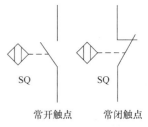

常开触点　　常闭触点

图 4-14　接近开关的
电路图形符号

有三对，直流接触器通常是两对。机床上应用比较多的是交流接触器，其常用型号有 CJ0、CJ10、CJ12 和 CJ12B 系列。接触器外形如 4-15 所示。

交流接触器的结构示意图如图 4-16 所示，当接触器的绕组接通电流时，铁心

图 4-15　接触器外形

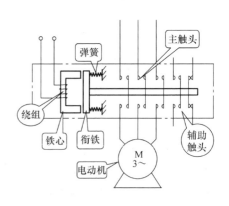

图 4-16　交流接触器的结构示意图

产生磁场，将衔铁吸合。衔铁带动触头系统动作，主触头闭合，从而接通强电电路。同时常开触点闭合、常闭触点断开，在控制回路中起自锁和互锁等作用。当接触器的绕组断电时，电磁力消失，衔铁在反作用力弹簧的作用下释放，触点系统复位。

由于主触头在断开大电流时，在动、静触点之间容易产生强烈的电弧，会烧坏触点并使切断时间延长，为使接触器可靠的工作，一般接触器设置有灭弧装置。

接触器的图形符号如图 4-17 所示，文字符号为 KM。

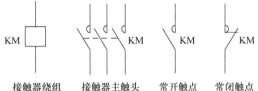

图 4-17　接触器的图形符号

由于接触器的主要控制对象是电动机，因而电动机的起、停，正、反转动作与接触器就有直接关系，在诊断中应予以注意。尤其是频繁使用的老机床或闲置很久的机床，必须注意接触器的检查与定期维修。

对接触器的维护要求一般为：

1）定期检查交流接触器的零件，要求可动部位灵活，紧固件无松动。

2）保持触点表面的清洁，不允许粘有油污。当触点表面因电弧烧烛而附有金属小珠粒时，应及时去掉。触点若已磨损，应及时调整，以消除过大的超程。触点厚度只剩下 1/3 时，应及时更换。银和银合金触点表面因电弧作用而生成的黑色氧化膜不必锉去，因为这种氧化膜的接触电阻很低，不会造成接触不良，锉掉反而会缩短触点寿命。

3）接触器不允许在去掉灭弧罩的情况下使用，因为这样很可能发生短路事故。

4）若接触器已不能修复，应予以更换。更换前应检查接触器的铭牌和绕组标牌上标出的参数。换上去的接触器的有关数据应符合技术要求。有些接触器还需检查和调整触点的开距、超程、压力等，使各个触点的动作同步。

接触器常见故障现象及诊断如表 4-2 所示。

表 4-2　接触器常见故障现象及诊断

故障现象	故障原因							
	电源电压	机械		电磁铁		主触头	负载效应	操作使用
		弹簧	机构	励磁绕组	铁心			
主触点不闭合	过低	锈住粘连、恢复弹簧变硬	铁心机械锈住或卡住	断线、绕组额定电压高于电源电压	铁心极面有油污、尘埃或气隙太大	—	—	—
绕组断电而铁心不释放		恢复弹簧损坏失效	机构松动、脱落或移位	—	工作气隙减小导致剩磁增大	—	—	使用超过寿命

（续）

故障现象	故障原因							
	电源电压	机械		电磁铁		主触头	负载效应	操作使用
		弹簧	机构	励磁绕组	铁心			
主触头不释放	回路电压过低	触头弹簧压力过小	—	—	—	熔焊、烧结、金属颗粒凸起	负载侧短路	频率过高或长期过载
电磁铁噪声大	过低	触头弹簧压力过大	铁心机械锈住或卡住	接线点接触不良	铁心短路环断裂	电磨损、接触不良	—	—
绕组过热或烧毁	过高或过低	—	—	匝间短路	—	—	—	操作频率过高

注：1. 直流接触器，分断电路时拉弧大，易造成主触头电磨损。

2. 交流接触器的绕组易烧毁，并出现断电后由于剩磁而不释放，辅助触头不可靠；电磁铁的分磁环易断裂。

3. 操作频率，是指每小时允许的操作次数。目前有 300 次/h、600 次/h 和 200 次/h 等不同接触器。接触器的机械寿命很高，一般可达 1×10^7 次以上。而其电气寿命，与负载大小和操作频率有关，触头闭合频率高，就会缩短使用寿命，并使绕组与铁心温度升高。

2. 继电器

继电器是一种根据某种输入信号的变化接通、断开控制回路，实现控制目的的自动切换电器。继电器的输入信号可以是电流、电压等电学量，也可以是温度、速度、时间、压力等非电量，其输出一般是触点的动作。

继电器的种类很多，按照其输入信号的特性分为电压继电器、电流继电器、时间继电器、温度继电器、速度继电器等；按照其工作原理可分为电磁式继电器、感应式继电器、电动式继电器、热继电器和电子式继电器。在机床电器控制中经常用电磁式继电器和热继电器。

（1）电磁式继电器

电磁式继电器结构与工作原理和接触器相似，主要区别在于，接触器的主触头可以通过大电流，而继电器的触头一般只能通过小电流。所以，继电器更多用于控制电路中。

电磁式继电器又包括电流继电器、电压继电器、中间继电器等。

电流继电器的绕组串接到被测量的电路中，用于反映电路电流的变化。为了不影响电路的工作，电流继电器的绕组匝数少、导线粗、绕组阻抗小。它有欠电流继电器和过电流继电器两种。

电压继电器结构与电流继电器相似，不同的是电压继电器是将其绕组并联到电路中用以反映被测电路的电压值，所以其绕组的匝数多、导线细、阻抗大。

中间继电器实际上是电压继电器的一种，但是它的触点数量多（六对或更多），触点的电流容量大（一般为 5～10A），动作灵敏。其主要用途是当其他继电器的触点数或者触点容量不够时，可借助中间继电器来扩大他们的触点数或触点容量。

电磁式继电器的电路符号及文字表示如图 4-18 所示。

（2）热继电器

热继电器是利用电流的热效应原理来保护电动机，使之免受长期过载的危害。

热继电器主要由发热元件、双金属片和触点三部分组成。热继电器外形如图 4-19 所示，结构示意图如图 4-20 所示。发热元件接入电动机主电路，若长时间过载，双金属片被烤热。因双金属片的下层膨胀系数大，使其向上弯曲，扣板被弹簧拉回，常闭触头断开。

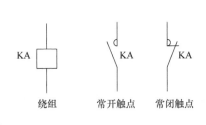

图 4-18　电磁式继电器的电路符号及文字表示

图 4-19　热继电器外形

当电路短路时，由于热惯性，热继电器不能立即动作使电路立即断开，因此不能做到短路保护。同理，在电动机起动或短时过载时，热继电器也不会动作，这样可避免电动机不必要的停车。

热继电器的图形及文字符号如图 4-21 所示。

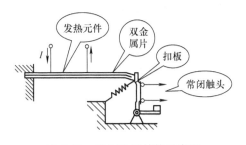

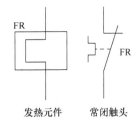

图 4-20　热继电器结构示意图

图 4-21　热继电器的图形表示及文字符号

热继电器常见故障现象及诊断：

对于热继电器，产生不动作与误动作的原因可从控制输入、机构与参数、负载效应等几方面来分析。若电动机已严重过载，则热继电器不动作的原因如下：

1）电动机的额定电流选择得太大，造成受载电流过大。

2）整定电流调节太大，造成动作滞后。

3）动作机构卡死，导板脱出。

4）发热元件烧毁或脱焊。影响因素有：操作频率过高；负载侧短路；阻抗太大使电动机起动时间过长而导致过流。

5）控制电路不通。影响因素有：自动复位的热继电器中调节螺钉未调在自动复位位置上；手动复位的热继电器在动作后未复位；动断开关接触不良，如触头表面有污垢；弹性失效。

热继电器误动作的可能原因，与发热元件的温度不正常有关。

1）环境温度过高，或受强烈的冲击振动。

2）调试不当，整定电流太小。

3）使用不当，操作频率过高，使电流热效应大，造成提前动作。

4）负载效应。阻抗过大（如接线不良）、电动机起动时间过长，产生大电流热效应，造成提前动作。

5）维修不当。维修后，连接导线过细，导热性差，造成提前动作，或者连接导线过粗，造成滞后动作。

由此可见，单独使用热继电器作为过载保护电器是不可靠的。热继电器必须与其他的短路保护器（熔断器、断路器与漏电保护装置）一起使用。通常采用一种三相、带断相保护的组合型的热继电器。

（3）中间继电器

中间继电器用于继电保护与自动控制系统中，以增加触点的数量及容量。它用于在控制电路中传递中间信号。中间继电器的结构和原理与交流接触器基本相同，与接触器的主要区别在于：接触器的主触头可以通过大电流，而中间继电器的触头只能通过小电流。所以，它只能用于控制电路中。它一般是没有主触点的，因为过载能力比较小。所以它用的全部都是辅助触头，数量比较多。新国标对中间继电器的定义是 KA。一般是使用直流电源供电，少数使用交流供电。中间继电器外形如图 4-22 所示，中间继电器的图形符号及文字表示如图 4-23 所示。

绕组　　　　常开触点　　常闭触点

图 4-22　中间继电器外形　　　图 4-23　中间继电器的图形符号及文字表示

绕组装在"U"形导磁体上，导磁体上面有一个活动的衔铁，导磁体两侧装有两排触点弹片。在非动作状态下触点弹片将衔铁向上托起，使衔铁与导磁体之间保持一定间隙。当气隙间的电磁力矩超过反作用力矩时，衔铁被吸向导磁体，同时衔铁压动触点弹片，使常闭触点断开、常开触点闭合，完成继电器工作。当电磁力矩减小到一定值时，由于触点弹片的反作用力矩，而使触点与衔铁返回到初始位置，准备下次工作。

中间继电器常见故障现象及诊断：

中间继电器，实质上是一种电磁式继电器，在数控机床的控制系统中用得很多。以它的通断来控制信号向控制元件的传递，控制各种电磁绕组的电源通断，并起欠压保护作用。由于它的触头容量较小，一般不能应用于主回路中。

这类继电器外壳上往往有复位键，用作解除它的自锁。所谓自锁，是指在电源电压突然下降又恢复时，中间继电器触点断开后不能自行再接触（绕组不能自行上电）的自我保护。所以，自锁现象的出现与电网不稳有关。

常见的电压型中间继电器要求的直流电压较低，如 DC 5V、DC 12V、DC 24V 与 DC 36V 等，一般来自于 PLC 输出板。因此，它往往取决于 PLC 输入/输出板的工作电压。

接触器工作于主电路或大电流高电压控制电路。中间继电器则有所不同，中间继电器所在的控制电路特点是电压较低与电流较小。因此，中间继电器不易出现触头的烧结与熔焊、绕组的烧毁，机构的损坏与失效也较少。引起中间继电器故障的原因主要是触头氧化或闲置引起的锈蚀而导致接触不良、绕组的断路与短路、绕组接线点的连接与接触不良等。

中间继电器往往可具有多对触头，从而可同时控制几个电路。在常用触头及机构故障时，往往可以利用冗余的触头副来代替，而不必更换整个继电器。在 PLC 的 I/O 板上往往有多个相同的中间继电器回路可互相替代，这在现场维修中是十分便利的。另外，中间继电器无其他要求，只要在零压时能够可靠释放即可。

4.2.4　常用的执行电器

执行电器是作为控制电路输出的负载。执行电器一般包括电动机、电磁抱闸制动、电磁阀和电磁离合器。执行电器必须通过接触器或继电器的触头来通断它们的电源。

1. 电磁抱闸制动

（1）工作原理

电磁抱闸制动经常用于数控机床的运动轴的制动中，图 4-24 所示的电磁制动控制线路可用来说明这种制动的工作原理。

当按下起动键 SB2 后，经熔断器与热继电器，接触器 KM 绕组先得电而使其触头闭合，电磁抱闸 YB 电磁铁绕组得电，衔铁被铁心吸合，与衔铁连接的杠杆反抗弹簧力而提起，使其上的闸瓦松开制动轮，完成制动释放。然后接触器 KM 绕组得电，电动机 M 得电起动。反之，按下停止键 SB1 后，接触器 KM 绕组失电使触头断开，KM 绕组失电，电动机断电；同时，电磁抱闸 YB 电磁铁绕组失电，铁心失磁释放衔铁，在弹簧力作用下杠杆带回闸瓦，抱住电动机轴上的制动轮，完成抱闸动作（如图 4-24 所示）。

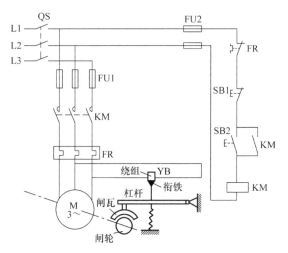

图 4-24　电磁制动控制线路及工作原理

（2）常见故障现象及诊断

1）轴不能起动。应该考虑到制动没有释放。其外因可能是各励磁绕组的失电或欠压；其内因可能是各励磁绕组断路或短路、熔断器熔断、热继电器的失效误动作、接触器或按钮开关的失效不动作、机构锈死与弹簧失效使制动轮不能松开等。

2）当轴不能制动或制动滞后，除考虑轴不能起动时的故障原因外，还需考虑闸瓦与制动轮磨损问题，是否有油污浸入或间隙过大等。另外，励磁绕组的短路故障还会引起系统断电。

2. 电磁阀

在数控机床中，电磁阀广泛地应用于刀架移动、主轴换刀以及工作台交换等的液压或气动控制系统中。其外形如图 4-25 所示。

图 4-25　电磁阀外形

（1）类型和组成

按电源要求不同，电磁阀分为交流与直流两种。电磁阀主要是由阀芯（阀门）、电磁铁与反力弹簧组成。

（2）工作原理

电磁阀的工作原理是，电磁铁的励磁绕组得电，电磁力吸合衔铁，推动阀芯反抗弹簧弹力，在阀体内滑动；电磁铁的励磁绕组失电，弹簧恢复力推动阀芯作反向滑动。

励磁绕组的得电与失电，造成电磁铁对一定间隙内衔铁的吸合与放开，使弹簧压缩与张弛，从而推动阀芯的往返滑动。在阀芯往返的滑动中，开启与堵塞阀体上的不同油路通道，来进行阀门的开关动作，实现改变液流方向或通断油路。电磁阀本身励磁绕组电源的通断，是由接触器或继电器的触头动作来完成的，也就是说，电磁阀必须与接触器或继电器联合使用。

（3）常见故障现象及诊断

阀芯的磨损与润滑不良、电磁铁的励磁绕组短路或断路、弹簧的弹性失效，是电磁阀失效的内因；配合使用的接触器或继电器失效、工作电压供电不良与频繁使用、日常维护不当是电磁阀失效的外因。

3. 电磁离合器

（1）类型

电磁离合器也称为电磁联轴器，具有爪式与摩擦片式两种形式。摩擦片式离合器（见图4-26），是用表面摩擦方式来传递或隔离两根轴的转矩。

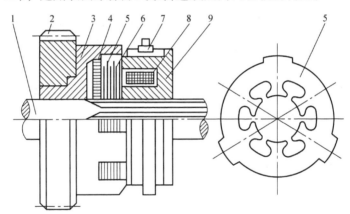

图4-26 摩擦片式离合器
1—主动轴 2—从动齿轮 3—套筒 4—衔铁
5—从动摩擦片 6—主动摩擦片 7—电刷与滑环 8—绕组 9—铁心

（2）工作原理

摩擦片式离合器的工作原理是直流电磁铁原理，是接触器或继电器动作，接通直流电源供电，经电刷通入到装于主动轴侧的励磁绕组，磁轭得磁，吸引（在一定间距内）从动轴侧的盘形衔铁克服弹簧阻力向主动轴的磁轭靠拢，并压紧在主动轴端面贴有的摩擦片环上，完成主、从动轴间的联合；直流电源断电，主、从两轴即分离。制动力或传递力矩大小，是通过可变电阻控制励磁绕组电流的大小来实现的。与可变电阻并联的电容（加速电容）可起到加速作用。

（3）常见故障现象及诊断

电磁离合器可能出现的故障是不能加速制动与不能制动。摩擦片式离合器，一般应用于主轴制动中，作为制动离合器。分析摩擦片式离合器的工作原理与组成器件的特点，也就清楚了其常见故障原因。这些组件应该是定期维修的内容。

轴不转故障，实际上是一种"无输出"现象。以"轴"作为独立单元来分析，"制动力"是它的一种"负输入"，电动机的拖动力是"正输入"。因此，如果出现轴不转故障，应该了解故障轴是否使用制动装置，是怎样的装置，并进行观察检查。

4.3 数控机床电源维护及故障诊断

数控机床的电源装置通常由电源变压器、机床控制变压器、断路器、熔断器和开关电源等组成。通过电源配置提供给数控机床各种电源，以满足不同负载的要求。电网电压波动，负载对地短路均会影响到电源的正常供电。

4.3.1 电源配置

数控机床从供电线路上取得电源后，在电器的控制柜中进行再分配，根据不同的负载性质和要求，提供不同容量的交、直流电压。图 4-27 是 MITSUBISHI 公司 MELDAS50 系列 CNC 系统及伺服驱动的电源配置。

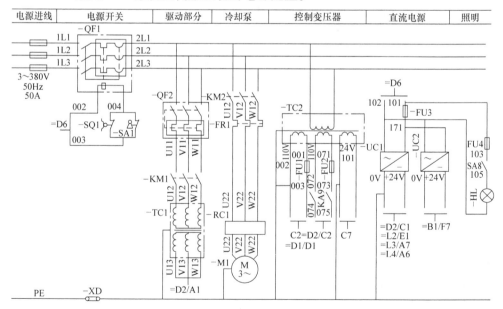

图 4-27　MELDAS50 系列 CNC 系统及伺服驱动的电源配置

在电源开关部分，三相 380V50Hz 交流电源经断路器 QF1 接入系统，分别转换成驱动部分电源、冷却泵电源、控制变压器电源、直流电源和照明电源。

主电源开关 QF1 采用断路器，相当于刀开关、熔断器和热继电器的组合，是一种既有手动开关作用又能自动过载和断路保护的电器，它的大小要根据数控机床的总负荷容量来选择。在原理图 4-27 中，断路器 QF1 下面有两个开关，一个是行程开关 SQ1，另一个是带钥匙的手动开关 SA1。SQ1 安装在电器的控制柜门上，机床正常工作时是闭合的，SQ1 两端 003 号线与 004 号线断开。当控制门打开，SQ1 两端的 003 号线和 004 号线接通。图中 002 号线与 004 号线之间将有 100V 的交流电压，通过电源开关 QF1 上的保护装置使 SQ1 自动断开，这样起到安全保护作用，操作人员在开动机床前，首先用钥匙打开 SA1，断开 003 号线与 004 号线之间的连线，使电源开关 QF1 保护装置失效，才能合上 QF1，这样可避免其他人员误操作，造成机床损坏。因此，维修人员在打开控制柜门进行故障检查时，要采取必要的措施。

在驱动部分，由断路器 QF2 和变压器 TC1 将三相交流 380V 电源变换为三相交流 200V 电源。TC1 是隔离变压器，其作用一是变换交流电压，满足主轴和进给伺服驱动单元电源电压要求；二是进行电源隔离，防止高频信号干扰，图中接触器 KM1 控制向主轴和进给伺服驱动单元输送电能。隔离变压器功率大小根据主轴和进给伺服驱动负荷容量来选择，有的数控机床在隔离变压器内安装过热检测元件，若检测温度超过规定值，数控系统会报警并使机床停止运转。

在控制变压器部分，TC2 将单相 220V 电源变换为三组单相交流电压：110V、110V 和 24V。交流 110V 电压用于数控机床强电电路中交流接触器绕组控制，例如：电源开关部分、断路器 QF1 保护装置的绕组电压。交流 110V 电压，即 072 号线与 073 号线之间的电压，用于 CNC 装置及显示器的电源。有的机床还加装滤波器，防止电源电压对 CNC 装置及显示器产生干扰。交流 24V 是直流电源的输入端。图中继电器 KA9 控制向 CNC 装置及显示器输送电能。

在直流电源部分，考虑整流器容量以及避免干扰对 I/O 信号的影响，将直流 +24V 电源分为两路输出。整流器 UC1 输出的直流电压作为机床操作面板指示灯显示电压。整流器 UC2 输出的直流电压提供给中间继电器绕组、接近开关、各类按钮和行程开关。由于多个负载共用 UC2 输出的直流电压，因此若其中一个负载对地短路，会引起其他负载不能正常工作，这是电源最容易发生的故障，维修时采用逐个分离排除法。

在冷却泵部分，冷却泵由接触器 KM2 进行控制，FR1 用于冷却泵的过载保护。RC1 是阻容吸收器，防止冷却泵起、停时对外界的干扰。照明电源是交流 24V 安全电压，通过照明开关 SA8 控制。

熔断器在供配电线路中作为断路保护，当通过熔断器的电流大于熔断器的额定值时，它产生的热量使熔体熔化自动分断电路。数控机床的配电线路中常用螺旋式熔断器和扳动式熔断器，有的熔断器上有指示器，观察指示器可以发现是哪个熔体熔断。在上述电源配置电路图中有 FU1、FU2、FU3、FU4 熔断器，这些熔断器的电流等级是不一样的，更换时要合理选择，避免过电流引起线路发热或损坏其他器件。

4.3.2　数控机床的抗干扰

数控装置和计算机的故障大部分来自电源的噪声和电磁干扰。为了有效地抑制干扰，必须清楚干扰的来源及其传播途径，有针对性地运用抗干扰措施。

1. 数控机床的干扰源

（1）外界电磁干扰

电火花、高频电源、高频感应加热及高频焊接等设备会产生强烈的电磁波，这种高频辐射能量通过空间传播，如果数控系统受到这种强电磁波的干扰，数控机床不能正常工作。

（2）供电线路干扰

数控系统对输入电压范围有严格要求，特别是国外的数控系统对电源的要求更高，过电压或欠电压都会引起电源电压监控报警而停机。如果供电线路受到干扰，产生的高频谐波失真，使50Hz基波的频率与相位产生飘移，将引起数控系统工作不稳定。

供电线路的另一种干扰是大电感量负载引起的。电感是储能元件，在断电时要把存储的能量释放出来。由于自感电动势很大，在电网中会形成高峰尖脉冲，这种干扰脉冲频域宽、峰值高、能量大、干扰严重。这类干扰脉冲变化迅速，可能不会引起电源监控的报警，一旦干扰脉冲通过供电线路窜入数控系统，会引起错误信息，导致 CPU 停止运行，甚至造成数控系统参数丢失，机床运行瘫痪。

（3）传输线路干扰

数控机床电气控制信号在传递的过程中受到外界干扰，根据其作用方式与有用信号的关系，可分为差模干扰和共模干扰。差模干扰通过泄漏电阻、公共阻抗耦合及供配电路回路产生干扰。干扰电压对双输入信号线的干扰大小相等，相位相同时称为共模干扰。一般来讲，数控系统的共模抑制比都较高，所以共模干扰对系统的影响不大。但数控系统的电路中有些双输入端出现不平衡时，共模电压的一部分将转换为差模干扰电压。

2. 数控机床常用的抗干扰措施

干扰的形成必须同时具备干扰源、干扰途径及对干扰敏感的接收电路三个条件，因此可采取消除或抑制干扰源、破坏干扰途径及削弱接收电路等具体措施。

首先要减少供电线路干扰。数控机床要远离中频、高频及焊接等电磁辐射强的电器设备，避免和起动频繁的大功率设备共用一条动力线，最好采用独立的供电动力线。在电网电压变化较大的地区，数控机床要使用稳压器。在电缆线敷设时，动力线和信号线一定要分离，信号线采用屏蔽双绞线，以减少电磁场耦合干扰。特别注意，在数控机床中若主轴采用变频器调速，机床中的控制线要远离变频器。

其次，针对数控机床电气控制系统，常用如下的抗干扰措施。

（1）压敏电阻保护

压敏电阻是一种非线性过电压保护元件，对干扰电路的瞬变、尖峰等干扰起一定的抑制作用。压敏电阻漏电电流很小，高压放电时通过电流能力较大且能重复利用。

（2）阻容吸收保护

电动机起动与停止时，会在电路中产生浪涌或尖峰等干扰，影响数控系统和伺服系统的正常工作。为了消除干扰，在电路中加上阻容吸收器件，如图4-27所示，冷却泵电动机输入端 RC1 就是阻容吸收器件。交流接触器的绕组两端，主回路之间通常也要接入阻容吸收器件，有些交流接触器配备有标准的吸收器件，可以直接插入接触器规定的部位。这些电路由于接入阻容吸收器件，改变了电感元件线路阻抗，抑制电路产生干扰噪声。

需要注意的是，因为变频器输出端是高频谐波，所以变频器与电动机之间的连线不可加入阻容吸收回路，否则会损坏变频器。

（3）续流二极管保护

在数控机床电器保护中，直流继电器电磁绕组、电磁阀电磁绕组等必须加装二极管进行续流保护。因为电感元件在断电时绕组中将产生较大的自感电动势，在电感元件两端并联一个续流二极管，释放绕组断电时产生的感应电动势，可减少绕组感应电动势对控制电路的干扰，同时对晶体管等驱动元件进行保护。与 KA1 继电器绕组并联的二极管称为续流二极管，有些厂家的直流继电器已将续流二极管并接在绕组两端，为使用安装带来了方便。

3. 数控机床的屏蔽技术

利用金属材料制成屏蔽罩，将需要防护的电路或线路包在其中，根据高频电磁场在屏蔽导体内产生涡流效应，一方面消耗电磁场能量，另一方面涡流产生反磁场抵消高频干扰磁场，可以防止电场和磁场的耦合干扰。屏蔽可以分为静电屏蔽、电磁屏蔽和低频屏蔽三种。通常使用的信号线是铜质网状屏蔽电缆，或将信号线穿在铁质蛇皮管或普通铁管内，都能达到电磁屏蔽和低频屏蔽的目的。数控装置的铁质外壳接地，同时起到静电屏蔽和电磁屏蔽的作用。

4. 数控机床的接地方法

数控机床安装时的"接地"有严格的要求，如果数控装置、电控柜等设备不能按照使用手册要求接地，一些干扰会通过"地线"这条途径对机床起作用，所以有的数控机床采用单独敷设接地体和接地线，提高抗干扰能力。数控机床的地线系统有如下三种。

1）信号地。用来提供电信号的基准电位。

2）框架地。是防止外部干扰和内部干扰，它是控制面板、系统装置外壳和各装置之间的连接线。

3）系统地。是将框架地和大地相连接。

图 4-28 是数控机床的地线系统。图 4-29 为数控机床实际接地的方法，图 4-29a 是将所有金属部件连在一点上的接地方法，图 4-29b

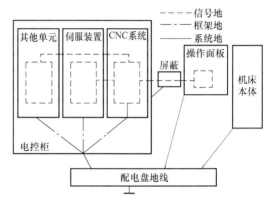

图 4-28　数控机床的地线系统

的接地方法是设置两个接地点，把主接地点和第二接地点用截面积足够大的电缆连接起来。

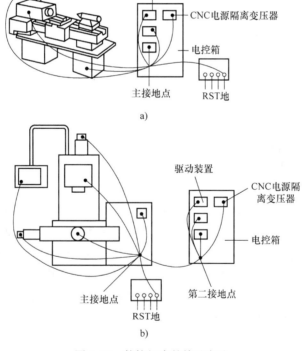

a)

b)

图 4-29　数控机床的接地方法
a) 一点接地　b) 两点接地

第5章

输入/输出模块的故障诊断

在数控机床中，系统除了对各坐标轴的位置进行连续控制外，还需要对诸如主轴正转和反转、起动和停止、刀库及换刀机械手控制、工件夹紧松开、工作台交换、液压与气动、冷却和润滑等辅助动作进行顺序控制。顺序控制的信息主要是输入/输出控制，如控制开关、行程开关、压力开关和温度开关等输入元件，继电器、接触器和电磁阀等输出元件；同时还包括主轴驱动和进给伺服驱动的使能控制和机床报警处理等。现代数控机床一般均采用可编程序控制器（PLC）来完成上述功能。由于 PLC 在数控机床中的特殊作用，FANUC 系统中将这一功能模块称为可编程序机床控制器（PMC）。

5.1 数控机床 PLC 的功能

数控系统内部处理的信息大致可分为两大类：一是控制坐标轴运动的连续数字信息，这种信息主要由 CNC 系统本身去完成；另一类是控制刀具更换、主轴起动停止、换向变速、零件装卸、冷却液的开停和控制面板、机床面板的输入输出处理等离散的逻辑信息，这些信息一般用可编程序控制器来实现。数控装置、PLC、机床之间的关系如图 5-1 所示。

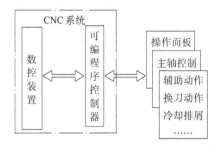

图 5-1　数据装置、PLC、机床之间的关系

PLC 在 CNC 系统中是介于 CNC 装置与机床之间的中间环节。它根据输入的离散信息，在内部进行逻辑运算并完成输出功能。数控机床 PLC 的形式有两种：一是采用单独的 CPU 完成 PLC 功能，即配有专门的 PLC。如果 PLC 在 CNC 的外部，则称为外装型 PLC（或称作独立型 PLC）。采用独立型 PLC 的 CNC 系统结构如图 5-2 所示。二是采用数控系统与 PLC 合用一个 CPU 的方法，PLC 在 CNC 内部，称为内装型 PLC（或称作集成式 PLC）。采用

137

内装式 PLC 的 CNC 系统结构如图 5-3 所示。

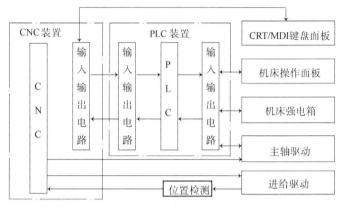

图 5-2　独立型 PLC 的 CNC 系统框图

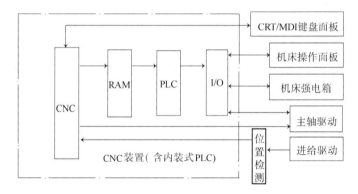

图 5-3　内装式 PLC 的系统框图

PLC 在现代数控系统中的有着重要的作用，综合来看主要由以下几个方面的功能：

1. 机床操作面板控制

将机床操作面板上的控制信号直接送入 PLC，以控制数控系统的运行。

2. 机床外部开关输入信号控制

将机床侧的开关信号送入 PLC，经逻辑运算后，输出给控制对象。这些控制开关包括各类按钮开关、行程开关、接近开关、压力开关和温控开关等。

3. 输出信号控制

PLC 输出的信号经强电柜中的继电器、接触器，通过机床侧的液压或气动电磁阀，对刀库、机械手和回转工作台等装置进行控制，另外还对冷却泵电动机、润滑泵电动机及电磁制动器等进行控制。

4. 伺服控制

控制主轴和伺服进给驱动装置的使能信号，以满足伺服驱动的条件。通过驱动装置，驱动主轴电动机、伺服进给电动机和刀库电动机等。

5. 报警处理控制

PLC 收集强电柜、机床侧和伺服驱动装置的故障信号，报警标志区中的相应报警标志位会置位，数控系统便显示报警号及报警文本，以方便故障诊断。

6. 软盘驱动装置控制

有些数控机床用计算机软盘取代了传统的光电阅读机。通过控制软盘驱动装置，实现与数控系统进行零件程序、机床参数、零点偏置和刀具补偿等数据的传输。

7. 转换控制

有些加工中心的主轴可以立/卧转换，当进行立/卧转换时，PLC 完成下述工作：

1）切换主轴控制接触器。

2）通过 PLC 的内部功能，在线自动修改有关机床数据位。

3）切换伺服系统进给模块，并切换用于坐标轴控制的各种开关、按键等。

不同厂家生产的数控系统中或同一厂家生产的不同数控系统中的 PLC 的具体功能与作用有所区别，在进行数控系统故障诊断时一定要具体分析、具体对待。熟练掌握相应数控系统中 PLC 的功能、结构、线路连接及编程是进行数控系统故障诊断的基本要求之一。

5.2 常用数控系统的 PLC 状态的监控方法

现代数控机床使用的数控系统基本上都有 PLC 输入输出状态显示的功能，如 SIEMENS 810 系统的 DIAGNOSIS（诊断）菜单下的 PLC STATUS（PLC 状态）功能、FUNAC 0 系统的 DGNOS PROGRAM（诊断参数）软件菜单下的 PMC 状态显示功能、日本 MITSUBISHI 公司 MELDAS L3 系统 DIAGN（诊断）菜单下的 PLC—I/F 功能、日本 OKUMA 系统的 CHECK DATA（检查数据）功能等。利用这些功能，可直接再现观察 PLC 的输入输出的瞬时状态。这些状态显示对诊断数控机床的很多故障是非常便利的。

5.2.1 SIEMENS 系统的 PLC 状态显示功能

1. 利用机床数控系统监控 PLC 状态

SIEMENS 数控系统的 PLC 状态变化可以通过数控系统的 DIAGNOSIS（诊断）功能进行监视（以下以 SIEMENS 810 系统为例）。

在任何操作状态下，找到 DIAGNOSIS（诊断）功能。例如：在自动操作状态下，用菜单转换键 ⊟ 键和菜单扩展键 > 键，找到图 5-4 所示的画面，按 DIAG-

NOSIS（诊断）软键，进入如图 5-5 所示的诊断菜单。

AUTOMATIC				CH1	
%444	N0	L0	P0	NO	
SET VALUES		ACTUAL VALUES			
S1	0	S1	0	100%	
F	0.00M	F	0.00	100%	
ACTUAL	POSITION	DISTANCE	TO	GO	
X	700.00	X	0		
Z	219.00	Z	0		
TOOL OFFSET	SETTING DATA	DATA IN-OUT	PART PROGRAM	DIAG NOSIS	>

图 5-4　PLC 状态显示菜单（1）

AUTOMATIC				CH1	
%444	N0	L0	P0	NO	
SET VALUES		ACTUAL VALUES			
S1	0	S1	0	100%	
F	0.00M	F	0.00	100%	
ACTUAL	POSITION	DISTANCE	TO	GO	
X	700.00	X	0		
Z	219.00	Z	0		
NC ALARM	PLC ALARM	PLC MESSAGE	PLC STATUS	SW VERSION	>

图 5-5　DIAGNOSIS（诊断）菜单

在诊断（DIAGNOSIS）菜单中，按 PLC STATUS（PLC 状态）软键，进入 PLC 状态显示菜单，如图 5-6 所示。按 IW 软键进入 PLC 输入状态显示画面，可以实时显示 PLC 的输入状态；按 QW 软键进入 PLC 输出状态显示画面，可以实时显示 PLC 的输出状态。另外还可以检查标志位和数据位等的状态。

按图 5-6 所示"＞"键进入 PLC 状态显示扩展菜单，如图 5-7 所示。可显示定时器和计数器的实时状态。

在图 5-6 所示的 PLC 状态显示菜单中，按 IW（输入字）软键，进入 PLC 输入状态显示画面（见图 5-8），通过键盘上的方向键和翻页键，可以找到所要观察的 PLC 输入点的状态。

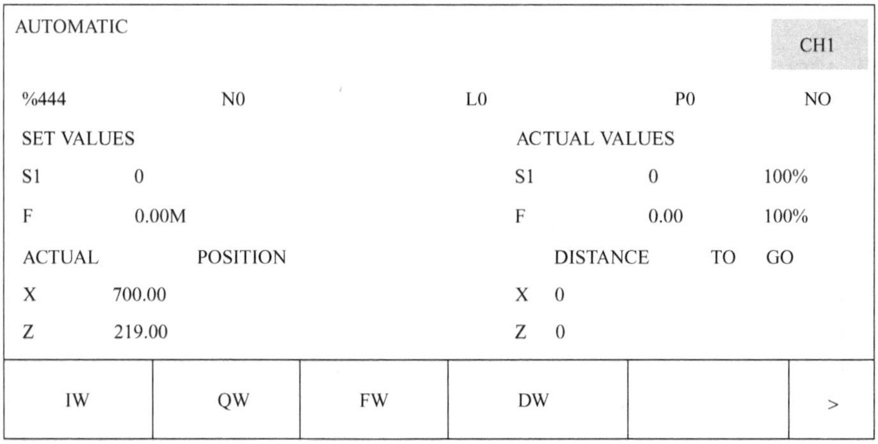

AUTOMATIC					CH1
%444	N0		L0	P0	N0
SET VALUES			ACTUAL VALUES		
S1 0			S1	0	100%
F 0.00M			F	0.00	100%
ACTUAL	POSITION		DISTANCE	TO	GO
X 700.00			X	0	
Z 219.00			Z	0	
IW	QW	FW	DW		>

图 5-6　PLC 状态显示菜单（2）

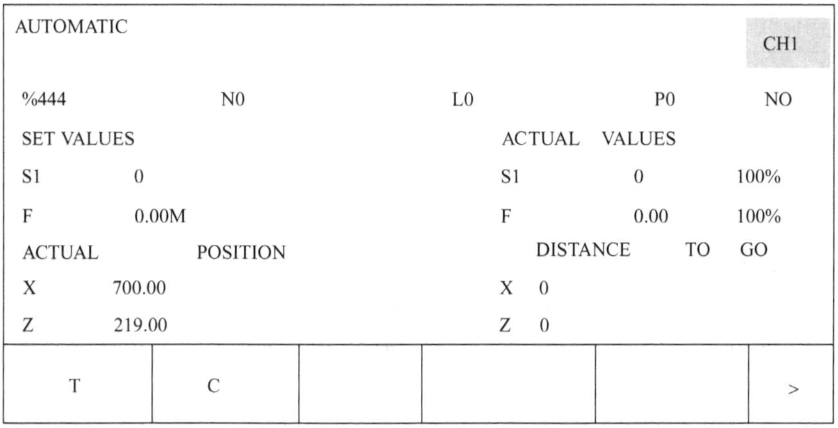

AUTOMATIC					CH1
%444	N0		L0	P0	N0
SET VALUES			ACTUAL VALUES		
S1 0			S1	0	100%
F 0.00M			F	0.00	100%
ACTUAL	POSITION		DISTANCE	TO	GO
X 700.00			X	0	
Z 219.00			Z	0	
T	C				>

图 5-7　PLC 状态显示扩展菜单

2. 利用机外编程器监控 PLC 状态

SIEMENS 数控系统的大都采用的是 S5 系列或者 S7 系列可编程序控制器。其可编程序控制器的运行状态可以由安装有编程软件的计算机进行实时监控。下面以 S7-200 可编程序控制器为例进行说明。

（1）所需工具与设备

1）一台 PC，要求 CPU 为 80586 以上，内存为 16MB 以上，硬盘 50MB 以上，安装有 STEP7-MICRO/WIN32 软件；或者是安装有 STEP7-MICRO/WIN32 的 SIEMENS 编程器。

2）一根 PC/PPI 连接电缆线。

（2）监控步骤与方法

```
AUTOMATIC                                                    CH1

PLC STATUS

          7 6 5 4 3 2 1 0                  7 6 5 4 3 2 1 0
IB0       0 0 1 1 0 0 0 1        IB1       0 0 1 0 1 1 1 1
IB2       0 1 0 1 0 1 0 1        IB3       0 0 1 0 1 0 1 0
IB4       0 1 1 1 0 1 1 1        IB5       1 0 1 0 1 0 1 0
IB6       1 0 0 1 0 1 0 1        IB7       0 0 1 0 1 0 1 0
IB8       0 1 0 1 0 1 0 1        IB9       1 0 1 0 1 0 1 1
IB10      0 1 0 1 1 1 1 1        IB11      1 1 1 0 1 0 1 0
IB12      0 0 1 0 0 1 0 1        IB13      0 0 1 0 1 1 1 0
IB14      0 0 0 1 0 1 0 1        IB15      1 1 1 0 1 0 1 0
IB16      0 0 0 1 0 1 1 1        IB17      0 0 1 0 1 0 1 1
IB18      1 0 0 0 0 1 0 0        IB19      1 0 1 0 1 0 1 0


    K M          K H          K F                            >
```

图 5-8   PLC 输入状态显示

1) 设置 PC/PPI 线缆上的 DIP 开关。在 DIP 开关上用 1、2、3 开关选择计算机所支持的波特率为 9600bit/s，用开关 4 选择 11 位，用开关 5 选择 DCE 模式。

2) 将 PC/PPI 线缆的 RS232 端（标有 PC）连接到计算机的串行通信口 COM1 或者 COM2。

3) 将 PC/PPI 线缆的 RS485（标有 PPI）连接到 CPU 的通信口。

PLC 与计算机的通信连接如图 5-9 所示。

4) 在计算机上安装 STEP7-MICRO/WIN32 编程软件（安装方法详见可编程序控制器编程手册）。进入编程环境，在菜单中选择 View->Communications->通信建立对话框"Communications Links"（见图 5-10）->双击 PC/PPI 电缆图标->PG/PC 接口对话框->选择属性"Properties"按钮->接口属性对话框"Properties-PC/PPI cable（PPI）"（见图 5-11），检查相关属性，并单击确定。

其中，在"PPI"按钮中：地址"Address"=0 表示 PC 的默认地址，通信速率"Transmission Rate"=9.6kbit/s。在"Local Connection"按钮中，检查 PC 连接通信口"1"或者"2"，然后确定。

5) 在 STEP7-MICRO/WIN32 编程软件的菜单"Debug->Programs Status"或工具条上的"Program Status"（程序状态）按钮，可启动在线监控程序的运行，如图 5-12 所示的状态监控界面。

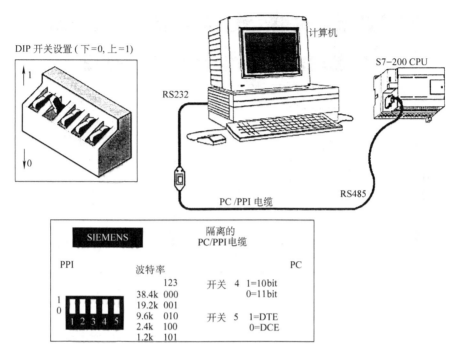

图 5-9 PLC 与计算机的通信连接

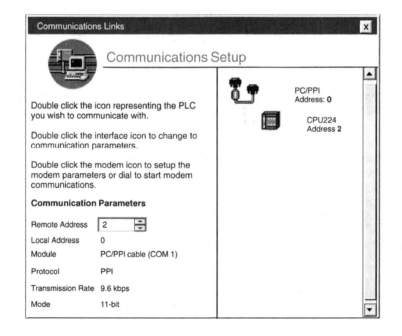

图 5-10 通信建立对话框

143

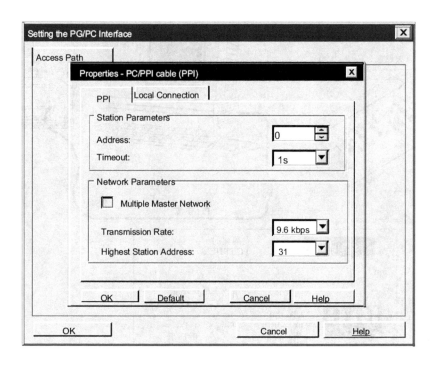

图 5-11 Properties-PC/PPI cable（PPI）接口属性对话框

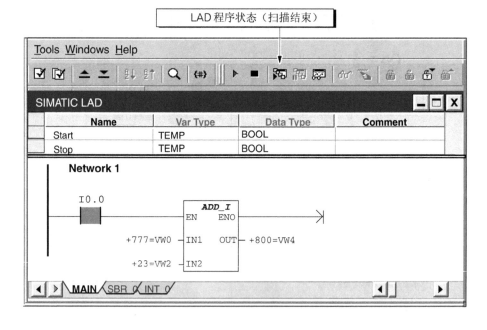

图 5-12 状态监控界面

5.2.2　FANUC 0 系统的 PMC 状态监控

FANUC 0 系统具有 PMC 状态显示功能，可以显示 PMC 输入/输出接口的实时状态。按系统面板右侧的"DGNOS PARAM"按键，系统进入诊断初始画面，如图 5-13 所示。

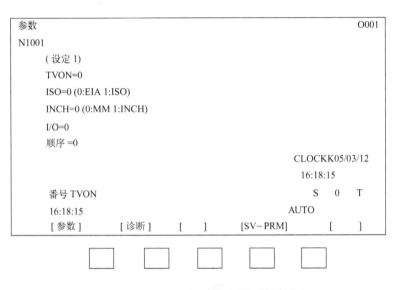

图 5-13　FANUC 0 系统诊断初始画面

按该画面最下一行［诊断］软键，或者再按一次"DGNOS PARAM"按键，进入 PMC 状态显示画面（见图 5-14），显示 20 个 PMC 状态字节。按面板右侧的上下箭头按键可以翻页，也可以用"No."键寻找所要观察的 PMC 的状态。FANUC 0 系统 PMC 中 X 代表 PMC 从机床侧接收的输入信号，Y 代表 PMC 到机床的输出信号，F 代表由 NC 向 PMC 的输出信号，G 代表 PMC 向 NC 的输出信号，R 是内部继电器，D 存储保持型存储器的数据。

操作方法 1：按功能键｜SYSTEM｜切换屏幕→按｜PMC｜软键，再按相应的软键，便可分别进入｜PMCLAD｜梯形图程序显示功能、｜PMCDGN｜PMC 的 I/O 信号及内部继电器显示功能、｜PMCPRM｜PMC 参数和显示功能。

应用实例：一台日本立式加工中心使用 FANUC 18i 系统，报警内容是 2086 ABNORMAL PALLET CONTACT（M/C SIDE），查阅机床说明书，意思是"加工区侧托盘着座异常"，检测信号的 PMC 地址是 X6.2。该加工中心的 APC 机构是双托盘大转台旋转交换式，观察加工区内堆积了大量的铝屑，所以判断是托盘底部堆积了铝屑，以至托盘底座气检无法通过。但此时报警无法消除，不能对机床作任何的操作。在 FANUC 系统的梯形图编程语言中规定，要在屏幕上显示某一条报警信

145

```
诊断                                                      O1001  N1001

   番号          数值              番号          数值

X 0 0 0 0    0 0 0 0 0 0 0 0     X 0 0 1 0   0 0 0 0 0 0 0 0

X 0 0 0 1    0 0 0 0 0 0 0 0     X 0 0 1 1   0 0 0 0 0 0 0 0

X 0 0 0 2    1 1 0 0 0 0 0 0     X 0 0 1 2   0 0 0 0 0 0 0 0

X 0 0 0 3    0 0 0 0 0 0 0 0     X 0 0 1 3   0 0 0 0 0 0 0 0

X 0 0 0 4    0 0 0 0 0 0 0 0     X 0 0 1 4   0 0 0 0 0 0 0 0

X 0 0 0 5    0 0 0 0 0 0 0 0     X 0 0 1 5   0 0 0 0 0 0 0 0

X 0 0 0 6    0 0 1 0 0 1 1 1     X 0 0 1 6   1 0 1 0 0 0 0 0

X 0 0 0 7    0 0 0 0 0 0 0 0     X 0 0 1 7   1 0 0 0 0 0 0 0

X 0 0 0 8    0 0 0 0 0 0 0 0     X 0 0 1 8   1 0 1 1 0 0 0 0

X 0 0 0 9    0 0 0 0 0 0 0 0     X 0 0 1 9   0 0 0 0 0 0 0 0


   番号 0000                                           S  0  T

   16:18:55                                 AUTO

 [ 参数 ]      [ 诊断 ]     [    ]     [SV-PRM]     [     ]
```

图 5-14   FANUC 0 系统 PMC 状态显示画面

息，要将对应的信息显示请求位（A 线圈）置为"1"，如果置为"0"，则清除相应的信息。也就是说，要消除这个报警，就必须使与之对应的信息显示请求位（A）置为"0"。按 | PMCDGN | → | STATUS | 进入信号状态显示屏幕，查找为"1"的信息显示请求位（A）时，查得 A10.5 为"1"。于是，进入梯形图程序显示屏幕 | PMCLAD |，查找 A10.5 置位为"1"的梯形图回路，发现其置位条件中使用了一个保持继电器的 K9.1 常闭点，此时状态为"0"。查阅机床维修说明书，K9.1 的含义是：置"1"为托盘底座检测无效。

故障排除：在 MDI 状态下，用功能键 | OFFSET SETTING | 切换屏幕，按 | SETTING | 键将"参数写入"设为"1"，再回到 | PMCPRM | 屏幕下，按 | KEEPRL | 软键进入保持型继电器屏幕，将 K9.1 置位为"1"。按报警解除按钮，这时可使 A10.5 置为"0"，便可对机床进行操作。将大转台抬起旋转 45°，拆开护板，果然有铝屑堆积，于是将托盘底部的铝屑清理干净。将 K9.1 和"参数写入"设回原来的值"0"。多次进行 APC 操作，再无此报警，故障排除。

操作方法 2：PMC 中的跟踪功能（TRACE）是一个可检查信号变化的履历，记录信号连续变化的状态，特别对一些偶发性的、特殊故障的查找、定位起着重要的作用。用功能键 | SYSTEM | 切换屏幕，按 | PMC | 软键→ | PMCDGN | → | TRACE | 可进入信号跟踪屏幕。

应用实例：某国产加工中心使用的是 FANUC 0i 系统。在自动加工过程中，NC 程序偶尔无故停止，上件端托盘已装夹好的夹爪自动打开（不正常现象），CNC 状态栏显示"MEM STOP ＊＊＊"，此时无任何报警信息，检查诊断画面，并未发现异常，按 NC 启动便可继续加工。经观察，NC 都是在执行 M06（换刀）时停止，主要动作是 ATC 手臂旋转和主轴（液压）松开/夹紧刀具。

故障排除：使用梯形图显示功能，追查上件侧的托盘夹爪（Y25.1）置为"1"的原因（估计与在自动加工过程中偶尔无故停止故障有关）。经查，怀疑与一加工区侧托盘夹紧的检测液压压力开关（X1007.4）有关。于是，使用 | TRACE | 信号跟踪功能，在自动加工过程中，监视 X1007.4 的变化情况。当 NC 再次在 M06 执行时停止，在 | TRACE | 屏幕上，跟踪到 X1007.4 在 CNC 无故停止时的一个采样周期从原来的状态"1"跳转为"0"，再变回"1"，从而确认该压力开关有问题。调整此开关动作压力，但故障依旧。于是将此开关更换，故障排除。事后分析，引起这个故障的原因是主轴松开/夹紧工具时，液压系统压力有所波动（在合理的波动范围内），而此压力开关作出了反应，以致造成在自动加工过程中，NC 程序偶尔无故停止的故障。

5.3　PLC 控制模块的故障诊断

5.3.1　PLC 故障的表现形式

当数控机床出现有关 PLC 方面的故障时，一般有三种表现形式：

1）故障可通过 CNC 报警直接找到故障的原因。

2）故障虽有 CNC 故障显示，但不能反映故障的真正原因。

3）故障没有任何提示。

对于后两种情况，可以利用数控系统的自诊断功能，根据 PLC 的梯形图和输入/输出状态信息来分析和判断故障的原因，这种方法是解决数控机床外围故障的基本方法。

5.3.2　PLC 控制模块的故障诊断方法与实例

一般来说，数控系统出现与 PLC 相关的故障时，PLC 自身出现故障的概率很小。因为 PLC 本身有自诊断程序和必要的抗干扰措施，出现程序存储错误、硬件错误的时候都能报警，而且，数控机床生产厂家在数控机床投入使用之前已经经过了详细的安装调试，所以 PLC 相关部分出现故障的时候一般不用去考虑 PLC 本身的程序错误，这些故障大多是外围接口信号的故障，也就是说，PLC 部分出现故障时要先从外部硬件元器件信号开始排查。

1. 根据报警号诊断故障

现代数控系统具有丰富的自诊断功能，能在 CRT 上显示故障报警信息，为用户提供各种机床状态信息，充分利用 CNC 系统提供的这些状态信息，就能迅速准确地查明和排除故障。

【例 5-1】 配备 SINUMERIK 820 数控系统的某加工中心，产生 7035 号报警，查阅报警信息为工作台分度盘不回落。

故障分析：在 SINUMERIK 810/820S 数控系统中，7 字头报警为 PLC 操作信息或机床厂设定的报警，指示 CNC 系统外的机床侧状态不正常。处理方法是，针对故障的信息，调出 PLC 输入/输出状态与拷贝清单对照。

工作台分度盘的回落是由工作台下面的接近开关 SQ25、SQ28 来检测的，其中 SQ28 检测工作台分度盘旋转到位，对应 PLC 输入接口 I10.6；SQ25 检测工作台分度盘回落到位，对应 PLC 输入接口 I10.0。工作台分度盘的回落由输出接口 Q4.7 通过继电器 KA32 驱动电磁阀 YV06 动作来完成。

从 PLC STATUS 中观察，I10.6 为"1"，表明工作台分度盘旋转到位，I10.0 为"0"表明工作台分度盘未回落。再观察 Q4.7 为"0"，KA32 继电器不得电，YV06 电磁阀不动作，因而工作台分度盘不回落，产生报警。

故障排除：手动 YV06 电磁阀，观察工作台分度盘是否回落，以区别故障是在输出回路还是在 PLC 内部。

【例 5-2】 某数控机床的换刀系统在执行换刀指令时不动作，机械臂停在行程中间位置上，CRT 显示报警号，查手册得知该报警号表示：换刀系统机械臂位置检测开关信号为"0"及"刀库换刀位置错误"。

故障分析：根据报警内容，可诊断故障发生在换刀装置和刀库两部分，由于相应的位置检测开关无信号送至 PLC 的输入接口，从而导致机床中断换刀。造成开关无信号输出的原因有两个：一是由于液压或机械上的原因造成动作不到位而使开关得不到感应；二是电感式接近开关失灵。

首先检查刀库中的接近开关，用一薄铁片去感应开关，以排除刀库部分接近开关失灵的可能性；接着检查换刀装置机械臂中的两个接近开关，一个是"臂移出"开关 SQ21，另一个是"臂缩回"开关 SQ22。由于机械臂停在行程中间位置上，这两个开关输出信号均为"0"，经测试，两个开关均正常。

机械装置检查："臂缩回"的动作是由电磁阀 YV21 控制的，手动电磁阀 YV21，把机械臂退回至"臂缩回"位置，机床恢复正常，这说明手控电磁阀能使换刀装置定位，从而排除了液压或机械上阻滞造成换刀系统不到位的可能性。

由以上分析可知，PLC 的输入信号正常，输出动作执行无误，问题在 PLC 内部或操作不当。经操作观察，两次换刀时间的间隔小于 PLC 所规定的要求，从而造成 PLC 程序执行错误引起故障。

对于只有报警号而无报警信息的报警，必须检查数据位，并与正常情况下的数据相比较，明确该数据位所表示的含义，以采取相应的措施。

【例5-3】配备FANUC 7数控系统的某数控机床，产生99号报警，该报警无任何说明。利用机床信息诊断，发现数据T6的第7位数据由"1"变"0"，该数据位为数控柜过热信号，正常时为"1"，过热时为"0"。处理方法：①检查数控柜中的热控开关；②检查数控柜的通风是否良好；③检查数控柜的稳压装置是否损坏。

2. 根据动作顺序诊断故障

数控机床上刀具及托盘等装置的自动交换动作都是按照一定顺序来完成的，因此，观察机械装置的运动过程，比较正常和故障时的情况，就可发现疑点，诊断出故障的原因。

【例5-4】某立式加工中心自动换刀故障。

故障现象：换刀臂平移到位时，无拔刀动作。

ATC动作的起始状态是：①主轴保持要交换的旧刀具；②换刀臂在B位置；③换刀臂在上部位置；④刀库已将要交换的新刀具定位。

自动换刀的顺序为：换刀臂左移（B→A）→换刀臂下降（从刀库拔刀）→换刀臂右移（A→B）→换刀臂上升→换刀臂右移（B→C，抓住主轴中刀具）→主轴液压缸下降（松刀）→换刀臂下降（从主轴拔刀）→换刀臂旋转180°（两刀具交换位置）→换刀臂上升（装刀）→主轴液压缸上升（抓刀）→换刀臂左移（C→B）→刀库转动（找出旧刀具位置）→换刀臂左移（B→A，返回旧刀具给刀库）→换刀臂右移（A→B）→刀库转动（找下把刀具）。

换刀臂平移至C位置时，无拔刀动作，分析原因，有几种可能：

1）SQ2无信号，使松刀电磁阀YV2未励磁，主轴仍处抓刀状态，换刀臂不能下移。

2）松刀接近开关SQ4无信号，则换刀臂升降电磁阀YV1状态不变，换刀臂不下降。

3）电磁阀有故障，给予信号也不能动作。

逐步检查，发现SQ4未发信号。进一步对SQ4检查，发现感应间隙过大，导致接近开关无信号输出，产生动作障碍。

3. 根据控制对象的工作原理诊断故障

数控机床的PLC程序是按照控制对象的工作原理来设计的，通过对控制对象工作原理的分析，结合PLC的I/O状态进行故障诊断是很有效的方法。

【例5-5】一台数控车床卡盘工件卡不上。

数控系统：日本OKUMA OSP7000L系统。

故障现象：这台机床一次出现故障，卡盘工作不正常，卡不住工件。

故障检查与分析：根据机床工作原理，卡盘的卡紧、松开是由电磁阀控制的，卡盘卡紧是 PLC 输出 OUT3 的位 3 "CHCLO" 控制的，松开是 PLC 输出 OUT3 的位 2 "CHOPO" 控制的。在手动操作方式下，试验卡盘的松开和卡紧，利用系统 CHECK DATA（检查数据）功能调用如图 5-15 所示的 PLC 状态显示画面。踩脚踏开关，信号 "CHCLO" 和 "CHOPO" 状态交替变化，说明 PLC 输出控制信号没有问题。检查卡紧电磁阀，发现绕组烧断。

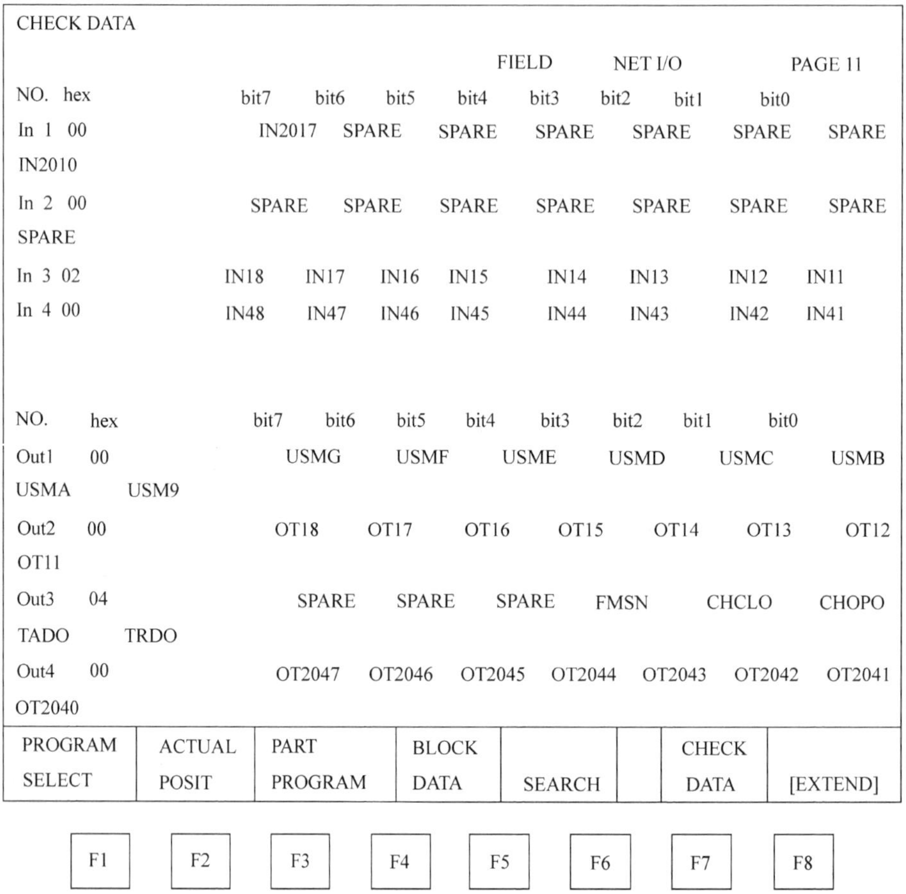

CHECK DATA									
			FIELD		NET I/O			PAGE 11	
NO.　hex	bit7	bit6	bit5	bit4	bit3	bit2	bit1	bit0	
In 1　00	IN2017	SPARE	SPARE	SPARE	SPARE	SPARE	SPARE		
IN2010									
In 2　00	SPARE	SPARE	SPARE	SPARE	SPARE	SPARE	SPARE		
SPARE									
In 3　02	IN18	IN17	IN16	IN15	IN14	IN13	IN12	IN11	
In 4　00	IN48	IN47	IN46	IN45	IN44	IN43	IN42	IN41	
NO.　　hex	bit7	bit6	bit5	bit4	bit3	bit2	bit1	bit0	
Out1　00	USMG	USMF	USME	USMD	USMC	USMB	USMA	USM9	
Out2　00	OT18	OT17	OT16	OT15	OT14	OT13	OT12	OT11	
Out3　04	SPARE	SPARE	SPARE	FMSN	CHCLO	CHOPO	TADO	TRDO	
Out4　00	OT2047	OT2046	OT2045	OT2044	OT2043	OT2042	OT2041	OT2040	

PROGRAM SELECT	ACTUAL POSIT	PART PROGRAM	BLOCK DATA	SEARCH		CHECK DATA	[EXTEND]

F1	F2	F3	F4	F5	F6	F7	F8

图 5-15　日本 OKUMA OSP7000L 的 PLC 状态显示

故障处理：更换电磁阀的电磁绕组，机床恢复正常工作。

【例 5-6】一台数控车床工件卡不上。

数控系统：FANUC 0TC 系统。

故障现象：踩下脚踏开关时，工件卡不上。

故障检查与分析：根据机床工作原理，第一次踩下脚踏开关时，工件应该卡紧；第二次踩下脚踏开关时，松开工件。脚踏开关接入 PMC 输入 X2.2，如图 5-16

所示。首先利用系统 PMC 状态显示功能检查 X2.2 的状态，按下 DGNOS PARAM 键后，进入图 5-17 所示的 PMC 状态显示画面。在踩下脚踏开关时，观察 PMC 输入 X2.2 的状态，一直为"0"，不发生变化，所以怀疑脚踏开关有问题。检查脚踏开关确实损坏。

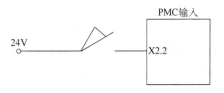

图 5-16　PMC 输入 X2.2 的连接图

故障处理：更换脚踏开关后，机床恢复正常工作。

```
诊断                                                          O1001 N1001

    番号          数值              番号          数值

  X 0 0 0 0   0 0 0 0 0 0 0 0   X 0 0 1 0   0 0 0 0 0 0 0 0

  X 0 0 0 1   0 0 0 0 0 0 0 0   X 0 0 1 1   0 0 0 0 0 0 0 0

  X 0 0 0 2   0 0 0 0 0 0 0 0   X 0 0 1 2   0 0 0 0 0 0 0 0

  X 0 0 0 3   0 0 0 0 0 0 0 0   X 0 0 1 3   0 0 0 0 0 0 0 0

  X 0 0 0 4   0 0 0 0 0 0 0 0   X 0 0 1 4   0 0 0 0 0 0 0 0

  X 0 0 0 5   0 0 0 0 0 0 0 0   X 0 0 1 5   0 0 0 0 0 0 0 0

  X 0 0 0 6   0 0 0 0 0 1 1 1   X 0 0 1 6   1 0 1 0 0 0 0 0

  X 0 0 0 7   0 0 0 0 0 0 0 0   X 0 0 1 7   1 0 0 0 0 0 0 0

  X 0 0 0 8   0 0 0 0 0 0 0 0   X 0 0 1 8   1 0 1 1 0 0 0 0

  X 0 0 0 9   0 0 0 0 0 0 0 0   X 0 0 1 9   0 0 0 0 0 0 0 0

      番号  0000                              S    O   T

      11:25:59                          AUTO

  [参数]      [诊断]      [    ]      [SV-PRM]      [    ]
```

图 5-17　FANUC 0TC 系统 PMC 状态显示画面

【例 5-7】 配备 FANUC 0T 系统的某数控车床。

故障现象：当脚踏尾座开关使套筒顶尖顶紧工件时，系统产生报警。

故障分析：在系统诊断状态下，调出 PLC 输入信号，发现脚踏向前开关输入 X04.2 为"1"，尾座套筒转换开关输入 X17.3 为"1"，润滑油供给正常使液位开关输入 X17.6 为"1"。调出 PLC 输出信号，当脚踏向前开关时，输出 Y49.0 为"1"，同时，电磁阀 YV4.1 也得电，这说明系统 PLC 输入/输出状态均正常，分析尾座套筒液压系统。

当电磁阀 YV4.1 通电后，液压油经溢流阀、流量控制阀和单向阀进入尾座套筒液压缸，使其向前顶紧工件。松开脚踏开关后，电磁换向阀处于中间位置，油路停止供油，由于单向阀的作用，尾座套筒向前时的油压得到保持，该油压使压力继电器常开触头接通，在系统 PLC 输入信号中 X00.2 为"1"。但检查系统 PLC 输入信号 X00.2 则为"0"，说明压力继电器有问题，其触头开关损坏。

故障原因：因压力继电器 SP4.1 触头开关损坏，油压信号无法接通，从而造成 PLC 输入信号为"0"，故系统认为尾座套筒未顶紧而产生报警。

故障处理：更换新的压力继电器，调整触头压力，使其在脚踏向前开关动作后接通并保持到压力取消，故障排除。

【例 5-8】 配备 FANUC 0T 系统的数控车床，产生刀架奇偶报警，奇数位刀能定位，而偶数位刀不能定位。

从机床侧输入 PLC 信号中，刀架位置编码器有 5 根信号线，这是一个二进制的 8421 编码，它们对应 PLC 的输入信号为 X06.0、X06.1、X06.2、X06.3 和 X06.4。在刀架的转换过程中，这 5 个信号根据刀架的变化而进行不同的组合，从而输出刀架的奇偶位置信号。

根据故障现象分析，若刀架位置编码器最低位 #634 线信号恒为"1"时，即在二进制中第 0 位恒为"1"时，则刀架信号将恒为奇数，而无偶数信号，从而产生奇偶报警。

根据上述分析，将 PLC 输入参数从 CRT 上调出观察，当刀架回转时，X06.0 恒为"1"，而其余 4 根线的信号则根据刀架的变化情况或"0"或"1"，从而证实了刀架位置编码器发生故障。

4. 根据 PLC 的 I/O 状态诊断故障

在数控机床中，输入/输出信号的传递，一般都要通过 PLC 的 I/O 接口来实现，因此，许多故障都会在 PLC 的 I/O 接口这个通道上反映出来。数控机床的这种特点为故障诊断提供了方便，只要不是数控系统硬件故障，可以不必查看梯形图和有关电路图，直接通过查询 PLC 的 I/O 接口状态，找出故障原因。这里的关键是要熟悉有关控制对象的 PLC 的 I/O 接口的通常状态和故障状态。

【例 5-9】 一台数控车床加工时没有冷却。

数控系统：SIEMENS 810T 系统。

故障现象：在自动加工时，发现没有切削液喷淋。

故障检查与分析：在手动操作状态下，用手动按钮控制也没有切削液喷淋。根据机床控制原理（见图 5-18），机床的切削液

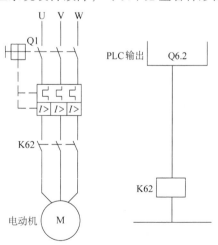

图 5-18 切削液电动机电气控制原理图

喷淋是通过 PLC 输出 Q6.2 控制切削液电动机的，切削液电动机带动冷却泵工作，产生流量和压力，进行喷淋。为了诊断故障，首先手动起动切削液电动机，利用系统 DIAGNOSIS 功能检查 PLC 输出 Q6.2 的状态（见图 5-19），发现"1"没有问题，接着检查 K62 也吸合了。因此怀疑切削液电动机有问题，对切削液电动机进行检查，发现绕组已经烧坏。

JOG				CH1
PLC STATUS				
	7 6 5 4 3 2 1 0		7 6 5 4 3 2 1 0	
QB0	0 0 1 1 0 0 0 1	IB1	0 0 1 0 1 1 1 1	
QB2	0 1 0 1 0 1 0 1	IB3	0 0 1 0 1 0 1 0	
QB4	0 1 1 1 0 1 1 1	IB5	1 0 1 0 1 0 1 0	
QB6	1 0 0 1 0 1 0 1	IB7	0 0 1 0 1 0 1 0	
QB8	0 1 0 1 0 1 0 1	IB9	1 0 1 0 1 0 1 1	
QB10	0 1 0 1 1 1 1 1	IB11	1 1 1 0 1 0 1 0	
QB12	0 0 1 0 0 1 0 1	IB13	0 0 1 0 1 1 1 0	
QB14	0 0 0 1 0 1 0 1	IB15	1 1 1 0 1 0 1 0	
QB16	0 0 0 1 0 1 1 1	IB17	0 0 1 0 1 0 1 1	
QB18	0 0 0 1 0 1 1 1	IB19	0 0 1 0 1 0 1 1	
KM	KH	KF		>

图 5-19　SIEMENS 810 系统 PLC 输出状态显示

故障处理：维修切削液电动机后，冷却系统恢复正常工作。

【例 5-10】某数控机床出现防护门关不上，自动加工不能进行的故障，而且无故障显示。

该防护门是由气缸来完成开关的，关闭防护门是由 PLC 输出 Q2.0 控制电磁阀 YV2.0 来实现。检查 Q2.0 的状态，其状态为"1"，但电磁阀 YV2.0 却没有得电。由于 PLC 输出 Q2.0 是通过中间继电器 KA2.0 来控制电磁阀 YV2.0 的，检查发现，中间继电器损坏引起故障，更换继电器，故障被排除。

另外一种简单实用的方法，就是将数控机床的输入/输出状态列表，通过比较通常状态和故障状态，就能迅速诊断出故障的部位。

【例 5-11】某数控机床故障现象为机床不能起动，但无报警信号。

这种情况大多由于机床侧的准备工作没有完成，如润滑准备、切削液准备等。查阅 PLC 有关的输入/输出接口，发现 I3.1 为"1"，其余均正常。从接口表看，正常状态是 I3.1 为"0"。检查压力开关 SP92，找到故障原因是滤油阀脏堵，造成油压增高。

【例5-12】某数控机床。故障现象为分度台旋转不停，但无报警号。查阅输出接口，发现输出 Q0.4 为"1"，Q0.7 为"1"，从接口表看，Q0.4 为"1"表明分度台无制动，Q0.7 为"1"表明分度台处于旋转状态。再检查输入接口，发现 I15.7 为"0"，其余正常，其原因是限位开关 SQ12 损坏。更换后，PLC 输入/输出均恢复正常，故障排除。

【例5-13】一台数控车床刀塔不旋转。

数控系统：日本 MITSUBISHI MELDAS L3 系统。

故障现象：这台车床一次出现故障，起动刀塔旋转时，刀塔不转，也没有报警显示。

故障检查与分析：根据刀塔的工作原理，刀塔旋转时，首先靠液压缸将刀塔浮起，然后才能旋转。观察故障现象，当手动按下刀塔旋转的按钮时，刀塔根本没有反应，也就是说，刀塔没有浮起。根据电气原理图（见图 5-20），PLC 的输出 Y4.4 控制继电器 K44 来控制电磁阀，电磁阀控制液压缸使刀塔浮起。首先通过系统 DIAGN 菜单下的 PLC-I/F 功能（见图 5-21），观察 Y4.4 的状态，当按下手动刀塔旋转按钮时，其状态变为"1"，没有问题。继续检查发现，是其控制的直流继电器 K44 的触头损坏了。

故障处理：更换新的继电器，刀塔恢复正常工作。

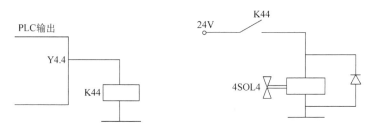

图 5-20　刀塔浮起控制原理图

5. 通过 PLC 梯形图诊断故障

根据 PLC 的梯形图来分析和诊断故障是解决数控机床外围故障的基本方法。用这种方法诊断机床故障首先应该搞清机床的工作原理、动作顺序和连锁关系，然后利用 CNC 系统的自诊断功能或通过机外编程器，根据 PLC 梯形图查看相关的输入/输出及标志位的状态，从而确认故障的原因。

【例5-14】配备 SINUMERIK 810 数控系统的加工中心，出现分度工作台不分度的故障且无故障报警。根据工作原理，分度时首先将分度的齿条与齿轮啮合，这个动作是靠液压装置来完成的，由 PLC 输出 Q1.4 控制电磁阀 YV14 来执行，PLC 梯形图如图 5-22 所示。

```
[PLC–I/F]                                                      DIAGN3
                              (SET DATAX0008=0001 Y0015=0000
                                    X000A=0001 D0005=0053)

PLC STATUS

         7 6 5 4 3 2 1 0   HEX         7 6 5 4 3 2 1 0    HEX
Y0040    0 0 0 1 0 1 0 0   1 4   D005  0 0 1 0 1 1 1 1    0 0
Y0048    0 0 1 1 0 0 0 1   3 1         0 1 0 1 0 0 1 1    5 3
Y0050    1 0 0 0 0 0 1 0   8 2   D006  0 0 0 0 0 0 0 0    0 0
Y0058    0 0 1 0 1 1 1 1   2 F         0 0 0 0 0 1 0 0    0 4
Y0060    0 0 0 0 0 0 0 0   0 0   D007  0 0 0 0 0 0 0 0    9 0
Y0068    0 1 0 1 0 1 0 1   0 0         1 0 0 0 0 1 0 0    8 4
Y0070    0 1 0 1 1 1 1 1   0 0   D008  0 0 0 0 0 0 1 0    0 2
Y0078    0 0 1 0 0 1 0 1   0 0         1 1 0 0 0 0 0 0    C 2

DEVICE          DATA      MODE              DEVICE        DATA
MODE
(      )     (      )   (      )         (      )    (      )   (      )


     ALARM        SERVO       PLC-IF        NC–SPC       MENU
```

图 5-21　MITSUBISHI MELDAS L3 系统 PLC 输出显示

通过数控系统的 DIAGNOSIS 功能中的 "STATUS PLC" 软键, 实时查看 Q1.4 的状态, 发现其状态为 "0", 由 PLC 梯形图查看 F123.0 也为 "0", 按梯形图逐个检查, 发现 F105.2 为 "0" 导致 F123.0 也为 "0"。根据梯形图, 查看 STATUS PLC 中的输入信号, 发现 I10.2 为 "0", 从而导致 F105.2 为 "0"。I9.3、I9.4、I10.2 和 I10.3 为四个接近开关的检测信号, 以检测齿条和齿轮是否啮合。分度

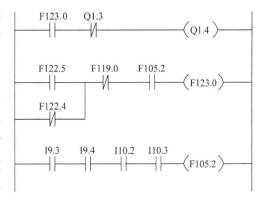

图 5-22　分度工作台 PLC 梯形图

时, 这四个接近开关都应有信号, 即 I9.3、I9.4、I10.2 和 I10.3 应闭合, 但发现 I10.2 未闭合。处理方法: ① 检查机械传动部分。② 检查接近开关是否损坏。

上述方法是在已知 PLC 梯形图的情况下, 通过 CNC 自诊断功能中的 PLC STATUS 来查看输入/输出及标志字, 以此来诊断故障。对 SIEMENS 数控系统, 也可通过机外编程器实时观察 PLC 的运行情况。

【例 5-15】某卧式加工中心出现回转工作台不旋转的故障。根据故障对象, 用

机外编程器调出有关回转工作台的梯形图。

根据回转工作台的工作原理，旋转时首先将工作台气动浮起，然后才能旋转，气动电磁阀 YV12 受 PLC 输出 Q1.2 的控制。因加工工艺要求，只有当两个工位的分度头都在起始位置，回转工作台才能满足旋转的条件，I9.7、I10.6 检测信号反映两个工位的分度头是否在起始位置，正常情况下，两者应该同步。F122.3 是分度头到位标志位。

从 PLC 的 PB20.10 中观察，由于 F97.0 未闭合，导致 Q1.2 无输出，电磁阀 YV12 不得电。继续观察 PB20.9，发现 F120.6 未闭合，导致 F97.0 低电平。向下检查 PB20.7，F120.4 未闭合引起 F120.6 未闭合。继续跟踪 PB20.3，F120.3 未闭合引起 F120.4 未闭合。向下检查 PB20.2，由于 F122.3 没满足，导致 F120.3 未闭合。观察 PB21.4，发现 I9.7、I10.6 状态总是相反，故 F122.3 总是"0"。

故障诊断：两个工位分度头不同步。处理方法：①检查两个工位分度头的机械装置是否错位。②检查检测开关 I9.7、I10.6 是否发生偏移。

6. 动态跟踪梯形图诊断故障

有些 PLC 发生故障时，查看输入/输出及标志状态均为正常，此时必须通过 PLC 动态跟踪，实时观察输入/输出及标志状态的瞬间变化，根据 PLC 的动作原理作出诊断。

【例 5-16】 配备 SINUMERIK 810 数控系统的双工位、双主轴数控机床。

故障现象：机床在 AUTOMATIC 方式下运行，工件在 1 工位加工完，2 工位主轴还没有退到位且旋转工作台正要旋转时，2 工位主轴停转，自动循环中断，并出现报警，且报警内容表示 2 工位主轴速度不正常。

两个主轴分别由 B1、B2 两个传感器来检测转速，通过对主轴传动系统的检查，没发现问题。用机外编程器观察梯形图的状态。F112.0 为 2 工位主轴起动标志位，F111.7 为 2 工位主轴起动条件，Q32.0 为 2 工位主轴起动输出，I21.1 为 2 工位主轴刀具卡紧检测输入，F115.1 为 2 工位刀具卡紧标志位。

在编程器上观察梯形图的状态，出现故障时，F112.0 和 Q32.0 状态都为"0"，因此主轴停转，而 F112.0 为"0"是由于 B1、B2 检测主轴速度不正常所致。动态观察 Q32.0 的变化，发现故障没有出现时，F112.0 和 F111.7 都闭合，而当出现故障时，F111.7 瞬间断开，之后又马上闭合，Q32.0 随 F111.7 瞬间断开其状态变为"0"，在 F111.7 闭合的同时，F112.0 的状态也变成了"0"，这样 Q32.0 的状态保持为"0"，主轴停转。B1、B2 由于 Q32.0 随 F111.7 瞬间断开测得速度不正常而使 F112.0 状态变为"0"。主轴起动的条件 F111.7 受多方面因素的制约，从梯形图上观察，发现 F111.6 的瞬间变"0"引起 F111.7 的变化，向下检查梯形图 PB8.3，发现刀具卡紧标志 F115.1 瞬间变"0"，促使 F111.6 发生变化，继续跟踪梯形图 PB13.7，观察发现，在出故障时，I21.1 瞬间断开，使 F115.1 瞬间变

"0"，最后使主轴停转。I21.1是刀具液压卡紧压力检测开关信号，它的断开指示刀具卡紧力不够。由此诊断故障的根本原因是刀具液压卡紧力波动，调整液压使之正常，故障排除。

综上所述，PLC故障诊断的关键是：

1）要了解数控机床各组成部分检测开关的安装位置，如加工中心的刀库、机械手和回转工作台，数控车床的旋转刀架和尾架，机床的气动、液压系统中的限位开关、接近开关和压力开关等，弄清检测开关作为PLC输入信号的标志。

2）了解执行机构的动作顺序，如液压缸、气缸的电磁换向阀等，弄清对应的PLC输出信号标志。

3）了解各种条件标志，如起动、停止、限位、夹紧和放松等标志信号，借助必要的诊断功能，必要时用编程器跟踪梯形图的动态变化，搞清故障的原因，根据机床的工作原理做出诊断。

因此，作为用户来讲，要注意资料的保存，作好故障现象及诊断的记录，为以后的故障诊断提供数据，提高故障诊断的效率。当然，故障诊断的方法不是单一的，有时要用几种方法综合诊断，以得到正确的诊断结果。

练习与思考题 5 ●●●● -

5-1 数控机床中PLC的作用是什么？数控装置、PLC、机床之间有什么关系？

5-2 数控机床上常用的输入输出元件有哪些？

5-3 试阐述SIEMENS系统中如何对其PLC的状态进行监控。

5-4 FUNAC 0系统中PMC的操作方法有哪些？

5-5 输入输出部分出现故障后常用的排除方法有哪些？试举例说明。

5-6 数控车床在换刀时，刀架旋转不停，其故障原因是什么？应如何解决？

5-7 某机床切削液电动机由PLC的Q0.4输出控制电磁阀实现。试说明如何对其状态进行监控。

第6章

数控机床机械
结构故障诊断与维修

6.1 机械故障类型及其诊断方法

6.1.1 机械故障的类型

数控机床是集机、电、液、气、光等为一体的自动化机床，经各部分的执行功能最后共同完成机械执行机构的移动、转动、夹紧、松开、变速和换刀等各种动作，实现切削加工任务。在机床工作时，它们的各项功能相互结合，发生故障时也混在一起，故障现象与故障原因并非简单的一一对应关系，而往往出现一种故障现象是由几种不同原因引起的、或一种原因引起几种故障的情况，即大部分故障是以综合故障形式出现的，这就给故障诊断及其排除带来了很大困难。

一般来说，机床的故障类型可分为以下几种：

1）功能性故障。主要指工件加工精度方面的故障，表现在加工精度不稳定、加工误差大、工件表面粗糙。

2）动作型故障。主要指机床各执行部件动作故障，如主轴不转动、液压变速不灵活、工件或刀具夹不紧或松不开、刀架或刀库转位定位不太准等。

3）结构型故障。主要指主轴发热、主轴箱噪声大、切削时产生振动等。

4）使用型故障。主要指因使用和操作不当引起的故障，如由过载引起的机件损坏、撞车等。

在机械故障出现以前，可以通过精心维护保养来延长机件的寿命。当故障发生以后，一般轻微的故障，可以通过精心调整来解决，如调整配合间隙、供油量、液（气）压力、流量、轴承及滚珠丝杠的预紧力、堵漏等措施。对于已磨损、损坏或丧失功能的零部件，则通过修复或更换的办法来排除故障。

6.1.2 机械系统故障的诊断方法

机床在运行过程中，机械零部件受到力、热、摩擦以及磨损等多种因素的作用，运行状态不断变化，一旦发生故障，往往会导致不良后果。因此，必须在机床运行过程中，对机床的运行状态进行监测，及时作出判断并采取相应的措施。运行状态异常时，必须停机检修或停止使用，这样就大大提高了机床运行的可靠性，进一步提高了机床的利用率。数控机床机械故障诊断包括对机床运行状态的识别、预测和监视三个方面的内容。通过对数控机床机械装置的某些特征参数，如振动、噪声和温度等进行测定，将测定值与规定的正常值进行比较，可以判断机械装置的工作状态是否正常。若对机械装置进行定期或连续监测，便可获得机械装置状态变化的趋势性规律，从而对机械装置的运行状态进行预测和预报。当然，要做到这一点，需要具备丰富的经验和必要的测试设备。

数控机床机械系统故障的诊断方法可以分为实用诊断技术、常用诊断技术、现代诊断技术三种。数控机床机械系统故障的诊断方法见表 6-1。

表 6-1 数控机床机械系统故障的诊断方法

诊断方法分类	机械设备故障诊断方法	原理及特征信息
实用诊断技术	问、看、听、触、嗅	借用简单工具、仪器，如百分表、水准仪、光学仪等检测。通过人的感官，通过形貌、声音、温度、颜色和气味的变化来诊断。但是这需要检测者有丰富的实践经验，目前这种方法被广泛应用于现场诊断
常用诊断技术	查阅技术档案资料	找规律、查原因、做判别
现代诊断技术	油液光谱分析	通过使用原子吸收光谱仪，对进入润滑油或液压油中磨损的各种金属微粒和外来沙粒、尘埃等残余物进行形状、大小、化学成分和浓度分析，判断磨损状态、激励和严重程度，从而有效掌握零件磨损情况
	振动监测	通过安装在机床某些特征点上的传感器，利用振动计巡回检测，测量机床上某些特征点测出的总振级大小，如位移、速度、加速度和幅频特征等，对故障进行预测和监测。但是要注意首先应进行强度测定，确认有异常时，再作定量分析
	噪声谱分析	用噪声测量计、声波计对机床齿轮、轴承在运行中的噪声信号频谱的噪声信号频谱的变化规律进行深入分析，识别和判断齿轮、轴承磨损时的故障状态，可做到非接触式测量，但要减少环境噪声干扰。要注意首先应进行强度测定，确认有异常时，再作定量分析
	故障诊断专家系统	将诊断所必需的知识、经验和规则等信息编成计算机可以利用的知识库，建立具有一定智能的专家系统。这种系统能对机器状态作常规诊断，解决常见的各种问题，并可自行修正和扩充已有的知识库，不断提高诊断水平
	温度监测	用于机床运行中发热异常的检测，利用各种测温热电偶探头，测量轴承、轴瓦、电动机和齿轮箱等装置的表面温度，具有快速、正确、方便的特点。接触型：采用温度计、热电偶、测量贴片、热敏涂料直接接触轴承、电动机、齿轮箱等装置的表面进行测量
	裂纹监测	通过磁性探伤法、超声波法、电阻法、声发射法等观察零件内部机体的裂纹缺陷。测量不同性质材料的裂纹应采用不同的方法
	非破坏性监测	使用探伤仪观察内部机体的缺陷，如裂纹等

其中被称为实用诊断技术的方法也称机械检测法，它是由维修人员使用一般的检查工具或凭感觉器官对机床进行问、看、听、触、嗅等诊断。它能快速测定故障部位，监测劣化趋势，以选择有疑难问题的故障进行精密诊断。

常用诊断技术则事先要查阅技术档案资料，从以前发生的故障中分析规律、查原因、做判别，罗列造成故障的可能原因，再逐一进行分析，从而缩短了分析诊断的时间，使数控机床尽可能快地投入使用。

现代诊断技术是根据实用诊断技术选择出的疑难故障，由专职人员利用先进测试手段进行精确的定量检测与分析，根据故障位置、原因和数据，确定应采取的最合适的修理方法和时间的诊断法。

一般情况都采用实用诊断技术来诊断机床的现时状态，只有对那些在实用诊断中提出疑难问题的机床才进行下一步的诊断，综合应用三种诊断技术才最经济有效。

下面对实用诊断技术中的问、看、听、触、嗅进行具体的讲解。

1. 问

就是询问机床故障发生的经过，弄清故障是突发的，还是渐发的。一般操作者熟知机床性能，故障发生时又在现场耳闻目睹，所提供的情况对故障的分析是很有帮助的。通常应询问下列情况：

1）机床开动时有哪些异常现象。

2）对比故障前后工件的精度和表面粗糙度，以便分析故障产生的原因。

3）传动系统是否正常，出力是否均匀，背吃刀量和进给量是否减小等。

4）润滑油品牌号是否符合规定，用量是否适当。

5）机床何时进行过保养检修等。

2. 看

1）看转速。观察主传动速度的变化，如带传动的线速度变慢，可能是传动带过松或负荷太大；对主传动系统中的齿轮，主要看它是否跳动、摆动；对传动轴主要看它是否弯曲或跳动。

2）看颜色。如果机床转动部位，特别是主轴和轴承运转不正常，就会发热。长时间升温会使机床外表颜色发生变化，大多呈黄色。油箱里的油也会因温升过高而变稀，颜色变样；有时也会因久不换油、杂质过多或油变质而变成深墨色。

3）看伤痕。机床零部件碰伤损坏部位很容易发现，若发现裂纹时，应作记号，隔一段时间后再比较它的变化情况，以便进行综合分析。

4）看工件。从工件来判断机床的好坏。若车削后的工件表面粗糙度 Ra 数值大，主要是由于主轴与轴承之间的间隙过大，溜板、刀架等压板楔铁有松动以及滚珠丝杠预紧松动等原因所致。若是磨削后的表面粗糙度 Ra 数值大，这主要是由于主轴或砂轮动平衡差、机床出现共振以及工作台爬行等原因所引起的。若工件表面出现波纹，则看波纹数是否与机床传动齿轮的啮合频率相等，如果相等，则表明齿轮啮合不良是故障的主要原因。

5）看变形。主要观察机床的传动轴、滚珠丝杠是否变形；直径大的带轮和齿轮的端面是否跳动。

6）看油箱与冷却箱。主要观察油或切削液是否变质，确定其是否能继续使用。

3. 听

用以判断机床运转是否正常。一般运行正常的机床，其声音具有一定的音律和节奏，并保持持续的稳定。机械运动发出的正常声响大致可归纳为以下三种：

1）一般做旋转运动的机件，在运转区间较小或处于封闭系统时，多发出平静的声音；若处于非封闭的系统或运行区较大时，多发出较大的蜂鸣声；各种大型机床则产生低沉而振动声浪很大的声音。

2）正常运行的齿轮副，一般在低速下无明显的声响；链轮和齿条传动副一般发出平稳的声音；直线往复运动的机件，一般发出周期性的"咯噔"声；常见的凸轮顶杆机构、曲柄连杆机构和摆动摇杆机构等，通常都发出周期性的"嘀嗒"声；多数轴承副一般无明显的声响，借助传感器（通常用金属杆或螺钉旋具）可听到较为清晰的"嘤嘤"声。

3）各种介质的传输设备产生的输送声，一般均随传输介质的特性而异。如气体介质多为"呼呼"声；流体介质为"哗哗"声；固体介质发出"沙沙"声或"呵罗呵罗"声响。

4. 触

用手感来判断机床的故障，通常有以下几方面。

1）温升。人的手指触觉很灵敏，能相当可靠地判断各种异常的温升，其误差可准确到 3~5℃。根据经验，可得出表 6-2 所列的结论。

表 6-2　手触摸机床感受温度的结论

机床的温度	手触摸时的感觉
0℃左右	手指感觉冰凉，长时间触摸会产生刺骨的痛觉
10℃左右	手感较凉，但可忍受
20℃左右	手感到稍凉，随着接触时间延长，手感弱温
30℃左右	手感微温有舒适感
40℃左右	手感如触摸高烧病人
50℃左右	手感较烫，如果掌心扪的时间较长有汗感
60℃左右	手感很烫，但可忍受 10s 左右
70℃左右	手有灼痛感，且手的接触部位很快出现红色
80℃左右	瞬时接触手感"麻辣火烧"，时间过长，可出现烫伤

应当注意的是，为了防止手指烫伤，一般先用右手并拢的食指、中指和无名指指背中节部位轻轻触及机件表面，断定对皮肤无损害后，才可用手指肚或手掌触摸。

2）振动。轻微振动可用手感鉴别，至于振动的大小可找一个固定基点，用一只手去触摸便可以比较出振动的大小。

3）伤痕和波纹。肉眼看不清的伤痕和波纹，若用手指去摸则可很容易地感觉出来。正确的方法是：对圆形零件要沿切向和轴向分别去摸；对平面则要左右、前后均匀去摸。摸时不能用力太大，只轻轻把手指放在被检查面上接触便可。

4）爬行。用手摸可直观地感觉出来。造成爬行的原因很多，常见的是润滑油不足或选择不当；活塞密封过紧或磨损造成机械摩擦阻力加大；液压系统进入空气或压力不足等。

5）松或紧。用手转动主轴或摇动手轮，即可感到接触部位的松紧是否均匀适当，从而可判断出这些部位是否完好可用。

5. 嗅

由于剧烈摩擦或电器元件绝缘破损短路，使附着的油脂或其他可燃物质发生氧化蒸发燃烧产生油烟气、焦煳气等异味，应用嗅觉诊断的方法可收到较好的效果。

6.2　主轴部件故障诊断与维修

6.2.1　主轴部件的结构及主轴的维护

1. 主轴机械结构

数控设备的主轴部件是影响机床加工精度的主要部件，它的回转精度影响工件的加工精度，功率大小与回转速度影响加工效率，自动变速、准停和换刀等影响机床的自动化程度。这就要求主轴既能满足精加工时精度较高的要求，又要具备粗加工时高效切削的能力，因此在旋转精度、刚度、抗振性和热变形等方面，对主轴部件都有很高的要求。对于具有自动换刀功能的数控设备，在主轴的结构上要处理好卡盘和刀具的装夹，主轴的卸荷、定位和间隙调整，主轴部件的润滑和密封以及工艺上的一系列问题。因此，除了主轴、主轴轴承和传动件等一般组成部分外，主轴部分还具有刀具拉刀机构和吹净装置及主轴准停装置。主轴系统结构如图 6-1所示。

（1）主轴

对于数控车床主轴，因为在它的两端安装着结构笨重的动力卡盘和夹紧液压缸，所以主轴刚度必须进一步提高，并应设计合理的连接端，以改善动力卡盘与主轴端的连接刚度。

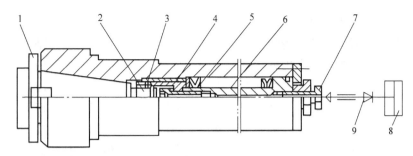

图 6-1　主轴系统结构图
1—刀具　2—拉钉　3—钢球　4—锥套　5—蝶簧
6—拉杆　7—空心螺钉　8—液压缸　9—顶杆

（2）主轴支承轴承

数控机床主轴部件的精度、刚度和热变形对加工质量有直接影响。由于加工过程中不对数控机床进行人工调整，因此这些影响就更为严重。目前数控机床的主轴主要有三种形式：

第一种形式：前后支承采用不同轴承。前支承采用双列短圆柱滚子轴承和60°角接触双列向心推力球轴承组合，后支承采用成对向心推力球轴承。此配置形式使主轴的综合刚度大幅度提高，可以满足强力切削的要求，因此普遍应用于各类数控机床。

第二种形式：前轴承采用高精度双列向心推力球轴承，向心推力球轴承高速时性能良好，主轴最高转速可达 4000r/min。但是，它的承载能力小，因而适用于高速、轻载和紧密的数控车床。

第三种形式：双列和单列圆锥滚子轴承，这种轴承径向和轴向刚度高，能承受重载荷，尤其能承受较强的动载荷，安装与调整性能也好。但是，这种轴承限制了主轴的最高转速和精度，因此用于中等精度、低速与重载的数控机床。在主轴的机构上，要处理好卡盘和刀架的装夹、主轴的卸荷、主轴轴承的定位和间隙调整、主轴部件的润滑和密封以及工艺上的其他一系列问题。为了尽可能减少主轴部件温升热变形对机床工作精度的影响，通常利用润滑油的循环系统把主轴部件的热量带走，使主轴部件与箱体保持恒定的温度。在某些数控镗床、铣床上采用专用的制冷装置，比较理想地实现了温度控制。近年来，某些数控机床的主轴轴承采用高级油脂，用封入方式进行润滑，每加一次油脂可以使用 7~10 年。为了使润滑油和油脂不致混合，通常采用迷宫密封方式。

（3）主轴卡盘

为了减少辅助时间和劳动强度，并适应自动化和半自动化加工的需要，数控机床多采用动力卡盘装夹工件。目前使用最多的是自动定心液压动力卡盘，该卡盘主要有引油导套、液压缸和卡盘三部分组成。

（4）拉刀机构及吹净机构

在某些带有刀具库的数控设备中，主轴部件除具有较高的精度和刚度以外，内部还带有拉刀机构和主轴孔内的切削吹净装置。这主要是因为，主轴内锥面的吹净是换刀操作中的一个不容忽视的问题。如果在主轴锥孔中掉进了切屑或其他污物，再拉紧刀具时，主轴锥孔表面和刀杆的锥柄就会被划伤，使刀杆发生偏斜，破坏刀具的正确定位，影响加工零件的精度，甚至使零件报废。主轴锥孔的清洁常用压缩空气，将锥孔清理干净，并将喷射小孔设计成合理的喷射角度，且均匀分布，以提高吹屑的效果。

（5）主轴准停装置

自动换刀数控设备主轴部件设有准停装置，其作用是使主轴每次都准确地停止在固定不变的轴向位置上，以保证换刀时主轴上的端面键能对准刀具上的键槽，同时使每次装刀时刀具与主轴的相对位置不变，以提高刀具的重复安装精度。

主轴准停用于刀具交换、精镗退刀及齿轮换档等场合，有三种实现方式：

1）机械准停控制。由带 V 形槽的定位盘和定位用的液压缸配合动作。

2）磁性传感器的电气准停控制。图 6-2 所示为机床主轴采用磁性传感器准停的装置。发磁体安装在主轴后端，磁传感器安装在主轴箱上，其安装位置决定了主轴的准停点，发磁体和磁传感器之间的间隙为(1.5 ± 0.5)mm。

3）编码器型的准停控制。通过主轴电动机内置安装或在机床主轴上直接安装一个光电编码器来实现准停控制，准停角度可任意设定。

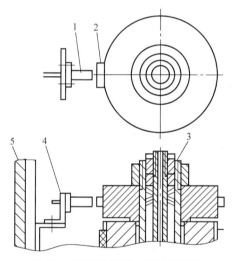

图 6-2　磁性传感器主轴准停装置
1—磁传感器　2—发磁体
3—主轴　4—支架　5—主轴箱

2. 主轴部件的维护

（1）主轴润滑

为了保证主轴有良好的润滑，减少摩擦发热，同时又能把主轴组件的热量带走，通常采用循环式润滑系统。用液压泵供油强力润滑，在油箱中使用油温控制器控制油液温度。近年来，有些数控机床主轴轴承采用高级油脂封放方式润滑，每加一次油脂可以使用 7～10 年，从而简化了结构，降低了成本而且维护简单，但需防止润滑油和油脂混合，因此通常用迷宫式密封方式。

为了适应主轴转速向更高速化发展的需要，新的润滑冷却方式相继开发出来，如油气润滑和喷注润滑。这些新型润滑冷却方式不仅要减少轴承温升，还要减少轴承内外圈的温差，以保证主轴热变形小。主要有：

1）油气润滑方式。这种润滑方式近似于油雾润滑方式，所不同的是，油气润滑是定时定量地把油雾送进轴承空隙中，这样既实现了油雾润滑，又不至于油雾太多而污染周围空气；后者则是连续供给油雾。

2）喷注润滑方式。它用较大流量的恒温油（每个轴承 3 ~ 4L/min）喷注到主轴轴承，以达到润滑、冷却的目的。这里特别指出的是，较大流量喷注的油，不是自然回流，而是用排油泵强制排油，同时，采用专用高精度大容量恒温油箱，油温变动控制在 ±0.5℃。

（2）防泄漏

在密封件中，被密封的介质往往是以穿漏、渗透或扩散的形式越界泄漏到密封连接处的另外一侧。造成泄漏的基本原因是流体从密封面上的间隙中溢出，或是由于密封部件内外两侧介质的压力差或浓度差，致使流体向压力或浓度低的一侧流动。

图 6-3 所示为卧式加工中心主轴前支承的密封结构。卧式加工中心主轴前支承处采用的是双层小间隙密封装置。主轴前端车出两组锯齿形护油槽，在法兰盘 4 和 5 上开沟槽及泄漏孔，当喷入轴承 2 内的油液流出后被法兰盘 4 内壁挡住，并经其下部的泄油孔 9 和套筒 3 上的回油斜孔 8 流回油箱，少量油液沿主轴 6 流出时，经主轴护油槽在离心力的作用下被甩至法兰盘 4 的沟槽内，经回油斜孔 8 重新流回油箱，达到了防止润滑介质泄漏的目的。

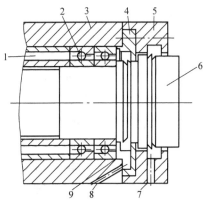

图 6-3 卧式加工中心主轴
前支承的密封结构
1—进油口 2—轴承 3—套筒
4、5—法兰盘 6—主轴
7—泄漏孔 8—回油斜孔 9—泄油孔

（3）主轴密封

图 6-3 中，当外部切削液、切屑及灰尘等沿主轴 6 与法兰盘 5 之间的间隙进入时，经法兰盘 5 的沟槽由泄漏孔 7 排出，少量的切削液、切屑及灰尘进入主轴前锯齿沟槽，在主轴高速旋转的离心作用下仍被甩至法兰盘 5 的沟槽内由泄漏孔排出，达到了主轴端部密封的目的。

要使间隙密封结构能在一定的压力和温度范围内具有良好的密封防漏性能，必须保证法兰盘 4 和 5 与主轴及轴承端面的配合间隙。

1）法兰盘 4 与主轴 6 的配合间隙应控制在 0.1 ~ 0.2mm（单边）范围内。如果间隙偏大，则泄漏量将按间隙的 3 次方扩大；若间隙过小，由于加工及安装误差，容易与主轴局部接触使主轴局部升温并产生噪声。

2）法兰盘4内端面与轴承端面的间隙应控制在0.15～0.3mm之间。小间隙可使压力油直接被挡住，并沿法兰盘4内端面下部的泄油孔9经回油斜孔8流回油箱。

3）法兰盘5与主轴的配合间隙应控制在0.15～0.25mm（单边）范围内。间隙太大，进入主轴6内的切削液及杂物会显著增多；间隙太小，则易与主轴接触。法兰盘5沟槽深度应大于10mm（单边），泄漏孔7应大于ϕ6mm，并位于主轴下端靠近沟槽内壁处。

4）法兰盘4的沟槽深度应大于12mm（单边），主轴上的锯齿尖而深，一般在5～8mm范围内，以确保具有足够的甩油空间。法兰盘4处的主轴锯齿向后倾斜，法兰盘5处的主轴锯齿向前倾斜。

5）法兰盘4上的沟槽与主轴6上的护油槽对齐，以保证主轴甩至法兰盘沟槽内腔的油液能可靠地流回油箱。

6）套筒前端的回油斜孔8及法兰盘4的泄油孔9流量为进油口1的2～3倍，以保证压力油能顺利地流回油箱。

这种主轴前端密封结构也适合于普通卧式车床的主轴前端密封。在油脂润滑状态下使用该密封结构时，取消了法兰盘泄漏孔及回油斜孔，并且有关配合间隙适当放大，经正确加工及装配后同样可达到较为理想的密封效果。

（4）工件或刀具自动松夹机构

在工件或刀具自动松夹机构中，刀具自动夹紧装置的刀杆常采用7∶24的大锥度锥柄，既利于定心，也为松刀带来方便。用碟形弹簧通过拉杆及夹头拉住刀柄的尾部，使刀具锥柄和主轴锥孔紧密配合，夹紧力达10000N以上。松刀时，通过液压缸活塞推动拉杆来压缩碟形弹簧，使夹头胀开，夹头与刀柄上的拉钉脱离，刀具即可拔出进行新、旧刀具的交换。新刀装入后，液压缸活塞后移，新刀具又被碟形弹簧拉紧。在活塞推动拉杆松开刀柄的过程中，压缩空气由喷气头经过活塞中心孔和拉杆中的孔吹出，将锥孔清理干净，防止主轴锥孔中掉入切屑和灰尘，把主轴锥孔表面和刀杆的锥柄划伤，同时保证刀具的正确位置。主轴锥孔的清洁十分重要。

6.2.2　主轴部件常见故障及排除方法

1. 主轴不能转动

主轴不能转动既有机械方面的原因，也有数控系统（即CNC）、PLC及主轴调节器等方面的原因。在机械方面，主轴不转常发生在强力切削下，可能原因有：

1）主轴与电动机连接带过松，应调整；带表面有油，造成打滑，应该用汽油清洗；带使用太久而失效，应更换。

2）主轴中的拉杆未拉紧夹持刀具的拉钉。

数控系统方面原因主要发生在CNC和PLC中，其中CNC负责提供主驱动的速度给定电压，而PLC负责主轴箱变档逻辑及外部数据输入时的数字转速给定值及工作状态信号的传递。这里 CNC、PLC 和主轴调节器无论哪一部分有问题，都可能导致主轴不转。根据信号的传递顺序，一般应按主轴调节器到 PLC 和 CNC 的检修顺序来查寻故障，即首先查"调节器准备好"信号是否存在，再查 PLC 是否发出"调节器释放"信号。若这两种信号均正常，可测量 CNC 输出的转速给定电压，若没有转速给定电压，则可认定故障在 CNC。当然，测速发电机如有故障，可能导致转速不稳或失控，也会导致报警。如加上直流电压后主轴仍不能转动，则说明主轴调节器有问题。

此外，引起主轴不转的原因可能还有：

1）主轴速度指令不正常或无输出（这可能与主轴定向用的传感器安装不良，而使磁性传感器未发出检测信号有关）。

2）印制电路板太脏。

3）触发脉冲电路故障（直流主轴控制单元多用晶闸管做驱动功率开关元件）。

4）电动机动力线断线或主轴控制单元与电动机间电缆连接不良，机床未给出主轴转速信号。

2. 主轴转速不正常

造成这种故障的可能原因有：

1）装在主轴电动机尾部的测速发电机出现故障。

2）速度指令给定错误。

3）数模（D/A）转换器出现故障等。

3. 主轴不定向或定向位置不准确

主轴定向准停装置是加工中心的一个重要装置，它直接影响到刀具能不能顺利交换。主轴不定向是指加工程序中有 M19 或手动输入了 M19 后，主轴不能在指定位置上停止，而是一直慢慢转动，或是停在不正确位置上，主轴无法更换刀具。

在主轴定向过程中，可能发生以下故障：

1）主轴不定向。主轴旋转时不定向故障多数是由脉冲传感器引起的，应对其进行检测以确诊故障。首先检查插接件和电缆有无损坏或接触不良，必要时再检查传感器的固定螺栓和连接器上的螺钉是否良好、紧固。如果没有发现问题，则需对传感器进行检修或更换。

2）主轴停在不正确位置上。这种故障一般发生在重装和更换传感器后，此时传感器轴的位置不可能与原来一样。主轴定向的位置可以通过设定数据来调整，改变主轴的定位公差值可以校正主轴的停止位置。调整时，要注意输入数据与要校正的方向有关。在校正偏移角度时，主轴的定位公差后不能输入负角度值。调整过程往往要重复多次，只要调到在主轴的定位公差 10°～11°范围内就能顺利换刀。

4. 主轴转动时振动和噪声太大

这类故障在机械方面的可能原因有：

1）主轴箱与床身的连接螺钉松动。

2）轴承预紧力不够，或预紧螺钉松动，游隙过大，使主轴产生轴向窜动。这时应调整轴承后盖，使其压紧轴承端面，然后拧紧锁紧螺钉。

3）轴承拉毛或损坏，应更换轴承。

4）主轴部件上动平衡不好，如大、小带轮平衡不好，因平衡块脱落或移位等造成失衡，应重新做动平衡。

5）齿轮有严重损伤，或齿轮啮合间隙过大，应更换齿轮或调整啮合间隙。

6）润滑不良，供油不足，应改善润滑条件，使润滑油充足。

7）主轴与主轴电动机的连接带过紧，应移动电动机座调整带到松紧度合适，或连接主轴与电动机的联轴器响。

8）主轴负荷太大。

5. 主轴箱不能移动

主轴箱不能移动时，可采取如下措施处理：

1）查看机床坐标轴上的联轴器是否松动，若松动，应拧紧紧固螺钉。

2）卸下压板，观察其是否研伤，调整压板与导轨的间隙，保证间隙为0.02～0.03mm。

3）查看主轴箱镶条，松开镶条上的止退螺钉，顺时针旋转镶条螺栓，达到坐标轴能灵活移动而塞尺不能进入后，锁紧止退螺钉。

4）观察主轴箱导轨面是否研伤，用细砂布修磨导轨研伤处的伤痕。

6. 主轴伺服系统故障

当主轴伺服系统发生故障时，通常有三种形式：一是在 CRT 或操作面板上显示报警内容或报警信息；二是在主轴驱动装置上用报警灯或数码管显示主轴驱动装置的故障；三是主轴工作不正常，但无任何报警信息。主轴伺服系统常见的故障有：

1）外界干扰。由于电磁干扰、屏蔽或接地措施不良，主轴转速指令信号或反馈信号受到干扰，使主轴驱动出现随机和无规律性的波动。判别有无干扰的方法是：当主轴转速指令为零时，主轴仍往复摆动，调整零速平衡和漂移补偿也不能消除故障。

2）过载。切削用量过大，频繁正、反转等均可引起过载报警。具体表现为主轴电动机过热，主轴驱动装置显示过电流报警等。

3）主轴定位抖动。具体可参考本书第 3 章相关章节。

6.2.3 主轴部件故障诊断维修实例

【例 6-1】 主轴无法变速故障的排除。

故障现象：输入主轴变速指令，主轴的变速盘不转，主轴也无"缓动"，不能正常工作。

（1）变速原理

1）变速时先使主轴"缓动"（2r/min），以便于变速齿轮啮合。如图6-4所示，齿轮泵5的供油经顺序阀7而至单向液动机10，使单向液动机10旋转；接通二位四通电磁阀8的PB，通过液压缸9使主轴传动箱上面的限位开关断开，并使主轴传动箱内的齿轮与单向液动机10接通而实现主轴缓动。

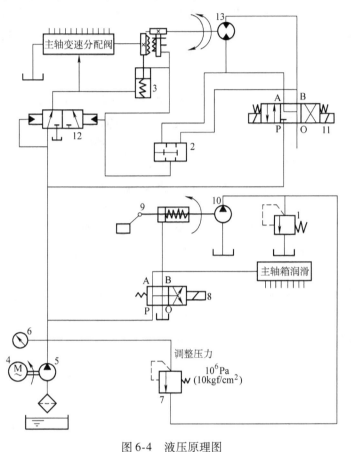

图6-4　液压原理图

1—溢流阀　2—双向阀　3、9—液压缸　4—电动机　5—齿轮泵
6—压力表　7—顺序阀　8—二位四通电磁阀　10—单向液动机
11—三位四通电磁阀　12—二位三通阀　13—双向液动机

2）主轴变速，接通三位四通电磁阀11的PA，打开双向阀2后，接通二位三通阀12使"主轴变速分配阀"卸压，另一部分压力油接通"主轴变速分配阀"轴上的楔牙离合器，并打开星形轮定位销液压缸3。与此同时，压力油推动双向液动机13带动"主轴变速分配阀"旋转。当变速盘转到所要求的速度时，断开电磁阀11的AP而接通BO，液动机13停动，楔牙离合器断开，星形轮定位销复位，再接通"主轴变速分配阀"的压力油，推动齿轮拨叉液压缸。同时，电气延时继电器

控制电磁阀 8 断开，使液动机 10 与主传动箱脱开，主传动箱上面的限位开关复位，主轴"缓动"停止，"变速过程"结束，主轴可以起动。

（2）故障原因分析与排除

1）齿轮泵 5 的压力不足或没有压力，输出油量不够或不上油；顺序阀 7 卡死，液压油无法通过；液动机 10 没有动作，液压油不清洁造成泵阀的毁坏。

检查电动机，分解齿轮泵检查，清洗过滤网、液压箱，更换液压油；清洗顺序阀 7（检查顺序阀泄油口，泄漏不得太大），并将系统压力从 0.6MPa 调至 1.0 ~ 1.2MPa（注意此调整不可在变速过程中或慢转中进行，以免引起变速动作的失常），故障没能排除。

2）溢流阀 1 卡死在开口处，压力油从此泄回油箱，主轴缓动液动机 10 无法动作，从而使主轴无法变速。清洗调试溢流阀后，故障仍然存在。

3）二位四通电磁阀 8、三位四通电磁阀 11 没有励磁或阀芯卡死。

二位四通阀 8 不换向将使液压缸 9 不动作，无法将液动机 10 和主轴传动箱连接，主轴不能缓动。三位四通电磁阀 11 的损坏使主轴变速盘无法转动，自然也就无法变速，检查阀 8 和 11 励磁正常，手捅阀芯也能换向，检查阀的出油路，油量正常。检查主传动箱上的液压缸 9 的伸出顶杆，能正常伸缩。调整其上的限位开关使其能正常发信，主轴开始"缓动"，但变速转盘仍然不转，主轴无法变速，这时就可判断为主传动箱体内的故障了。

4）双向液动机 13 烧死，离合器没有动力；星形轮定位销液压缸 3 卡死，离合器别死；二位三通阀 12 无法换向，使主轴变速分配阀无法卸压，或变速分配阀卡死，无法动作。拆下主传动箱盖后，用高压空气（5 ~ 6MPa）接通主油路试验，液动机 13 转动正常，定位销能够打开，二位三通阀 12 换向正常，但主轴变速分配阀始终没有转动。将其拆下检查，发现严重锈蚀，分析为机床装配润滑防锈不好，停用一段时间后锈蚀卡死。

将分配阀在车床上抛光后装好，用高压空气测试旋转正常。清洗、润滑所有零件后装上试车，主轴变速正常。

应注意的是，主传动箱盖拆下后，要着重检查一下液压缸的拨叉，后来发现有几次因拨叉磨损后使齿轮啮合不到位的故障。

（3）该型机床的液压故障快速检查

1）出现故障后，首先检查压力，压力正常，证明泵 5 和顺序阀 7 是好的。

2）接着检查阀 8 和 11，阀正常油路就通畅，油液就能到达执行元件。

3）最后检查主传动箱的液压缸 9 的顶杆，它能正常伸缩，主轴就能缓动。

如果上述检查都正常，则可判定问题一定在传动部分和变速分配阀，打开箱盖后用高压空气一试，问题就可查出。

【例 6-2】主轴不转。

故障现象：开机后主轴无法转动。

故障分析与排除：

1）主传动电动机烧坏，失去动力源；V带过长打滑，带不动主轴；带轮的键或键槽损坏，带轮空转。

检查电动机情况良好，传动键没有损坏，调整带松紧程度，主轴仍无法转动。

2）主轴电磁制动器的接线脱落或绕组损坏；衔铁复位弹簧损坏而无法复位；摩擦盘表面烧伤而使其和衔铁之间没有间隙，造成主轴始终处于制动状态。

检查测量制动器的接线和绕组均正常，拆下制动器发现弹簧和摩擦盘也是好的。

3）传动轴上的齿轮或轴承损坏，造成了传动卡死。

拆下传动轴发现轴承（E212）因缺乏润滑而烧毁，将其拆下后，手盘主轴转动正常，将轴承装上后试验主轴运动正常，但主轴制动时间较长，这时就应调整摩擦盘和衔铁之间的间隙：松开锁母，均匀地调整4个螺钉，使衔铁向上移动，将衔铁和摩擦盘间隙调至1mm之后，用螺母将其锁紧之后再试车，主轴制动迅速，故障全排除。

【例6-3】 X轴出现回零误差，机床不能正常工作。

故障现象： X轴丝杠在重新调整完毕后，开机回零检测，发现未回到零点位置，误差为5mm左右，连续几次回零检测，始终是5mm误差。

故障分析与排除：因在拆下工作台检查丝杠时将电气回零开关和装有回零撞块的压板卸下，同时更换丝杠两端的推力轴承并重新调整了丝杠轴向间隙，还拆下了X轴的编码器，这些拆卸和调整肯定改变了它们与丝杠间的相对位置，使回零点位置发生了变化，造成了这5mm的误差。这时就应重新调整回零撞块和重设格栅偏置补偿量，以确保X轴回零正确。调整时，应将X轴格栅偏置量先消除掉。

因X轴的机械行程比原来小了，因此必须将回零撞块向外调整，撞块调整后要按下急停钮再释放一次，这相当于断一次电，以消除位置环内可能出现的误差。经几次调整后，误差减至0.9mm左右，这时可把0.9mm的误差作为电气原点和机械原点的位置偏差补入机床参数中（应注意因回零方向为负，0.9mm应以负值补入才对），然后回零检测，X轴准确地停在机床零点上。

【例6-4】 Z轴不动。

故障现象：给运动指令后，Z轴没有动作。

故障分析与排除：

1）Z轴电动机制动器没有脱开，使Z轴处于制动状态。检查Z轴制动器已脱开。

2）Z轴电动机和中间轴的连接齿轮固定螺钉脱落，丝杠锥齿轮锁紧螺母松动，电动机空转。检查齿轮固定，没有松动。

3）过渡轴上的"连接半轴"折断，造成动力无法传输。抽出过渡轴检查，发现其连接半轴折断，重做新轴装上试车，Z 轴工作正常。

【例 6-5】 Z 轴抖动故障。

故障设备： 德国 TC1000 卧式加工中心，采用 SINUMERIK 850M 数控系统。

故障现象： 机床 Z 轴（立柱移动方向）因位置环发生故障，在移动 Z 轴时立柱突然以很快的速度向反方向冲去。位置检测回路修复后，Z 轴只能以很慢的速度移动（倍率开关置 20% 以下），稍加快点 Z 轴就抖动，移动越快，抖动越严重。

故障检查与分析： 先是考虑伺服系统有故障，但更换伺服驱动装置和速度环等器件均告无效。由于驱动电动机有很多保护环节，暂不考虑其故障，进而怀疑机械传动有问题。检查润滑、轴承、导轨、导向块等均良好；用手转动滚珠丝杠，立柱移动也轻松自如；滚珠丝杠螺母与立柱连接良好；滚珠丝杠螺母副也无轴向间隙，预紧力适度。进而怀疑位置环发生故障。低速时由于立柱移动速度不大，所以转矩和轴向力都不大，而高速时由于转矩和轴向力都较大，加剧了滚珠丝杠的弯曲，使阻力大增，以致使 Z 轴不稳定，引起抖动。

故障处理： 拆开 Z 轴伺服驱动装置，取下位置环，更换新的位置环后再试机，故障消失。

【例 6-6】 X 轴不执行自动返回参考点动作故障。

故障设备： 国产 JCS-018 立式加工中心，采用北京机床研究所 FANUCBESK7M 数控系统。

故障现象： 加工程序完成后，X 轴不执行自动返回参考点动作，CRT 上无报警显示，机床各部分也无报警显示，但手动 X 轴能够移动。将 X 轴用手动方式移至参考点后，机床又能正常加工，加工完成后又重复上述现象。

故障检查与分析： 由于将 X 轴用手动方式移至参考点后机床能正常加工，可以判断 NC 系统、伺服系统无故障。考虑故障应发生在 X 轴回参考点的过程中，怀疑故障与 X 轴参考点的参数发生变化有关。然而，当在 TE 方式下，将地址为 F 的与 X 轴参考点有关的参数调出检查，却发现这些参数均正常。从数控设备的工作原理可知，轴参考点除了与参数有关外，还与轴的原点位置、参考点的位置有关。检查机床上 X 轴参考点的限位开关，发现其已因油污而失灵，即始终处于接通状态。故加工程序完成后，系统便认为已回到了参考点，因而 X 轴便没有返回参考点的动作。

故障处理： 将该限位开关清洗、修复后，故障排除。

【例 6-7】 AC 主轴伺服单元屡烧 S3.2A 熔断器故障。

故障现象： AC 主轴伺服单元印制电路板上屡烧 S3.2A 熔断器。

故障检查与分析： XH754 卧式加工中心，FANUC-6M 系统（青海第一机床厂制造）。

由于准停传感器频繁上下运动，造成传感器 5V 短路，短路后造成板子集成电路烧坏，S3.2 熔断器熔断。由于印制电路板比较大，加之多层板，测量、取芯片、焊接都要认真进行。用电阻法测量 5V 回路电阻时发现阻值较正常板电阻小。由于无原理图，只能一点一片进行测量，当测量到板位 MB18 位置时发现 SN74148N 片已烧坏。该片是 8-3 线八进位优先编码器，更换后故障排除。

【例 6-8】 AC 主轴无法起动，不报警。

故障现象： 手动、自动方式主轴均不起动且无报警，显示正常。当使用 MDI 方式时，SYCLE、START 显示点亮。查 NC 参数正常，说明 NC 信号已发，但伺服不执行。

故障检查与分析： XH754 卧式加工中心，FANUC-6M 系统（青海第一机床厂制造）。

根据现象看，可能信号没满足。查 PC 图，观看参数变化，主轴起动条件已满足，最后将故障缩小在主轴伺服单元上。由于 NC 来的是数字信号，到伺服单元要转换成模拟信号，数模转换是一环节。将数模转换芯片拔下发现有一个插脚蚀断，芯片型号 DAC80-0B1，由于 CMOS 集成块抗静电能力差，焊接时一定要在烙铁不带电的情况下焊接。修复插脚后，机床使用正常。

【例 6-9】 AC 主轴 AL-02 号报警。

故障现象： 当执行 M06 换刀时，主轴定向过程中发生报警，控制柜 ALARM 点亮，指示 SPINDLE 报警。当执行 M19 定向时，也发生同样故障。在这以前也偶尔发生加工过程中速度突然变慢，而后又恢复正常的现象。

故障检查与分析： BX110P 卧式加工中心，FANUC-11ME，从日本池贝公司引进。

根据报警现象，判断故障在主轴伺服单元上。经查主轴伺服单元印制板上显示 AL-02 报警，内容为速度偏差过大超过指令值，伺服与电动机控制接线不良。为了观察主轴箱定向与运转情况，把主轴箱下降到最低点时，起动主轴又能转动起来，这说明故障是有位置的，当用手拨脉冲发生器到 Y 轴（主轴箱）某一位置时，又发生同样警报。

故障处理： 根据警报内容分析伺服系统与电动信号控制断线、接触不良的可能性非常大。拆开 HD2 接线头，轻轻拉一下接头线，有一线脱落，由于有其余线连着，有时还接触，所以有时又通路，焊接修复后主轴正常。

【例 6-10】 VMC-65A 型加工中心使用半年出现主轴拉刀松动，无任何报警信息。

分析主轴拉不紧刀的原因是：①主轴拉刀碟形弹簧变形或损坏；②拉力液压缸动作不到位；③拉钉与刀柄夹头间的螺纹联接松动。经检查，发现拉钉与刀柄夹头的螺纹联接松动，刀柄夹头随着刀具的插拔发生旋转，后退了约 1.5mm。该台机床的拉钉与刀柄夹头间无任何连接防松的锁紧措施。在插拔刀具时，若刀具中心与主轴锥孔中心稍有偏差，刀柄夹头与刀柄间就会存在一个偏心摩擦。刀柄夹头在这种摩擦和冲击的共同作用下，时间一长，螺纹松动，出现主轴拉不住刀的现象。将主轴拉钉和刀柄夹头的螺纹联接用螺纹锁固密封胶锁固，并用锁紧螺母锁紧后，故障消除。

【例 6-11】 B401S750 数控轴颈端面磨床磨头主轴自动时不能复位。

故障现象： 磨头主轴自动时不能复位。

故障检查与分析： B401S750 是德国绍特公司生产的高精度 CNC 轴颈端面磨床，采用 SIEMENS 3M 控制系统。从操作者处了解到，故障发生后，每次磨削完成后其主轴均不能自动复位，但用手动方式可以复位。

根据上述情况，可以判断主轴电动机无故障；伺服驱动无故障。

从该机床电气原理图分析：当手动方式时，由控制面板上的按钮直接控制交流接触器，从而控制主轴电动机正、反转。而自动方式时，则通过 NC 进行控制。NC 的输出信号控制磨头主轴控制器 N01 工作，再由磨头主轴控制器 N01 控制磨头主轴电动机运行（磨头主轴电动机控制原理图如图 6-5 所示）。进一步了解到，主轴加工完成后能自动后退，这说明 NC 信号已经发出。于是，将检查重点放在自动控制回路上。打开电气控制柜，检查自动控制回路，发现磨头主轴控制器 N01 的电源输入端 L01 上的一只快速熔断器熔断，从而导致磨头主轴控制器 N01 无输入电压，因此，造成该故障。

故障处理： 更换一只新熔断器后，故障排除。

【例 6-12】 B401S750 数控轴颈端面磨床磨头主轴测速电动机起动即烧熔断器。

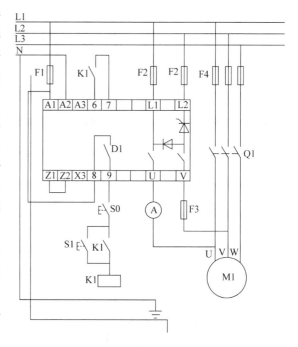

图 6-5　磨头主轴电动机控制原理图

故障现象： 磨头主轴测速电动机起动即烧保险。

故障检查与分析： B401S750 是从德国绍特公司生产的高精度 CNC 轴颈端面磨床，采用 SIEMENS 3M 控制系统。磨头主轴电动机能够起动，但起动其测速电动机即烧熔断器，所烧熔断器号为 F2。检查其测速电动机控制电路。从电气原理图知：

磨头主轴测速电动机 M1 由电动机控制器 N71 控制，其控制回路的电源经 F2 的两只快速熔断器输入，输出信号由熔断器 F3 以及电流表送入 M1 电动机。

检查熔断器 F3 完好，说明 M1 电动机无故障。熔断器 F2 熔断，说明故障在 N71 电动机控制器中。拆开 N71 进行检查，发现跨接于 L1 与晶闸管之间的二极管被击穿。故当其电动机起动时，晶闸管导通后，输入电源 L1、L2 产生短路，将熔断器熔断。

故障处理：更换该二极管，故障排除。

【例 6-13】孔加工时表面粗糙度值太大。

故障现象：零件孔加工的表面粗糙度值太大，无法使用。

故障分析及排除：孔的表面粗糙度值太大主要原因是主轴轴承的精度降低或间隙增大。主轴的轴承是一对双联（背对背）向心推力球轴承，当主轴温升过高或主轴旋转精度过差时，应调整轴承的预加载荷：卸下主轴下面的盖板，松开调整螺母的螺钉，当轴承间隙过大，旋转精度不高时，向右顺时针旋紧螺母，使轴向间隙缩小；主轴温升过高时，向左逆时针旋松螺，使其轴向间隙放大。调好后，将紧固螺钉均匀拧紧。经几次调试，主轴恢复了精度，加工的孔也达到了粗糙度的要求。

6.3 滚珠丝杠螺母副故障诊断与维修

6.3.1 滚珠丝杠螺母副的机械结构及维护

1. 滚珠丝杠的特点

在数控设备上大多采用滚珠丝杠传动代替螺旋丝杠传动。和螺旋丝杠比起来，滚珠丝杠传动有以下特点：

1）高传动效率。它的传动效率达到 90% ~ 96%，是一般滑动丝杠的 2 ~ 4 倍。这就使得它能够用较小的动力来移动较大的载荷。

2）运动平稳。起动力矩和运动力矩基本相等，使它起动时无颤振，低速时无爬行。

3）寿命长。由于实际载荷远小于需用载荷的原因，它的使用寿命大多超过它的设计寿命。

4）传动精度高。滚珠丝杠在设计和制造上保证了很高的精度，而且运动精度和定位精度也都较高，同时运动灵敏、无爬行、磨损小都是它良好精度的保障。

5）可预紧消隙。经过适当的预紧能提高其反向传动精度和刚度，反向时无空程死区，但是滚珠丝杠副的摩擦角小于 1°，因此不自锁。如果滚珠丝杠副驱动升降运动（如主轴箱或升降台的升降），则必须有制动装置。滚珠丝杠的静、动摩擦系数实际上几乎没有什么差别。它可以消除反向间隙并施加预载，有助于提高定位精度和刚度。

2. 常用的滚珠丝杠的结构

在数控机床上常用的滚珠丝杠见表6-3。滚珠丝杠副的主要参数有：公称直径D、导程L和接触角β。公称直径是指滚珠与螺纹滚道在理论接触角状态时包络滚珠球心的圆柱直径，它与承载能力直接有关，常用范围为$\phi30 \sim \phi80mm$，一般大于丝杠长度的$1/30 \sim 1/35$；导程的大小要根据机床的加工精度要求确定，精度高时，导程小一些，精度低时，导程大一些，一般来说导程的数值在满足加工精度的条件下尽可能地取得大一些。而参数的具体数值可以查表得出。

表6-3 常用的滚珠丝杠

系列	详细结构	说明
G 系列滚珠丝杠副		滚珠内循环 固定反向器 单螺母
GD 系列滚珠丝杠副	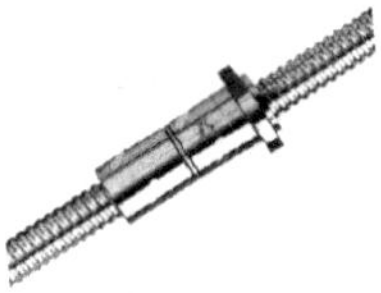	滚珠内循环 固定反向器 双螺母 垫片预紧
CDM 系列滚珠丝杠副	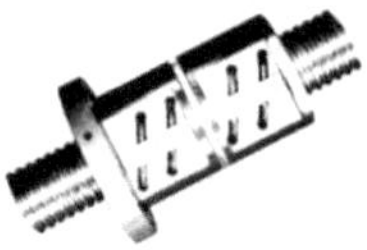	滚珠外循环 插管埋入式反向器 双螺母 垫片预紧
JS-FC 系列大导程滚珠丝杠副	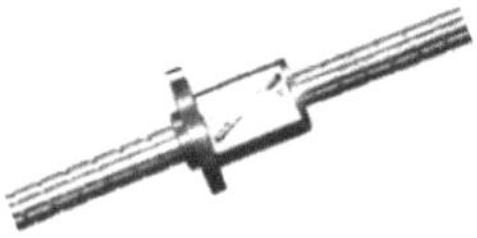	滚珠外循环 插管突出式反向器 单螺母
CBT 系列滚珠丝杠副		滚珠外循环 插管突出式反向器 单螺母 变位导程预紧
ZCT 系列大型重载和滚珠丝杠副	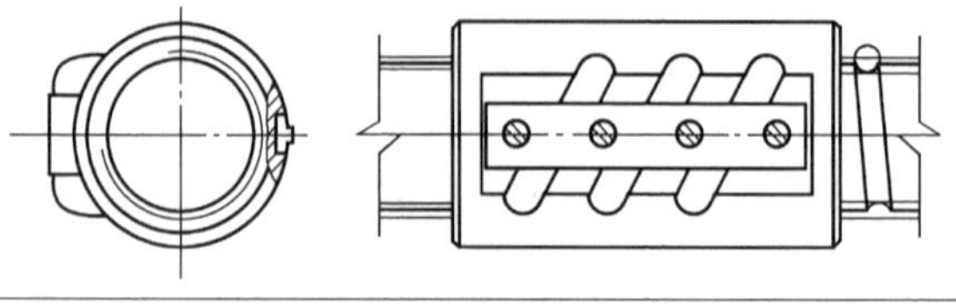	滚珠外循环 插管突出式反向器单螺母，额定载荷同钢球直径有关，可根据载荷大小调整钢球大小

（续）

系列	详细结构	说明
GL 系列标准滚珠丝杠螺母副，常被库存		滚珠内循环 固定反向器 双螺母 用户可根据自己需要调整预紧力
CM 系列滚珠丝杠螺母副		滚珠外循环 插管埋入式反向器 单螺母

3. 滚珠丝杠螺母副的维护

（1）滚珠丝杠螺母副传动消隙

滚珠丝杠螺母副的轴向间隙直接影响其反向传动精度和轴向刚度。滚珠丝杠螺母副轴向间隙的常用消除方法是双螺母调整法。它的调整原理是利用两个螺母的相对轴向位移，使两个滚珠螺母中的滚珠分别贴紧在螺旋滚道的两个相反的侧面上。用上述方法预紧消除轴向间隙时，应注意预紧力不宜过大，预紧力过大会使空载力矩增加，从而降低传动效率，缩短使用寿命。此外还要消除丝杠安装部分和驱动部分的间隙。

轴向间隙通常是指丝杠和螺母无相对转动时，丝杠、螺母之间的最大轴向窜动。除了结构本身的游隙之外，在施加轴向载荷之后，轴向间隙还包括了弹性变形所造成的窜动，可以通过预紧的方法来消除间隙，消除间隙的时候应控制好预加载荷，过大将增加摩擦阻力、降低传动效率、缩短寿命，所以一般要经过几次调整才能保证机床在最大轴向载荷下，既能消除间隙又能灵活运转。

除了个别采用变量导程或微量过盈滚珠的单螺母消除间隙外，滚珠丝杠螺母副常用双螺母预紧消除间隙，图 6-6 所示是双螺母齿差调隙式结构，图 6-7 所示是双螺母垫片调隙式结构。除此之外还有双螺母螺纹调整间隙式结构，如图 6-8 所示。它用平键限制了螺母在螺母座内的转动，调整时只要拧动圆螺母就能将滚珠丝杠螺母沿轴向移动一定距离，在消除间隙后将其锁紧。这种结构虽然简单、调整方便，但是调整精度差。

（2）滚珠丝杠副的保护

滚珠丝杠副和其他滚动摩擦的传动元件一样，只要避免磨料微粒及化学活性物质进入，就可以认为这些元件几乎是在不产生磨损的情况下工作的。但如果在滚道上落入了脏物或使用肮脏的润滑油，不仅会妨碍滚珠的正常运转，而且使磨损急剧

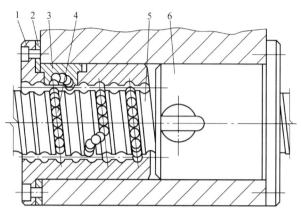

图 6-6　双螺母齿差调隙式结构
1、6—螺母　2—调整垫片　3—反向器　4—滚珠　5—丝杠

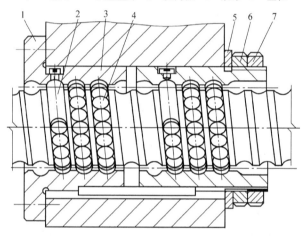

图 6-7　双螺母垫片调隙式结构
1、7—螺母　2—丝杠　3—反向器
4—滚珠　5—调整垫片　6—圆螺母

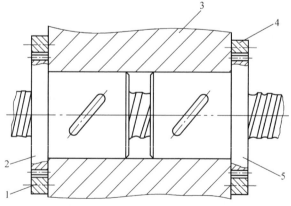

图 6-8　双螺母螺纹调整间隙式结构
1、4—内齿圈　2、5—螺母　3—螺母座

增加。对于制造误差和预紧变形量以微米计的滚珠丝杠传动副来说，这种磨损就特别敏感。因此，有效地防护密封和保持润滑油的清洁就显得十分必要。

通常采用毛毡圈对螺母副进行密封，毛毡圈的厚度为螺距的 2~3 倍，而且内孔做成螺纹的形状，使之紧密包住丝杠，并装入螺母套筒两端的槽孔内。由于密封圈和丝杠直接接触，因此防尘效果较好，但也增加了滚珠丝杠螺母副的摩擦阻力矩。为了避免这种摩擦阻力矩。可以采用由较硬的塑料制成的非接触式迷宫密封圈，内孔做成与丝杠螺纹滚道相反的形状，并保留一定间隙。

对于暴露在外面的丝杠，一般采用螺旋钢带、伸缩套筒、锥形套筒以及折叠式塑料或人造革等形式的防护罩，以防止尘埃和磨粒粘附到丝杠表面。这几种防护罩都是一端连接在滚珠螺母的断面，另一端固定在滚珠丝杠的支撑座上。

（3）滚珠丝杠副的润滑

在滚珠丝杠副里加润滑剂可提高其耐磨性和传动效率。润滑剂可分为润滑油和润滑脂两大类。润滑油一般为全损耗系统用油，润滑脂可采用锂基润滑脂。润滑脂一般加在螺纹滚道和安装螺母的壳体空间内，而润滑油则经过在壳体上的油孔注入螺母的空间内。每半年对滚珠丝杠上的润滑脂更换一次，清洗丝杠上的旧润滑脂，涂上新的润滑脂。用润滑油润滑的滚珠丝杠副，可在每次机床工作前加油一次。

（4）支承轴承的定期检查

应定期检查丝杠支承轴承与床身的连接是否有松动，以及支承轴承是否损坏等。如有以上问题，要及时紧固松动部位并更换支承轴承。

（5）伺服电动机与滚珠丝杠的连接

伺服电动机与丝杠的连接，必须保证无间隙。在数控设备中，伺服电动机与滚珠丝杠主要采用三种连接方式：直联式、齿轮减速式、同步带式。在闭环数控设备中大都采用直联式。

6.3.2　滚珠丝杠螺母副常见的故障及排除方法

表 6-4 为滚珠丝杠螺母副常见的故障诊断及排除的一览表。

表 6-4　滚珠丝杠螺母副故障诊断及排除

序号	故障现象	故障原因	排除方法
1	加工工件表面粗糙度值高	导轨的润滑油不足，致使溜板爬行	加润滑油，排除润滑故障
		滚珠丝杠有局部拉毛或研损	更换或修理丝杠
		丝杠轴承损坏，运动不平稳	更换损坏轴承
		伺服电动机未调整好，增益过大	调整伺服电动机控制系统
2	反向误差大，加工精度不稳定	丝杠轴联轴器锥套松动	重新紧固，并用百分表反复测试
		丝杠轴滑板配合压板过紧或过松	重新调整或修研，用 0.03mm 塞尺塞不入为合格

（续）

序号	故障现象	故障原因	排除方法
2	反向误差大，加工精度不稳定	丝杠轴滑板配合楔铁过紧或过松	重新调整或修研，使接触率达70%以上，用0.03mm塞尺塞不入为合格
		滚珠丝杠预紧力过紧或过松	调整预紧力，检查轴向窜动值，使其误差不大于0.015mm
		滚珠丝杠螺母端面与结合面不垂直，结合过松	修理、调整或加垫处理
		丝杠支座轴承预紧力过紧或过松	修理调整
		滚珠丝杠制造误差大或轴向窜动	用控制系统自动补偿功能消除间隙，用仪器测量并调整丝杠窜动
		润滑油不足或没有	调节至各导轨面均有润滑油
		其他机械干涉	排除干涉部位
3	滚珠丝杠在运转中转矩过大	二滑板配合压板过紧或研损	重新调整或修研压板，使0.04mm塞尺塞不入为合格
		滚珠丝杠螺母反向器损坏，滚珠丝杠卡死或轴端螺母预紧力过大	修复或更换丝杠，并精心调整
		丝杠研损	更换
		伺服电动机与滚珠丝杠连接不同轴	调整同轴度并紧固连接座
		无润滑油	调整润滑油路
		超程开关失灵造成机械故障	检查故障并排除
		伺服电动机过热报警	检查故障并排除
4	丝杠螺母润滑不良	分油器是否分油	检查定量分油器
		油管是否堵塞	清除污物使油管畅通
5	滚珠丝杠副噪声	滚珠丝杠轴承压盖压合情况不好	调整轴承压盖，使其压紧轴承端面
		滚珠丝杠润滑不良	检查分油器和油路，使润滑油充足
		滚珠产生破损	更换滚珠
		电动机与丝杠联轴器松动	拧紧联轴器锁紧螺钉
		滚珠丝杠支承轴承可能破损	如轴承破损更换新轴承
6	滚珠丝杠运动不灵活	轴向预加载荷太大	调整轴向间隙和预加载荷
		滚珠丝杠与导轨不平行	调整丝杠支座位置，使丝杠与导轨平行
		螺母轴线与导轨不平行	调整螺母座的位置
		丝杠弯曲	校直丝杠
7	滚珠丝杠螺母副传动状况不良	滚珠丝杠螺母副润滑状况不良	用润滑脂润滑的丝杠需移动工作台取下罩套，涂上润滑脂

6.3.3　滚珠丝杠螺母副故障诊断的实例

【例6-14】FANUC 11T 数控车丝机 SV001 故障的处理。

故障现象： SV011 报警。

故障检查与分析： 该机床为美国 PMC 公司的数控车丝机。系统采用 FANUC 11T 系统。SV011 X（2）LS1 OVERFLOW 报警在使用中出现的次数最多，同时在伺服控制器的电源板或控制板上也有报警。FANUC 资料指出："位置偏差超过 ±32767 或 D/A 转换器的速度指令值超出 −8192 ～ +8192 的范围，这个错误通常是由于不适当的参数设定所引起的。"但是修改参数设定不能解决问题。归纳起来主要有伺服电源板过热，伺服柜内温度高，伺服电动机与丝杠联轴器松动，丝杠拖动的机械传动部分阻力过大，润滑不良，光栅尺的反馈信号失控等原因。因 SV011 报警时把伺服控制板、光栅尺、EXE 放大器、CNC 主板都换了也没解决问题，最后确认是伺服电源板下面的风扇不工作，电源板内吸附的灰土油污较多，不能良好地散热造成。

故障处理： 清理排气扇电动机后，报警消失。

【例6-15】机床强力切削时剧烈抖动。

故障现象： 机床进行框架零件强力铣削时，Y 轴产生剧烈的抖动，向正方向运行时尤为明显，向负方向运行时抖动减小。

故障分析与排除：

1）伺服电动机电刷损坏，编码器进油，伺服电动机内部进油，电动机磁钢脱落。将电动机和丝杠脱开空运行，电动机运转正常，没有抖动。

2）丝杠轴承损坏或丝杠锁紧螺母松动，间隙过大。检查轴承完好，锁紧螺母重新紧固，故障仍未排除。

3）丝杠丝母间隙过大，螺母座和结合面的定位销及紧固螺钉松动，造成单方向抖动。重新紧固螺母座，故障消失。

【例6-16】加工零件时孔距严重超差。

故障现象： 当加工一排等距孔的零件，出现了严重孔距误差（达 0.16mm），且误差为"加"误差（正向误差），连续多次试验皆同。

故障分析与排除：

1）X 坐标轴的伺服电动机和丝杠传动齿轮间隙过大。调整电动机前端的偏心轮调整盘，使齿轮间隙合适。

2）固定电动机、机械齿轮的紧固锥环松动，造成齿轮运动时产生间隙。检查并紧固锥环的压紧螺钉。

3）X 导轨镶条的锁紧螺钉脱落或松动，造成工作台在运动中出现间隙。重新调整导轨镶条，使工作台在运动中不出现过紧或过松现象。

4）X坐标导轨和镶条出现不均匀磨损，丝杠局部螺距不均匀，丝杠螺母之间间隙增大。检查并修研调整，使导轨的接触面积（斑点）达到60%以上，用0.04mm塞尺不得塞入；检查丝杠精度应为正常，测量螺母和丝杠的轴向间隙应在0.01mm以内，否则就重新预紧螺母和丝杠。

5）X坐标的位置检测元件"脉冲编码器"的联轴器磨损及编码器的固定螺钉松动都会造成误差出现；编码器进油后也会造成"丢脉冲"现象。打开编码器用无水酒精清洗，检查电动机和编码器的联轴器，要求0.01mm的塞尺不得塞入其传动键面，紧固编码器螺钉。

6）滚珠丝杠螺母座和上工作台之间的固定连接松动，或螺母座端面和结合面垂直。检查结合面有无严重磨损，并将螺母座和上工作台的紧固螺钉重新紧固一遍。

7）因丝杠两端控制轴向窜动的推力圆柱滚子轴承（9108，P4级）严重研损造成间隙增大，或轴承座上用以消除轴承间隙的法兰压盖松动，及调节丝杠轴向间隙的调节螺母松动，都会造成间隙增大。卸下丝杠两端的四套轴承（9108），发现轴承内外环已经出现研损，轴承已经失效。重换轴承并重配法兰盘压紧垫的尺寸，使法兰盘压紧时对轴承有0.01mm左右的过盈量，这样才能保证轴承的运转精度和平稳性，使机床在强力切削时不会产生抖动。装上轴承座并调整锁紧螺母，用扳手转动丝杠使工作台运动，应使用不大的力量就能使其运动，并且没有忽轻忽重的感觉。

这些故障可能的原因，经一一做了检查和处理，故障却仍然存在。这0.16mm的误差究竟来自何方？仔细想想机械所能带来的误差，在坐标轴上的反应一般都是位移距离偏少，对孔距来说就是减误差，孔距的尺寸是减小的。而现在是坐标的实际位移距离比指令值给出的位移量偏多了0.16mm，由此判断问题出在电气方面，从实际位移大于指令位移来看，问题可能出在X轴的位置反馈环节上，也就是说，当运动指令值0.16mm后，反馈脉冲才进入数控系统中，这样就可肯定是反馈环路中某些部分性能不良所致。将系统控制单元和X轴速度控制单元换到另一台机床上，经测试出现同样现象。

故障处理：将控制单元送厂家检修后，故障解除。

6.4 导轨副机械结构故障诊断与维修

6.4.1 导轨副的结构及维护

1. 导轨副的结构与分类

导轨副是数控机床的重要执行部件，主要有滚动导轨、塑料导轨、静压导轨等；还有直线移动导轨和回转运动导轨。

滑动导轨具有结构简单、制造方便、接触刚度大等优点。但传统滑动导轨摩擦阻力大，磨损快，动、静摩擦系数差别大，低速时易产生爬行现象。目前，数控车床已不采用传统滑动导轨，而是采用带有耐磨粘贴带覆盖层的滑动导轨和新型塑料滑动导轨。它们具有摩擦性能良好和使用寿命长等特点。

导轨刚度的大小、制造是否简单、能否调整、摩擦损耗是否最小以及能否保持导轨的初始精度，在很大程度上取决于导轨的横截面形状。车床滑动导轨的横截面形状常采用山形截面和矩形截面。山形截面，如图6-9a所示。这种截面导轨导向精度高，导轨磨损后靠自重下沉自动补偿。下导轨用凸形，有利于排污物，但不易保存油液。矩形截面，如图6-9b所示。这种截面导轨制造维修方便，承载能力大，新导轨导向精度高，但磨损后不能自动补偿，需用镶条调节，影响导向精度。

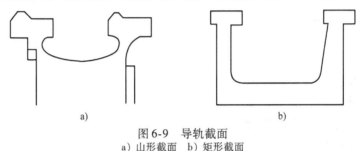

a)　　　　　　　　　　　　　　　　　b)

图6-9　导轨截面
a) 山形截面　b) 矩形截面

滚动导轨的优点是摩擦系数小，动、静摩擦系数很接近，不会产生爬行现象，可以使用油脂润滑。数控车床导轨的行程一般较长，因此滚动体必须循环。根据滚动体的不同，滚动导轨可分为滚珠直线导轨和滚柱直线导轨，如图6-10所示。后者的承载能力和刚度都比前者高，但摩擦系数略大。

滚动导轨摩擦系数小、运动轻便灵活、所需功率小、磨损小、精度保持性好，在低速的运动平稳，移动精度和定位精度都较高。但是滚动导轨结构复杂、制造成本高、抗振性差。

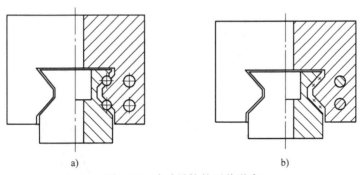

a)　　　　　　　　　　　　　　　　　b)

图6-10　滚动导轨的两种形式
a) 滚珠直线导轨　b) 滚柱直线导轨

滚动直线导轨副是由导轨、滑块、滚珠、反向器、保持架、密封端盖及挡板等组成的，如图6-11所示。当导轨与滑块做相对运动时，滚珠就沿着导轨上的经过淬硬和精密磨削加工而成的四条滚道滚动，在滑块端部滚珠又通过反向装置（反向器）进入反向孔后再进入滚道，滚珠就这样周而复始地进行滚动运动。反向器两端装有防尘密封端盖，可有效地防止灰尘、屑末进入滑块内部。

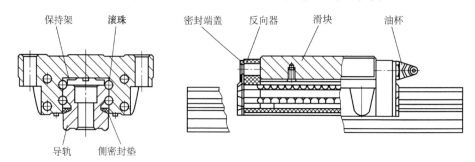

保持架　滚珠　　　　密封端盖　反向器　　滑块　　　　油杯

导轨　侧密封垫

图6-11　滚动导轨副的组成

2. 导轨副的安装维护

（1）导轨副的安装

导轨副的安装步骤如表6-5所示。

（2）间隙调整

保证导轨面之间具有合理的间隙是维护导轨副的一项重要工作。间隙过小，则摩擦阻力大，导轨磨损加剧；间隙过大，则在运动上失去了准确性和平稳性，在精度上失去了导向精度。间隙调整的方法有压板调整间隙、镶条调整间隙、压板镶条调整间隙，见图6-12 ~ 图6-14。

表6-5　导轨副的安装步骤

序号	说明	安装步骤图
1	检查装配面	

（续）

序号	说明	安装步骤图
2	设置导轨的基准侧面与安装台阶的基准侧面相对	
3	检查螺栓的位置，确认螺孔位置正确	
4	预紧固定螺钉，使导轨基准侧面与安装台阶侧面相接	

（续）

序号	说明	安装步骤图
5	最终拧紧安装螺栓	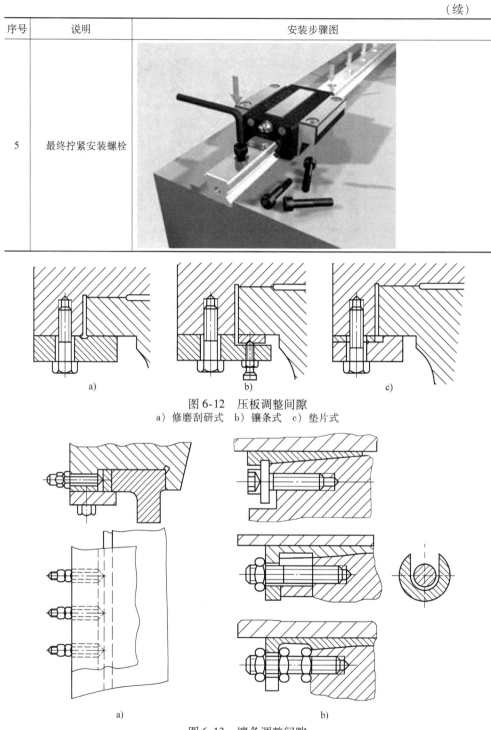

图 6-12　压板调整间隙
a）修磨刮研式　b）镶条式　c）垫片式

图 6-13　镶条调整间隙
a）等厚度镶条　b）斜镶条

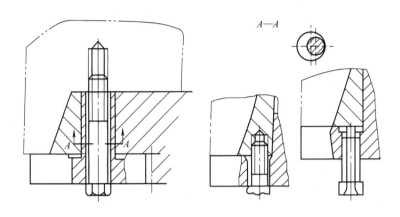

图 6-14　压板镶条调整间隙

（3）滚动导轨的预紧

为了提高滚动导轨的刚度，对滚动导轨应预紧。预紧可提高接触刚度和消除间隙。在立式滚动导轨上，预紧可防止滚动体脱落和歪斜。常见的预紧方法有过盈配合法和调整法两种。过盈配合法是所加载荷大于外载荷，预紧力产生过盈量为 2～3μm。预紧力过大会使牵引力增加。若运动部件较重，其重力可起预加载荷作用；若刚度满足要求，可不施预紧力。调整法，就是指利用螺钉、斜块或偏心轮调整进行预紧。

（4）导轨的润滑

导轨面上进行润滑后，可降低摩擦，减少磨损，并且可防止导轨面锈蚀。导轨常用的润滑剂有润滑油和润滑脂。滑动导轨用润滑油，而滚动导轨既可用润滑油也可用润滑脂。对运动速度较高的导轨大都采用润滑泵，以压力油强制润滑。这样不但可连续或间歇供油给导轨进行润滑，而且可利用油的流动冲洗冷却导轨表面。为实现强制润滑，必须各有专门的供油系统。

（5）导轨的防护

为了防止切屑、磨粒或切削液散落在导轨面上而引起磨损、擦伤和锈蚀，导轨面上应有可靠的防护装置。常用的刮板式、卷帘式和叠层式防护罩，大多用于长导轨上。在机床使用过程中，应防止损坏防护罩。对叠层式防护罩应经常用刷子蘸机油清理移动接缝，以避免碰壳现象的产生。

6.4.2　导轨副故障诊断与维修方法

导轨副的故障诊断及排除方法如表 6-6 所示。

表 6-6　导轨副的故障诊断及排除方法

序号	故障现象	故障原因	排除方法
1	导轨研伤	机床经长期使用，地基与床身水平有变化，使导轨局部单位面积负荷过大	定期进行床身导轨的水平调整，或修复导轨精度
		长期加工短工件或承受过分集中的负载，使导轨局部磨损严重	注意合理分布短工件的安装位置，避免负荷过分集中
		导轨润滑不良	调整导轨润滑油量，保证润滑油压力
		导轨材质不佳	采用电镀加热自冷淬火对导轨进行处理，导轨上增加锌铝铜合金板，以改善摩擦情况
		刮研质量不符合要求	提高刮研修复的质量
		机床维护不良，导轨里落下脏物	加强机床保养，保护好导轨防护装置
2	导轨上移动部件运动不良或不能移动	导轨面研伤	用 180# 砂布修磨机床导轨面上的研伤
		导轨压板研伤	卸下压板，调整压板与导轨间隙
		导轨镶条与导轨间隙太小，调得太紧	松开镶条止退螺钉，调整镶条螺栓，使运动部件运动灵活，保证 0.03mm 塞尺不得塞入，然后锁紧止退螺钉
3	加工面在接刀处不平	导轨直线度超差	调整或修刮导轨，允差 0.015mm/500mm
		工作台塞铁松动或塞铁弯曲度太大	调整塞铁间隙，塞铁弯度在自然状态下小于 0.05mm/全长
		机床水平度差，使导轨发生弯曲	调整机床安装水平，保证平行度、垂直度在 0.02mm/1000mm 之内

6.5　刀库及换刀装置故障诊断与维修

6.5.1　刀架、刀库和换刀装置机械结构

数控机床的刀架、刀库和换刀装置是机床的重要组成部分。在一定程度上，刀架、刀库和换刀装置的结构和性能体现了机床的设计和制造技术水平。随着数控机床的不断发展，刀具、刀库和换刀装置结构形式也在不断翻新。

1. 刀架

以车床为例。按换刀方式的不同，数控车床的刀架系统主要有回转刀架、排式刀架和带刀库的自动换刀装置等多种形式。

（1）排式刀架

排式刀架一般用于小规格数控车床，以加工棒料或盘类零件为主。它的结构形式为，夹持着各种不同用途刀具的刀夹沿着机床的 X 轴方向排列在横向滑板上。刀具的典型布置方式如图 6-15 所示。这种刀架在刀具布置和机床调整等方面都较为方便，可以根据具体工件的车削工艺要求，任意组合各种不同用途的刀具，一把

刀具完成车削任务后，横向滑板只要按程序沿 X 轴移动预先设定的距离后，第二把刀就到达加工位置，这样就完成了机床的换刀动作。这种换刀方式迅速省时，有利于提高机床的生产效率。

（2）回转刀架

回转刀架（见图6-16）是数控车床最常用的一种典型换刀刀架，通过刀架的旋转分度定位来实现机床的自动换刀动作。根据加工要求可设计成四方、六方刀架或圆盘式刀架，并相应地安装4把、6把或更多的刀具。回转刀架的换刀动作可分为刀架抬起、刀架转位和刀架锁紧等几个步骤。它的动作是由数控系统发出指令完成的。回转刀架根据刀架回转轴与安装底面的相对位置，分为立式刀架和卧式刀架两种。

2. 刀库

加工中心刀库的形式及结构各不相同，最常用的有鼓轮式刀库、链式刀库和格子盒式刀库。鼓轮式刀库结构紧凑、简单，在钻削中心上应用较多，一般存放的刀具不超过32把；链式刀库是在传动链条上安置许多刀座，刀座的孔中装夹各种刀具，链条有链轮驱动，其长度取决于刀具的数量，一般用于刀库容量加大的场合；格子盒式刀库的刀具分几排直线排列，由纵、横向移动的取刀机械手完成选刀运动，将选取的刀具送到固定的换刀位置刀座上，再有换刀机械手交换刀具，它的空间利用率高、刀库容量大。刀库机械手的结构如图6-17所示。常见的刀库结构如表6-7所示。

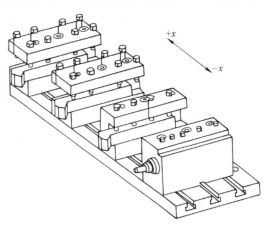

图6-15 排式刀架

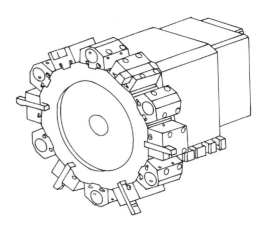

图6-16 卧式回转刀架

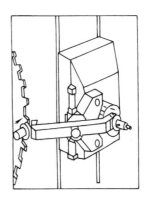

图6-17 刀库机械手结构

表 6-7　常见刀库结构

名　　称	形　　状
40#50#龙门式刀库	
40# 斗笠式圆盘刀库	
40# 圆盘刀库系列	
50# 链条立式刀库	
50# 落地式刀库	

（续）

名称	形状
50# 卧式、导轨式刀库	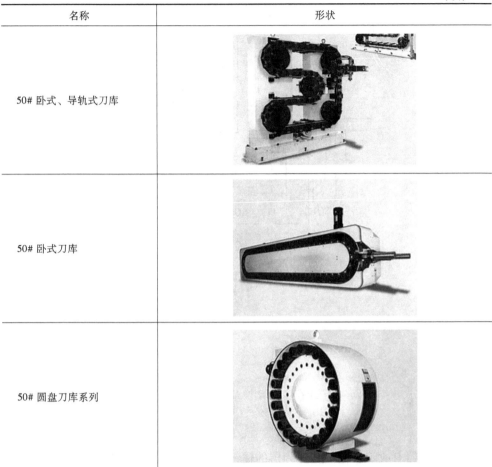
50# 卧式刀库	
50# 圆盘刀库系列	

3. 换刀装置

数控设备的换刀机械手的主要功能是实现刀库与机床主轴之间刀具的传递和装卸，根据刀具的交换方式不同，通常分为无机械手换刀和有机械手换刀两大类。自动换刀控制图如图 6-18 所示。

6.5.2　刀架、刀库和换刀机械手常见故障诊断及排除

1. 刀库的故障

刀库的主要故障有：刀库不能转动或转动不到位，刀库的刀套不能夹紧刀具，刀套上、下不到位等。

（1）刀库不能转动或转动不到位

刀库不能转动的可能原因有：

1）连接电动机轴与蜗杆轴的联轴器松动。

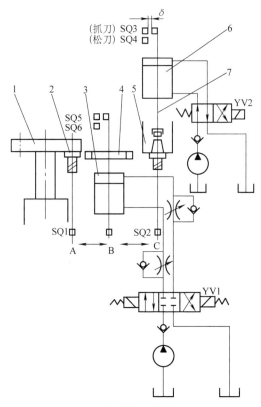

图 6-18 自动换刀控制示意图
1—刀库 2—刀具 3—换刀臂升降液压缸
4—换刀臂 5—主轴 6—主轴液压缸 7—拉杆

2）变频器有故障，应检查变频器的输入、输出电压是否正常。

3）PLC 无控制输出，可指示接口板中的继电器失效。

4）机械连接过紧或黄油黏涩。

5）电网电压过低（低于370V）。

刀库转动不到位的可能原因有：电动机转动故障，传动机构误差。

（2）刀套不能夹紧刀具

可能原因是刀套上的调整螺母松动或弹簧太松，造成卡紧力不足；刀具超重。

（3）刀套上、下不到位

可能原因是装置调整不当或加工误差过大而造成拨叉位置不正确；因限位开关安装不准或调整不当而造成反馈信号错误。

（4）刀套不能拆卸或停留一段时间才能拆卸

应检查操纵刀套90°拆卸的气阀是否松动，气压足不足，刀套的转动轴是否锈蚀等。

2. 换刀机械手故障

（1）刀具夹不紧

可能原因有风泵气压不足，增压漏气，刀具卡紧气压漏气，刀具松开弹簧上的螺母松动。

（2）刀具夹紧后松不开

可能原因有松锁刀的弹簧压合过紧，应逆时针旋松卡刀簧上的螺母，使最大载荷不超过额定数值。

（3）刀具从机械手中脱落

应检查刀具是否超重，机械手锁紧卡是否损坏或没有弹出来。

（4）刀具交换时掉刀

换刀时主轴箱没有回到换刀点或换刀点漂移，机械手抓刀时没有到位就开始换刀，都会导致换刀时掉刀。这时应重新操作主轴箱运动，使其回到换刀点位置，重新设定换刀点。

（5）机械手换刀速度过快或过慢

可能是因气压太高或太低和换刀气阀节流开口太大或太小，应调整气压大小和节流阀开口的大小。

（6）机械手在主轴上装不进刀

这时应考虑主轴准停装置失灵或装刀位置不对，应检查主轴的准停装置，并校准检测元件。

3. 自动换刀装置故障

加工中心刀库及自动换刀装置的故障表现在：刀库运动故障、定位误差过大、机械手夹持刀柄不稳定和机械手运动误差过大等。这些故障最后都造成换刀动作卡位，整机停止工作，机械维修人员对此要有足够的重视。表6-8为刀架、刀库和换刀机械手常见的故障诊断及排除。

表6-8　刀架、刀库和换刀机械手常见的故障诊断及排除

序号	故障现象	故障原因	排除方法
1	转塔刀架没有抬起动作	控制系统是否有 T 指令输出信号	如未能输出，请电器人员排除
		抬起电磁铁断线或抬起阀杆卡死	修理或清除污物，更换电磁铁
		压力不够	检查油箱或重新调整压力
		抬起液压缸研损或密封圈损坏	修复研损部分或更换密封圈
		与转塔抬起连接的机械部分研损	修复研损部分或更换零件
2	转塔转位速度缓慢或不转位	检查是否有转位信号输出	检查转位继电器是否吸合
		转位电磁阀断线或阀杆卡死	修理或更换
		压力不够	检查是否液压故障，调整到额定压力

（续）

序号	故障现象	故障原因	排除方法
2	转塔转位速度缓慢或不转位	转位速度节流阀是否卡死	清洗节流阀或更换
		液压泵研损卡死	检查或更换液压泵
		凸轮轴压盖过紧	调整调节螺钉
		抬起液压缸体与转塔平面产生摩擦、研损	松开连接盘进行转位试验；取下连接盘配磨平面轴承下的调整垫，并使相对间隙保持在 0.04mm
		安装附具不配套	重新调整附具安装，减少转位冲击
3	转塔转位时碰牙	抬起速度或抬起延时时间短	调整抬起延时参数，增加延时时间
4	转塔不正位	转位盘上的撞块与选位开关松动，使转塔到位时传输信号超前或滞后	拆下护罩，使转塔处于正位状态，重新调整撞块与选位开关的位置并紧固
		上下连接盘与中心轴花键间隙过大，产生位移偏差大，落下时易碰牙顶，引起转位不到位	重新调整连接盘与中心轴的位置；间隙过大可更换零件
		转位凸轮与转位盘间隙大	用塞尺测试滚轮与凸轮，将凸轮置中间位置；转塔左右摆量保持在二齿中间，确保落下时顺利啮合；转塔抬起时用手摆动，摆动量不超过二齿的1/3
		凸轮在轴上窜动	调整并紧固固定转位凸轮的螺母
		转位凸轮轴的轴向预紧力过大或有机械干涉，使转位不到位	重新调整预紧力，排除干涉
5	转塔转位不停	两计数开关不同时计数或复置开关损坏	调整两个撞块位置及两个计数开关的计数延时，修复复置开关
		转塔上的24V电源断线	接好电源线
6	转塔刀重复定位精度差	液压夹紧力不足	检查压力并调到额定值
		上下牙盘受冲击，定位松动	重新调整固定
		两牙盘间有污物或滚针脱落在牙盘中间	清除污物保持转塔清洁，检修更换滚针
		转塔落下夹紧时有机械干涉（如夹铁屑）	检查排除机械干涉
		夹紧液压缸拉毛或研损	检修拉毛研损部分，更换密封圈
		转塔坐落在二层滑板之上，由于压板和楔铁配合不牢产生运动偏大	修理调整压板和楔铁，0.04mm 塞尺塞不入
7	刀具不能夹紧	风泵气压不足	使风泵气压在额定范围
		刀具卡紧液压缸漏油	更换密封装置，卡紧液压缸
		增压漏气	关紧增压
		碟形弹簧位移量小	调整碟形弹簧行程长度
		刀具松卡弹簧上的螺母松动	旋紧螺母使其最大工作载荷不超过13kN

（续）

序号	故障现象	故障原因	排除方法
8	刀具夹紧后不能松开	松锁刀的弹簧压力过紧	调节松锁刀弹簧上的螺母，使其最大载荷不超过额定数值13kN
		液压力和活塞行程不够	调整液压力和活塞行程开关
9	刀套不能夹紧刀具	刀套上的调节螺母松动	顺时针旋转刀套两端的调节螺母，压紧弹簧，顶紧卡紧销
10	刀具从机械手脱落	刀具超重	刀具重量不得超过规定值
		机械手卡紧销损坏或没有弹出	更换机械手卡紧销
11	机械手换刀速度过快或过慢	气压太高或太低和换刀气阀节流开口过大或过小	调整气泵的压力和流量，旋转节流阀至换刀速度合适
12	换刀时找不到刀	刀位编码用组合行程开关、接近开关等元件损坏、接触不好或灵敏度降低	更换损坏元件
13	刀具交换时掉刀	换刀时主轴箱没有回到换刀点或换刀点漂移	重新操作主轴箱运动，使其回到换刀点位置，重新设定换刀点
		机械手抓刀时没有到位，就开始拔刀	调整机械手手臂，使手臂抓紧刀柄时再拔刀
14	刀库不能旋转	连接电动机轴与涡轮轴的联轴器松动	紧固联轴器上的螺钉

6.5.3 刀架、刀库和换刀机械手故障诊断及排除实例

【例6-17】加工尺寸不能控制故障的排除。

故障现象： 在产品加工过程中，发现有加工尺寸不能控制的现象。修改参数后，数码显示器显示的尺寸与实际加工出来的尺寸相差悬殊，且尺寸的变化无规律可循。即使不修改系统参数，加工出来的产品尺寸也在不停地变化。

故障检查与分析： 该机床采用南京江南机床数控工程公司的 JN 系列机床数控系统改造的经济型数控车床。其刀架为常州市武进机床数控设备厂为 JN 系列数控系统配套生产的 LD4-T 型电动刀架。

该机床在产品加工的过程中，发生其加工尺寸不能控制的现象，操作者每次在系统中修改参数后，数码显示器显示的尺寸与实际加工出来的尺寸相差很大，且尺寸的变化无规律可循。即使不修改系统的加工参数，加工出来的产品尺寸也在不停地变化。因该机床主要是进行内孔加工，因此，尺寸的变化主要反应在 X 轴上。为了确定故障部位，采用替换法，将 X 轴的驱动信号与 Z 轴的驱动信号进行交换，即用 Z 轴控制信号去驱动 X 轴，而用 X 轴控制信号去驱动 Z 轴。替换后故障依然存在，这说明 X 轴的驱动信号无故障。同时也说明故障源应在 X 轴步进电动机及其传动机构、滚珠丝杠等硬件上。

检查上述传动机构、滚珠丝杠等硬件均无故障，进一步检查 X 轴轴向重复定位精度也在其技术指标之内。是何原因产生 X 轴加工尺寸不能控制呢？思考检查

分析故障的思路，发现在分析检查中忽略了一个重要的部件——电动刀架。检查电动刀架的每一个刀号的重复定位精度，故障源出现了，即电动刀架定位不准。分析电动刀架定位不准的原因，若是电动刀架自身的机械定位不准，故障应该是固定不变的，不应该出现加工尺寸不能控制的现象，定有其他原因造成该故障现象。检查电动刀架的转动情况，发现电动刀架在抬起时，有一铁屑卡在里面。铁屑使定位不准，这就是故障源。

故障处理： 拆开电动刀架，用压缩空气将电动刀架定位齿盘上的铁屑吹干净，重新装配好电动刀架，故障排除。

注意： 在经济型数控设备中，电动刀架定位齿盘内常会进入一些细小的铁屑，这些铁屑在定位盘内是随着电动刀架的转动而移动的。因此，在故障现象的反映上就表现为加工尺寸变化不定。对此类故障的预防，就是要定期对电动刀架进行清洁处理，包括拆开电动刀架，对定位齿盘进行清扫，才能保证机床正常工作。

【例 6-18】 刀库换刀位置错误故障。

故障设备： 德国 MH800C 加工中心，采用飞利浦公司 CNC5000 系列数控系统。

故障现象： 换刀系统在执行某步换刀指令时不动作，CRT 显示 E98 报警"换刀系统在机械臂位置检测开关信号为 0"和 E116 报警"刀库换刀位置错误"。

故障检查与分析： 从 CRT 提供的信息判断故障发生在换刀系统和刀库两部分，相应的位置检测开关无信号送到 CNC 单元的输入接口，从而导致机床自我保护，中断换刀。造成开关无信号输出的原因有：

1）由于液压或机械上的原因造成动作不到位而使开关得不到感应。

2）开关失灵。

根据机床结构情况，先查开关。首先检查刀库部分，用一薄铁片去感应开关，结果正常，接着检测装在换刀系统机械手内部的两个开关，发现机械臂停在行程中间位置上，"臂移出"开关 21S1 和"臂缩回"开关 21S2 均得不到感应，造成输出信号为 0（"臂移出"开关信号应为 1，换刀系统才有动作）。用螺钉旋具顶相应的 21Y2 电磁阀芯把机械臂缩回至"臂缩回"位置，机床恢复正常。

分析产生故障的原因，考虑到机床在此之前换刀正常，手控电磁阀能使换刀系统回位，说明液压或机械部分是正常的，为此怀疑换刀动作与程序换刀指令不协调是造成故障的原因。机床《操作员手册》中要求："连续运行中，两次换刀间隔时间不得小于 30s。"经计时发现，引发故障的程序段两次换刀间隔时间仅为 21s。

故障处理： 修改了相应的程序，故障排除。

【例 6-19】 主轴拉刀松动。

故障设备： VMC-65A 型加工中心。

故障现象： 使用半年出现主轴拉刀松动，无任何报警信息。

故障检查与分析： ①主轴拉刀碟形弹簧变形或损坏；②拉力液压缸动作不到

位；③拉钉与刀柄夹头间的螺纹联接松动。经检查，发现拉钉与刀柄夹头的螺纹联接松动，刀柄夹头随着刀具的插拔发生旋转，后退了约 1.5mm。该台机床的拉钉与刀柄夹头间无任何连接防松的锁紧措施。在插拔刀具时，若刀具中心与主轴锥孔中心稍有偏差，刀柄夹头与刀柄间就会存在一个偏心摩擦。刀柄夹头在这种摩擦和冲击的共同作用下，时间一长，螺纹松动退丝，出现主轴拉不住刀的现象。

故障处理： 将主轴拉钉和刀柄夹头的螺纹联接用螺纹锁固密封胶锁固，并用锁紧螺母锁紧后，故障消除。

【例 6-20】 南京 JN 系列数控系统刀架定位不准故障的处理。

故障现象： 电动刀架定位不准。

故障检查与分析： 该机床采用南京江南机床数控工程公司的 JN 系列机床数控系统改造的经济型数控车床。其刀架为常州市武进机床数控设备厂为 JN 系列数控系统配套生产的 LD4-I 型电动刀架。

其故障发生后，检查电动刀架的情况如下：电动刀架旋转后不能正常定位，且选择刀号出错。根据上述检查判断，怀疑是电动刀架的定位检测元件——霍尔开关损坏。拆开电动刀架的端盖，检查霍尔元件开关时，发现该元件的电路板是松动的。由电动刀架的结构原理知：该电路板应由刀架轴上的锁紧螺母锁紧，在刀架旋转的过程中才能准确定位。

故障处理： 重新将松动的电路板按刀号调整好，即将 4 个霍尔元件开关与感应元件逐一对应，然后锁紧螺母，故障排除。

【例 6-21】 德国德马吉 MD51T 车削中心刀架故障。

故障现象： 1 号刀架出现了偶尔找不到刀的故障。刀架处在自由转动状态，有时输入换刀指令时，出现刀架没有动，而且发生刀架锁死现象，CRT 显示刀号编码错误信息；刀架锁死后，更换任何刀都没动作。不管断电还是带电，都无法转动刀架。只有在拆除刀架到位信号线后，再通电才能转动刀架。

故障检查与分析： 从上述现象看，可能由两种情况所致，一种是编码器接线接触不良，另一种是编码器损坏。通过检查编码器连线，没发现接线松动现象，接线良好。排除接触不良因素，再结合刀架卡死现象分析：由于刀架夹紧之后，编码器出现故障，发出了错误的二进制编码，即计算机不能识别的代码。所以，计算机处在等待换刀指令状态，而且刀架到位信号一直有效，刀架被锁死。至此，可以认为是编码器损坏。

故障处理： 在刀架卡锁死的情况下，必须把刀架到位信号线断开（注：在机床断电以后）。然后机床再通电，任意选一刀号，输入换刀指令，让刀架松开，此时刀架处在自由转动状态。断电，拆下原来的编码器，按原来的接法把新编码器与机床的连线接好，刀架与编码器轴连接好，不要固定编码器。然后机床送电，一边观察 CRT 显示的编码器编码，即 PLC 的输入刀号信息，一边用手转动刀架。需要说明一下，此机床上有两个刀架，每个刀架有 12 个刀位。对应的编码由 4 位二进制组成，有一个 8 位 PLC 输入口，如下所示：

7	6	5	4	3	2	1	0

第 7 位：刀架旋转准备好信号；第 6 位：刀架锁位信号，第 5 位：在位信号，第 3、2、1、0 四位：为 12 个刀号编码，1 号编码为 0001，2 号编码为 0010，以此类推。

在转动刀架时，手握住编码器，只让刀架带动编码器轴转动，使 1 号刀对准工作位置，然后用手旋转编码器直到 CRT 显示刀号编码为 0001；按同样方式再转动刀架，让 2 号刀对准工作位置，使 CRT 显示编码为 0010。至此，其余 10 把刀与其编码一一对应，最后固定编码器，更换编码器工作结束。试车，故障排除。

【例 6-22】 德州 SAG210/2NC 数控车床刀架不动作故障的处理。

故障现象： 刀架电动机不能起动，刀架不能动作。

故障检查与分析： 该机床为德州机床厂生产的 CKD6140 及 SAG210/2NC 数控车床，与之配套的刀架为 LD4-I 四工位电动刀架。

可能是电动机相位接反或电源电压偏低，但调整电动机相位线及电源电压，故障不能排除。说明故障为机械原因所致。将电动机罩卸下，旋转电动机风叶，发现阻力过大。拿开电动机进一步检查发现，蜗杆轴承损坏，电动机轴与蜗杆离合器质量差，使电动机出现阻力。

故障处理： 更换轴承，修复离合器，故障排除。

【例 6-23】 德州 SAG210/2NC 数控车床刀架不转故障。

故障现象： 上刀体抬起但不转动。

故障检查与分析： 该机床为德州机床厂生产的 CKD6140 及 SAG210/2NC 数控车床，与之配套的刀架为 LD4-I 四工位电动刀架。根据电动刀架的机械原理分析，上刀体不能转动可能是粗定位销在锥孔中卡死或断裂。

故障处理： 拆开电动刀架更换新的定位销后，上刀体仍然不能旋转。在重新拆卸时发现在装配上刀体时，应与下刀体的四边对齐，牙齿盘须啮合，按上述要求装配后，故障排除。

【例 6-24】 匈牙利 EEN-400 数控车床刀架定位不准的解决。

故障现象： 刀架定位不准。

故障检查与分析： EEN 400 匈牙利数控车（380 × 1250）是由匈牙利西姆（SEIN）公司生产的。数控系统型号为 HUNOR PNC 721，由匈牙利电子测量设备厂（ENGJ）生产，所配的刀架是由保加利亚生产的，可装 6 把刀。

经查定位不准的主要原因是刀架部分的机械磨损较严重，已不能通过常规的调整、刀具间隙补偿等手段来解决，需考虑进行整体更换。假如购同型号的原生产厂家的刀架，需外汇且价格昂贵，订货、购件手续多，时间长，影响生产。经了解，国内的数控刀架生产厂家已能生产相同性能的卧式6刀位刀架，作适当的处理，就可以替代进口备件。备件国产化应是方向。

故障处理：以陕西省机械研究院生产的JYY牌，型号WD75×6150W卧式数控电动刀架更换了原刀架，恢复出厂定位精度，经使用一年多来，一直正常。

说明：进口设备备件国产化已提到议事日程上来，国内的一些数控机床生产厂家及配套件生产厂家已经在这方面做了大量细致的工作，为我们数控机床用户提供了方便。只是信息的沟通方面尚需加强，才能使生产厂家产品有销路，使用单位有地方购买。

【例6-25】经济型数控车床刀架旋转不停故障的处理。

故障现象：刀架旋转不停。

故障检查与分析：刀架刀位信号未发出。应检查发讯盘弹性片触头是否磨坏、发讯盘地线是否断路。

故障处理：按上述相关问题解决。

【例6-26】经济型数控车床刀架越位故障的处理。

故障现象：刀架越位。

故障检查与分析：反靠装置不起作用。应检查反靠定位销是否灵活，弹簧是否疲劳；反靠棘轮与螺杆连接销是否折断；使用的刀具是否太长。

故障处理：针对检查的具体原因予以解决。

【例6-27】经济型数控车床刀架转不到位故障的处理。

故障现象：刀架转不到位。

故障检查与分析：发讯盘触头与弹簧片触头错位。应检查发讯盘夹紧螺母是否松动。

故障处理：重新调整发讯盘与弹簧片触头位置，锁紧螺母。

【例6-28】南京JN系列数控系统加工中刀具损坏故障的维修。

故障现象：加工过程中，刀具损坏。

故障检查与分析：该机床为采用南京江南机床数控工程公司的JN系列机床数控系统改造的经济型数控车床。其刀架为常州市武进机床数控设备厂为JN系列数控系统配套生产的LB4-I型电动刀架。

由故障现象，检查机床数控系统，X、Y轴均工作正常。检查电动刀架，发现当选择3号刀时，电动刀架便旋转不停，而电动刀架在1、2、4号刀位置均选择正常。采用替换法，将1、2、4号刀的控制信号任意去控制3号刀，3号刀位均不能定位。面3号刀的控制信号却能控制任意刀号。故判断是3号刀失控。由于3号刀失控，导致在加工的过程中刀具损坏。

根据电动刀架驱动器电气原理检查+24V电压正常，1、2号刀所对应的霍尔元件正常，而3号刀所对应的那一只霍尔元件不正常。

故障处理：更换一只霍尔元件后，故障排除。

说明：在电动刀架中，霍尔元件是一个关键的定位检测元件，它的好坏对于电动刀架准确地选择刀号，完成零件的加工有十分重要的作用。因此，对于电动刀架的定位故障，首先应考虑检查霍尔元件。

【例6-29】机械手不能手动换刀。

故障现象：机床的机械手不能手动换刀。

故障检查与分析：UFZ6加工中心采用SIEMENS880系统。

该机床刀库配有120把刀位，刀具的人工装卸是通过脚踏开关控制气阀的动作来夹紧和松开刀具。此故障发生时，气阀不动作，根据我们多年的维修经验知道，对于局部的可直接控制的动作利用PLC程序来判断故障是最有效的方法。由电路图我们知道气阀是由N-K8控制，N-K8继电器由A27.6的输出来控制。根据机床制造厂家提供的机床PLC程序手册，查出PB156-1为控制输出A27.6的程序，内容如下：

```
U    M    123.3
U    M    165.3
U    E    26.0
U    E    2S.7
=    A    27.6
```

注：程序中字母为德文。

由上述程序知道，M123.2和M165.3为PLC内部的程序中间继电器，输入E26.0由脚踏开关N-S06控制，输入E26.7是一套由机械和电气联锁装置组成的刀库门控制信号，上述4部分内容组成一个与门电路关系，控制输出A27.6。因此，从PLC输入状态检查E26.0和E26.7的状态。其中E26.0为1，满足条件；E26.7为0，条件不满足，因此断定刀库门控制盒内部有问题。

故障处理：拆开刀库门控制盒后发现盒内连接刀库门的插杆滑动块错位，致使刀库门打开时，盒内联锁开关状态不变化，输出信号E26.7始终不变。将插杆滑块位置复原后，打开刀库门时，E26.7为1，输出A27.6也为1，则气阀动作，手动换刀正常。

【例6-30】刀链不执行校准回零。

故障现象：开机，待自检通过后，启动液压，执行轴校准，其后在执行机械校准时出现以下两个报警：

```
ASL40    ALERT    CODE        16154
         CHAIN    NOT         ALIGNED
ASL40    ALERT    CODE        17176
         CHAIN    POSITION    ERROR
```

故障检查与分析：美国辛辛那提·米拉克龙公司的 T40 卧式加工中心，其 CNC 部分采用该公司的 A950 系统。T40 刀链校准是在 NC 接到校准指令后，使电磁阀 3SOL 得电控制液压马达驱动刀链顺时针转动，同时 NC 等待接收刀链回归校准点（HOMEPOSITION）的接近开关 3PROX（常开）信号。收到该信号后电磁阀 3SOL 失电，并使电磁阀 1SOL 得电，刀链制动销插入，同时 NC 再接收到制动销插入限位开关 1LS（常开）信号，刀链校准才能完成。

据此分析故障范围在以下 3 方面：

1）刀链因故未能转到校准位置（HOMEPOSITION）就停止。

2）刀链确已转到了校准位置，但由于接近开关 3PROX 故障，NC 没有接收到到位信号，刀链一直转动，直到 NC 在设定接收该信号的时间范围到时产生以上报警，刀链才停止校准。

3）刀链在转到校准位置时，NC 虽接到了到位信号，但由于 1SOL 故障，导致制动销不能插入，限位开关 1LS 信号没有，而且 3SOL 因惯性使刀链错开回归点，接近开关信号又没有。

故障处理：根据以上分析，首先检查接近开关 3PROX 正常。再通过该机在线诊断功能发现在机械校准操作时 1LS 信号 I0033（LS APIN_ ADV）和 SPROX 信号 I0034（PR-CHNA_ HOME）状态一直都为 OFF，观察刀链在校准过程中确实没有到位就停止转动，而且发现每次校准时转过的刀套数目也没有规律，怀疑电磁阀 3SOL 或者液压马达有问题。进一步查得液压马达有漏油现象，拆下更换密封圈，漏油排除，但仍不能校准，最后更换电磁阀 3SOL 后故障排除。

说明：由于用万用表测量电磁阀电压及阻值基本正常，而且每次校准时刀链也确实转动，因此在排除了其他原因后，最后才更换性能不良的电磁阀。

6.6　液压与气动传动系统故障诊断与维修

6.6.1　液压与气动传动系统原理与维护

1. 液压系统

（1）液压传动系统原理

液压传动系统在数控机床的机械控制与系统调整中占有很重要的位置，它所担任的控制、调整任务仅次于电气系统。液压传动系统被广泛应用到主轴的自动装夹、主轴箱齿轮的变档和主轴轴承的润滑、自动换刀装置、静压导轨、回转工作台及尾座等结构中。数控机床的液压系统原理见图 6-19，从中可看出它所驱动控制的对象。如液压卡盘、主轴上的松刀液压缸、液压拨叉变速液压缸、液压驱动机械手、静压导轨、主轴箱的液压平衡液压缸等。

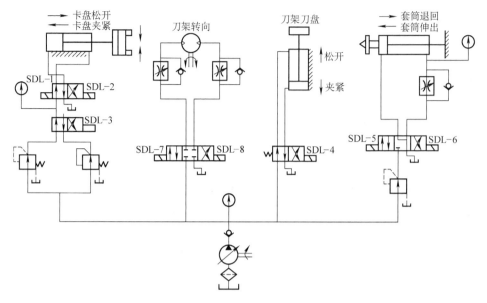

图 6-19　液压系统原理

（2）液压系统的维护

液压系统的维护及其工作正常与否对数控机床的正常工作十分重要。液压系统的维护要点有：

1）控制油液污染，保持油液清洁，是确保液压系统正常工作的重要措施。据统计，液压系统的故障有 80% 是由于油液污染引起的，油液污染还加速液压缸元件的磨损。

2）控制液压系统中油液的温升是减少能源消耗、提高系统效率的一个重要环节。一台机床的液压系统，若油温变化范围大，其后果是：① 影响液压泵的吸油能力及容积效率；② 系统工作不正常，压力、速度不稳定，动作不可靠；③ 液压元件内外泄漏增加；④ 加速油液的氧化变质。

3）控制液压系统泄漏极为重要，因为泄漏和吸空是液压系统常见的故障。要控制泄漏，首先是提高液压元件零部件的加工精度和元件的装配质量以及管道系统的安装质量。其次是提高密封件的质量，注意密封件的安装使用与定期更换，最后是加强日常维护。液压系统中管接头漏油是经常发生的。一般的 B 型薄壁管扩口式管接头的结构如图 6-20 所示。

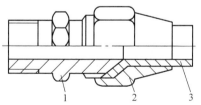

图 6-20　B 型薄壁管扩口式管结构
1—接头体　2—螺母　3—管子

该管接头由具有 74° 外锥面的接头体 1、带有 66° 内锥孔的螺母 2、扩过口的冷拉纯铜管 3 等组成，具有结构简单、尺寸紧凑、重量轻、使用简便等优点，适用于机床行业的中低压（3.5～16MPa）液压系统管路。使用时，将扩过口的管子置于接头体74°外锥面和螺母66°内锥孔之间，旋紧螺母，使管子的喇叭口受压并挤贴于接头体外锥面和螺母内锥孔的间隙中实现密封。在维修液压设备过程中，经常发现因管子喇叭口被磨损使接头处漏油或渗油，这往往是由于扩口质量不好或旋紧用力不当引起的。

4）防止液压系统振动与噪声。振动影响液压件的性能，使螺钉松动、管接头松脱，从而引起漏油。因此要防止和排除振动现象。

5）严格执行日常点检制度。液压系统故障存在着隐蔽性、可变性和难于判断性，因此，应对液压系统的工作状态进行点检，把可能产生的故障现象记录在日检维修卡上，并将故障排除在萌芽状态，减少故障的发生。

6）严格执行定期紧固、清洗、过滤和更换制度。液压设备在工作过程中，由于冲击振动、磨损和污染等因素，使管件松动，金属件和密封件磨损，因此，必须对液压件及油箱等实行定期清洗和维修，对油液、密封件执行定期更换制度。

（3）液压系统的点检

1）各液压阀、液压缸及管子接头处是否有外漏。

2）液压泵或液压马达运转时是否有异常噪声等现象。

3）液压缸移动时工作是否正常平稳。

4）液压系统的各测压点压力是否在规定的范围内。

5）油液的温度是否在允许的范围内。

6）液压系统工作时有无高频振动，压力是否稳定。

7）电气控制或撞块（凸轮）控制的换向阀工作是否灵敏可靠。

8）油箱内油量是否在油标刻线范围内。

9）行程开关或限位挡块的位置是否有变动。

10）液压系统手动或自动工作循环时是否有异常现象。

11）定期对油箱内的油液进行取样化验，检查油液质量。

12）定期检查蓄能器工作性能。

13）定期检查冷却器和加热器的工作性能。

14）定期检查和紧固重要部位的螺钉、螺母、接头和法兰螺钉。

15）定期检查更换密封件。

16）定期检查清洗或更换液压件。

17）定期检查清洗或更换滤芯。

18）定期检查清洗油箱和管道。

2. 气动系统

（1）气动系统气动原理

数控机床上的气动系统用于主轴锥孔吹气和开关防护门。有些加工中心依靠气液转换装置实现机械手的动作和主轴松刀。图6-21为加工中心的气动控制原理图。

（2）气动系统维护的要点

1）保证供给洁净的压缩空气。压缩空气中通常都含有水分、油分和粉尘等杂质。水分会使管道、阀和气缸腐蚀；油分会使橡胶、塑料和密封材料变质；粉尘造成阀体动作失灵。选用合适的过滤器，可以清除压缩空气中的杂质，使用过滤器时应及时排除积存的液体，否则，当积存液体接近挡水板时，气流仍可将积存物卷起。

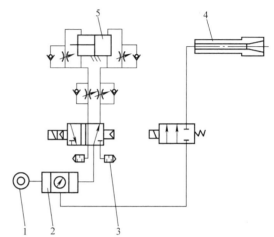

图6-21　加工中心气动控制原理图
1—气源　2—压缩空气调理装置
3—消声器　4—主轴　5—防护门气缸

2）保证空气中含有适量的润滑油。大多数气动执行元件和控制元件都要求适度的润滑。如果润滑不良将会发生以下故障：①由于摩擦阻力增大而造成气缸推力不足，阀芯动作失灵；②由于密封材料的磨损而造成空气泄漏；③由于生锈造成元件的损伤及动作失灵。润滑的方法一般采用油雾器进行喷雾润滑，油雾器一般安装在过滤器和减压阀之后。油雾器的供油量一般不宜过多，通常每$10m^3$的自由空气供1mL的油量（即40～50滴油）。检查润滑是否良好的一个方法是：找一张清洁的白纸放在换向阀的排气口附近，如果阀在工作3～4个循环后，白纸上只有很轻的斑点时，表明润滑是良好的。

3）保持气功系统的密封性。漏气不仅增加了能量的消耗，也会导致供气压力的下降，甚至造成气功元件工作失常。严重的漏气在气功系统停止运行时，由漏气引起的响声很容易发现；轻微的漏气则利用仪表，或用涂抹肥皂水的办法进行检查。

4）保证气动元件中运动零件的灵敏性。从空气压缩机排出的压缩空气，包含有粒度为0.01～0.08μm的压缩机油微粒，在排气温度为120～220℃的高温下，这些油粒会迅速氧化，氧化后油粒颜色变深，粘性增大，并逐步由液态固化成油泥。这种微米级以下的颗粒，一般过滤器无法滤除。当它们进入到换向阀后便附着在阀芯上，使阀的灵敏度逐步降低，甚至出现动作失灵。为了清除油泥，保证灵敏度，可在气动系统的过滤器之后，安装油雾分离器，将油泥分离出来。此外，定期清洗阀也可以保证阀的灵敏度。

5）保证气动装置具有合适的工作压力和运动速度。调节工作压力时，压力表应当工作可靠，读数准确。减压阀与节流阀调节好后，必须紧固调压阀盖或锁紧螺母，防止松动。

（3）气动系统的点检与定检

1）管路系统点检。主要内容是对冷凝水和润滑油的管理。冷凝水的排放，一般应当在气动装置运行之前进行。但是当夜间温度低于0℃时，为防止冷凝水冻结，气动装置运行结束后，就应开启放水阀门将冷凝水排放。补充润滑油时，要检查油雾器中油的质量和滴油量是否符合要求。此外，点检还应包括检查供气压力是否正常，有无漏气现象等。

2）气动元件的定检。主要内容是彻底处理系统的漏气现象。如更换密封元件，处理管接头或联接螺钉松动等，定期检验测量仪表、安全阀和压力继电器等。气动元件的定检如表6-9所示。

表6-9　气动元件的定期检查

元件名称	点检内容
气缸	1）活塞杆与端盖之间是否漏气 2）活塞杆是否划伤 3）管接头、配管是否松动、损伤 4）气缸动作时有无异常声音 5）缓冲效果是否合乎要求
电磁阀	1）电磁阀外壳温度是否过高 2）电磁阀动作是，阀芯工作是否正常 3）气缸行程到末端时，通过检查阀的排气口是否有漏气来确诊电磁阀是否漏气 4）紧固螺栓及管接头是否松动 5）电压是否正常，电线是否有损伤 6）通过检查排气口是否被油润湿，或排气是否会在白纸上留下油雾斑点来判断润滑是否正常
油雾器	1）油杯油量是否足够，润滑油是否变色、混浊，油杯底部是否沉积有灰尘和水 2）滴油量是否适当
减压阀	1）压力表读数是否在规定范围内 2）调压阀盖或锁紧螺母是否锁紧 3）有无漏气
过滤器	1）储水杯中是否积存冷凝水 2）滤芯是否应该清洗或更换 3）冷凝水排放阀动作是否可靠
溢流阀及压电继电器	1）在调定压力下动作是否可靠 2）校验合格后，是否有铅封或锁紧 3）电线是否损伤，绝缘是否合格

6.6.2　液压与气动传动系统故障诊断及排除

1. 液压与气动传动系统故障原因

其故障主要是流量压力不足、油温过高、噪声、爬行等。

2. 液压与气动传动系统常见故障诊断及排除

表6-10所示为液压与气动传动系统的故障诊断及排除方法。

表6-10　液压与气动传动系统的故障诊断及排除方法

序号	故障现象	故障原因	排除方法
1	液压泵不供油或流量不足	压力调节弹簧过松	将压力调节螺钉顺时针转动使弹簧压缩，起动液压泵，调整压力
		流量调节螺钉调节不当，定子偏心方向相反	按逆时针方向逐步转动流量调节螺钉
		液压泵转速太低，叶片不肯甩出	将转速控制在最低转速以上
		液压泵转向相反	调转向
		油的粘度过高，使叶片运动不灵活	采用规定牌号的油
		油量不足，吸油管露出油面吸入空气	加油到规定位置
		吸油管堵塞	清除堵塞物
		进油口漏气	修理或更换密封件
		叶片在转子槽内卡死	拆开液压泵修理，清除毛刺、重新安装
2	液压泵有异常噪声或压力下降	油量不足，滤油器露出油面	加油到规定位置，将滤油器埋入油下
		吸油管吸入空气	找出泄漏部位，修理或更换零件
		回油管高出油面，空气进入油池	保证回油管埋入最低油面下一定深度
		进油口滤油器容量不足	更换滤油器，进油容量应是液压泵最大排量的2倍以上
		滤油器局部堵塞	清洗滤油器
		液压泵转速过高或液压泵装反	按规定方向安装转子
		液压泵与电动机连接同轴度差	同轴度误差应在0.05mm内
		定子和叶片磨损，轴承和轴损坏	更换零件
		泵与其他机械共振	更换缓冲胶垫
3	液压泵发热、油温过高	液压泵工作压力超载	按额定压力工作
		吸油管和系统回油管距离太近	调整油管，使工作后的油不直接进入液压泵
		油箱油量不足	按规定加油
		摩擦引起机械损失，泄漏引起容积损失	检查或更换零件及密封圈
		压力过高	油的粘度过大，按规定更换
4	系统及工作压力低、运动部件爬行	泄漏	检查漏油部件，修理或更换
			检查是否有高压腔向低压腔的内泄
			将泄漏的管件、接头、阀体修理或更换
5	尾座顶不紧或不运动	压力不足	用压力表检查
		液压缸活塞拉毛或研损	更换或维修
		密封圈损坏	更换密封圈
		液压阀断线或卡死	清洗、更换阀体或重新接线
		套筒研损	修理研磨部件

（续）

序号	故障现象	故 障 原 因	排 除 方 法
6	导轨润滑不良	分油器堵塞	更换损坏的定量分油管
		油管破裂或渗漏	修理或更换油管
		没有气体动力源	检查气动柱塞泵有否堵塞，是否灵活
		油路堵塞	清除污物，使油路畅通
7	滚珠丝杠润滑不良	分油管是否分油	检查定量分油器
		油管是否堵塞	清除污物，使油路畅通

6.6.3 液压与气动传动系统故障诊断及排除实例

【例6-31】德州机床厂 CKD6140 数控车床卡盘失压故障。

故障现象：液压卡盘夹紧力不足，卡盘失压，监视不报警。

故障检查与分析：该机床为德州机床厂生产的 CKD6140SAG210/2NC 数控车床，配套的电动刀架为 LD4-I 型。卡盘夹紧力不足，可能是系统压力不足、执行件内泄、控制回路动作不稳定及卡盘移动受阻造成。

故障处理：调整系统压力至要求，检修液压缸的内泄及控制回路动作情况，检查卡盘各摩擦副的滑动情况，卡盘仍然夹紧力不足。经过分析后，调整液压缸与卡盘间连接拉杆的调整螺母，故障排除。

【例6-32】XKS040 数控铣床液压转矩放大器失灵原因及处理。

故障现象：Z 轴液压转矩放大器伺服阀经拆卸检查再装上后控制失灵，不是直接给油快速运动，就是打不开油路，没有进给。

故障检查与分析：XK5040 数控铣床是北京第一机床厂 20 世纪 70 年代的产品。1988 年由西安庆安公司用 MNCZ-80 改造了原数字控制柜，保留了功放部分及步进液压转矩放大器。

1）此步进液压转矩放大器经过近 20 年的使用，特别是 Z 轴，负载最大，出现了随动超差及带不动现象，交由机修车间进行机械维修。当机修车间机修人员拆下伺服阀进行了清洗、检查装机试车时，即出现了上述现象。当把伺服阀杆装在前端接通油路时，液动机在一起动液压马达后，就直接带动丝杠快速前进。拆下重装，将伺服阀杆装在关闭油路的位置后再装上，液动机又不能开启了，步进电动机的旋转打不开伺服阀口。

2）机修人员要求电修人员帮助解释这样一个问题：既然阀口的开启、开启时间、开启量由步进电动机控制，那么丝杠控制的伺服阀的关闭运动是否也应由步进电动机的反转来关闭？电修人员从电的知识认为：步进电动机只在需要正转的时候发正转脉冲序列，需要反转的时候发反转脉冲序列，不发脉冲的时候就停住，不存在停止运动时关闭阀口的反向运动。

3）从机械装配图上也很难看清这种关系。XKS040 数控铣床的 Y 轴、X 轴是与 Z 轴同样结构的步进液压转矩放大器，可以通过观察处在正常状态的液压伺服阀杆来找到问题的答案。这次特别小心，记住了原始位置，做好了必要的记号，拆下 X 轴伺服阀后首先发现伺服阀杆既不在前端，也不在后端，而是在中间位置。再用烟一吹油路进口，发现它现在与哪一个孔都不通，但只要轻轻一旋阀杆，向前，接通的是正向油路；向后，接通的是反向油路，灵敏度极高，但是关闭靠什么？在确定了程序中不会有关闭脉冲后，仔细观察伺服阀杆与液动机的连接，发现二者之间是靠十字头相接的。那么当步进电动机一旦停止运动，液动机内油的反压力就能通过十字头给伺服阀杆一个反转矩。由于步进电动机的不动，使伺服阀杆产生一个反运动，加上伺服阀的高灵敏度，马上就关闭了这开启的阀口。正常运动的时候，步进电动机产生的转矩就一直是在克服油的这个反压力，使阀口保持开启。当步进电动机速度高时，就能使阀口开启得大些，丝杠运动就快些。反之，则小，则慢，步进电动机运动时间就是油路通断时间，只是存在一定的随动误差。

故障处理： 在仔细观察 X 轴伺服阀，并掌握了调整方法以后，对 Z 轴伺服阀也进行了仔细的调整。在其关闭向上、向下两个阀口的中间位置状态下装入十字头，使之良好连接，注意不影响刚调好的阀杆状态，并更换损坏了的油封后，装上步进电动机。恢复 X 轴的步进——液压转矩放大器，试车。经过清洗、更换油封的 Z 轴随动误差达到要求范围，失灵现象消除，故障排除。

【例 6-33】 德州机床厂 CKD6140 数控车床尾座行程不到位故障。

故障现象： 尾座移动时，尾座心轴出现抖动且行程不到位。

故障检查与分析： 该机床为德州机床厂生产的 CKD6140 及 SAG210/2NC 数控车床，配套的电动刀架为 LD4-I 型，检查发现液压系统压力不稳，心轴与尾座壳体内孔配合间隙过小，行程开关调整不当。

故障处理： 调整系统压力及行程开关位置，检查心轴与尾座壳体孔的间隙并修复至要求。

【例 6-34】 德州机床厂 CKD6140 数控车床卡盘失压故障。

故障现象： 液压卡盘夹紧力不足，卡盘失压，监视不报警。

故障检查与分析： 该机床为德州机床厂生产的 CKD6140SAG210/2NC 数控车床，配套的电动刀架为 LD4-I 型。卡盘夹紧不足，可能是系统压力不足、执行件内泄、控制回路动作不稳定及卡盘移动受阻造成的。

故障处理： 调整系统压力至要求，检修液压缸的内泄及控制回路动作情况，检查卡盘各摩擦副的滑动情况，卡盘仍然夹紧力不足。经过分析后，调整液压缸与卡盘间连接拉杆的调整螺母，故障排除。

练习与思考题 6

6-1 机械系统出现的故障类型有哪些？请列举出几种常用的诊断方法。

6-2 问、看、听、触、嗅诊断的内容是什么？

6-3 主轴部件常见的故障有哪些？应用什么方法排除？

6-4 主轴部件应如何进行维护？

6-5 滚珠丝杠螺母副的维护包括哪些内容？

6-6 滚珠丝杠螺母副常见的故障有哪些？应用什么方法排除？

6-7 导轨副有哪些类型？各有什么特点？

6-8 导轨副的维护包括哪些内容？

6-9 常见的刀库刀架结构有哪些？

6-10 试说明换刀装置与换刀机械手的常见故障现象与排除方法。

6-11 数控机床的液压与气动系统维护时应注意哪些事项？

6-12 液压与气动系统故障的主要原因是什么？

6-13 某加工中心换刀机械手抓不紧刀具，频繁出现掉刀现象。试分析其故障原因。

第7章

数控机床故障诊断与维修实例

7.1 CNC系统故障维修实例

7.1.1 FANUC CNC系统故障诊断实例

【例7-1】 FANUC 10T系统 OT001-OT003 软超程报警。

故障现象:日本西铁城公司的F12数控车床,其数控系统为FANUC 10T系统。由于编程时操作失误而发生过OT001-OT003软超程报警,机床停止运行。

故障检查与分析:此故障有时以超程方向的反方向运动而解除报警,若此办法无效时,可按如下方法解除:

1)同时按下 — 和 · 键并起动电源;

2)CRT上显示IPL方式及如下内容:

    1   CUMP MEMORY

    2   —

    3   CLEAR FILE

    4   SETTING

    5   —

    6   END IPL

3)键入 4 、 INPUT 去选择 "4 SETTING"。

4)键入 N 之后,显示 "CHECK SOFT AT POWER ON?"

5)第1)项的内容再次显示出之后键入 6 、 INPUT ,则改变了IPL方式且报警自然消除。

【例7-2】 FANUC 3T-A 系统 "NOT READY" 故障的处理。

故障现象： 在加工一产品零件时，机床发出报警信号，CRT 显示 "NOT READY" 机床不能工作。

故障检查与分析： CK7815/1 型数控车床采用日本 FANUC 公司的 3T-A 闭环 CNC 控制系统。进给伺服机构采用 FANUC-BESK 直流伺服电动机（FB-15 型）。主轴驱动采用 FANUC-BESK 直流主轴电动机，可在宽范围内实现无级调速和恒速切削。机床顺序控制由 3T-A 系统内装的可编程序控制器（PC-D）来实现。

出现上述故障时，调故障自诊断程序。按下 ALARM 键，CRT 上没有显示报警内容，这说明控制单元或伺服系统中有一个没有准备好。检查机床系统的梯形图（见图 7-1）发现没有机床准备好信号输出，由此可以针对信号 CK24、CK100、MRDY-M 进行检测。调 PLC 的输入输出接口表（见图 7-2），检查输出地址号 00.7 无信号，即系统没有检测到 AC 100V 电压信号，故伺服系统不工作，产生 "NOT READY" 报警。检查提供交流 100V 电源（见图 7-3），在 300 和 301、300 和 302、300 和 303 两端用万用表测得 100V 交流电压，再检查 PLC 板上端子 M18 的 36P，测出直流 24V 电压。至此，机床 AC 100V 信号已进入 PLC 板的输入接口，可是在地址 00.7 却没有信号，说明这一路 RV 损坏。解决办法有三种：①更换 PLC 板，这样最简单，但是不经济；②更换损坏这路 RV 所在的集成元件；③更改检测 AC

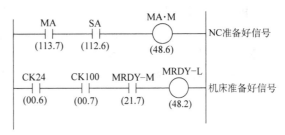

图 7-1　机床 PLC 梯形图（部分）

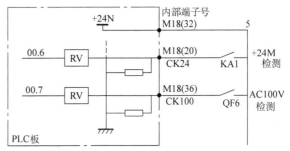

图 7-2　机床 PLC 输入输出接口图（部分）

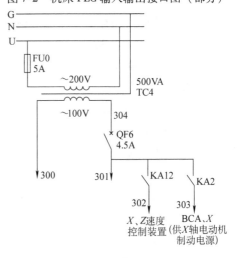

图 7-3　交流电源电路

100V 信号的地址。

【例7-3】 FANUC-BESK 7CM 系统 9999 号报警。

故障现象：系统"死机"，9999 号报警。

故障检查与分析：查机床操作手册，JCS-018 立式加工中心的 9999 号报警是一种指示存储器的奇偶校验的专门报警。当该报警产生后，数控系统不能正常执行工作。数控系统停止了全部功能，也不能从手动数控输入/显示灯面板进行控制，即整个系统"死机"。

从机床技术资料知：对于 9999 号报警，一般可分为两种情况。第一种是 ROM 发生硬件故障。此时可从通用数据显示器上显示出错的 ROM 在印制板上的安装位置编号。第二种是 ROM 内部参数出错。

第一种情况的处理：当系统发生 9999 号报警后，按下"数码增大键"NO + 1，通用数据显示器就将顺次显示 C、N、R、T 诊断信息，左边第三位起显示地址参数和数据参数，如图 7-4 所示。

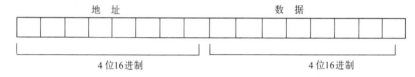

图 7-4　地址参数和数据参数

C：表示中央处理器和存储器印制电路板 01GN700 上的 CMOS 存储器发生故障。

N：表示中央处理器和存储器印制电路板 01GN700 上的 NMOS 存储器发生故障。

R：表示中央处理器和存储器印制电路板 01GN700 或字符显示接口印制电路板 01GN820 上只读存储器发生故障。此时，通用数据显示器数据位的后 3 位数字，指示出有故障的只读存储器在印制电路板上的编号。

T：表示纸带存储器印制电路板 01GN715 的存储器发生故障。

对于 C、N、T 地址指示器而言，在通用数据显示器的地址部分，显示出来的 4 位 16 进制数给出的是出错的存储器地址；而通用数据显示器的数据部分，显示出来的 4 位 16 进制数指示出读入存储器的写入数据的结果。

在 7CM 系统中，诊断地址指示器时用三种写入数据，即 0000X、FFFFX 和 1234X，将上述写入数据与读出的结果进行比较。若写入数据和读出的结果一致，则故障出在奇偶位（第 P 位）；若写入数据和读出结果不一致，则不一致那位就是存储器出错的位。根据通用数据显示器显示出的地址和比较出来的出错的位，就可以从维修手册上找到有关的存储器。将其更换后，重新输入机床参数即可将故障排除。

当 9999 号报警发生后,按 NO + 1 键,通用数据显示器上若不是显示上述字符与数字,而是一些无规律的字符或数字,一般而言,当属第二种情况,应按如下方法处理:

1)当检查不是存储器硬件故障后,首先关机,然后在起动机床的同时,按 R、S 两键,即三键同时按下。这种操作为 7CM 系统的附加操作,在此操作下,将清除系统内存中 0-3FF 单元 CMOS 及 RAM 的全部数据和纸带缓冲器、纸带存储器内的全部数据。执行此操作后,系统"死机"状况将排除,而 9999 号报警也将消除,同时将产生 00 号系统报警,从 CRT 上可显示出"07 伺服未准备好"以及其他一些报警号。这是由于存储器被清零后,伺服驱动单元的接触器(MCC)未吸合的缘故。

2)用纸带输入机将机床参数重新输入,此时,上述系统报警将消除。

3)将纸带存储器中的零件程序主程序 MP,子程序 SP 和校正程序 PC 按要求重新分配。

4)输入零件加工程序,重新设置参考点。

至此,机床就可恢复正常运行。

根据上述情况,在 9999 号报警发生后,我们察看通用数据显示器上显示信息,指示是 ROM 硬件 223 号芯片损坏,属第一种故障报警。但据我们的经验,该类故障另一个主要原因是由于芯片经长期使用后产生氧化膜,从而导致接触不良,系统也认为是存储器硬件故障,产生 9999 号报警。

故障处理:根据通用数据显示器上的信息,在系统柜中找到该 ROM 芯片,将其取下用酒精或细砂纸清洗打磨干净,重新装上。此时,因 ROM 已经掉电,机床参数将出现错误报警,成为第二种故障,须按第二种故障的方法处理,才能使机床恢复正常。

【例 7-4】数控铣床,配置 F-6M 系统。

故障现象:当用手摇脉冲发生器使两个轴同时联动时,出现有时能动,有时却不动的现象,而且在不动时,CRT 的位置显示画面也不变化。

故障分析:发生这种故障的原因有手摇脉冲发生器故障或连接故障或主板故障等。为此,一般可先调用诊断画面,检查诊断号 DGN100 的第 7 位的状态是否为 1,即是否处于机床锁住状态。但在本例中,由于转动手摇脉冲发生器时 CRT 的位置画面不发生变化,不可能是因机床锁住状态致使进给轴不移动,所以可不检查此项。可按下述几个步骤进行检查:

1)检查系统参数 000 ~ 005 号的内容是否与机床生产厂提供的参数表一致。

2)检查互锁信号是否被输入(诊断号 DGN096 ~ 099 及 DGN119 号的第 4 位为 0)。

3）方式信号是否已被输入（DGN105 号第 1 位为 1）。

4）检查主板上的报警指示灯是否点亮。

5）如以上几条都无问题，则集中力量检查手摇脉冲发生器和手摇脉冲发生器接口板。

故障排除：最后发现是手摇脉冲发生器接口板上 RV05 专用集成块损坏，经调换后故障消除。

【例 7-5】一台由大连机床厂生产的 TH6263 加工中心，配 FANUC-7M 系统。

故障现象：机床起动后在 CRT 上显示 05、07 号报警。

故障分析：首先应检查机床参数及加工零件的主程序是否丢失，因它们一旦丢失即发生 05、07 号报警。如未丢失，则故障出在伺服系统。检查发现 X 轴速度控制单元上的 TGLS 报警灯亮，其含义是速度反馈信号没有输入或电动机电枢连线故障。检查电动机电枢线连接正确且阻值正常。据此可断定测速发电机反馈信号有问题。将 X 轴电动机卸下，通直流电单独试电动机，用示波器测量测速发电机输出波形不正常。拆下电动机，发现测速发电机电刷弹簧断。

【例 7-6】一台配有 FANUC-0M 系统的加工中心。

故障现象：在自动方式运转时突然出现刀库、工作台同时旋转。经复位、调整刀库、工作台后工作正常。但在断电重新起动机床时，CRT 上出现 410 号伺服报警。

故障诊断：

1）查 L/M 轴伺服 PRDY、VRDY 两指示灯均亮。

2）进给轴伺服电源 AC 100V、AC 18V 正常。

3）X、Y、Z 伺服单元上的 PRDY 指示灯均不亮，三个 MCC 也未吸合。

4）测量其上电压发现 ±24V，±15V 异常。

5）发现 X 轴伺服单元上电源熔断器电阻大于 2MΩ，远远超出规定值 1Ω。经更换后，直流电压恢复正常，重新运行机床，401 号报警消失。

【例 7-7】一台配有 FANUC-0M 的加工中心在通电机床回零时出现 501 号报警。

故障诊断：

1）检查 X 轴回零开关发现损坏。

2）更换后重起动机床并回零后还是出现 501 号报警。

3）检查伺服单元，电动机及反馈信号均未见异常。

4）修改系统参数，取消 X 轴软限位设定，经断电重新起动，机床回零，报警消除。重新设定 X 轴软限位参数，机床恢复正常。

【例 7-8】FANUC-7 系统 NC 电源无输出。

故障现象：TH6350 卧式加工中心在工作中多次发生掉电故障，有时甚至无法起动。

故障检查与分析：经检查发现故障在 NC 柜电源单元上（见图7-5）。按电源启动按钮 ON，交流接触器 KM 吸合后，并联在 ON 上的常开触头 KA1、KA2 闭合自保使整机起动供电。继电器 KA1、KA2 吸合条件是：电源盘上的继电器 RY31 吸合，其并联在输出端子 XP2、XP3 上的常开触头闭合后才能使主接触器 KM 吸合自保。从图 7-5 中看出，开关电源进电端 XQ1、XQ2 是通过主接触器 KM 常开触头闭合后，接到交流 220V 电源上的。继电器 RY31 受电压状态监控器 M32 控制，当电源板上输出直流电压 ±15V、+5V 及 +24V 均正常时，RY31 继电器也吸合正常，一旦有任何一项电压不正常时，RY31 继电器即释放，使主接触器失电释放。

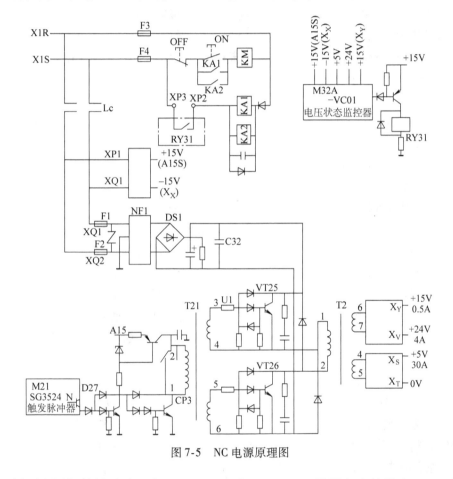

图 7-5　NC 电源原理图

拆下电源板单板试验，在 XQ1、XQ2 及 XQ1、XP1 端子上直接接入 220V 交流电压，在输出端测得 +15V（A15S 端子）和 –15V（X_X）均正常，而 X_Y 的 +15V 和 X_V 的 +24V 及 X_S 的 +5V 端电压均为 0。从图 6-5 上往前检查。在电容器 C32 两端量得电压约为 310V，说明供电电源部分正常；再用示波器检查 M21 提供的 20KC 触发脉冲，在触发器 D27 输入端及推动变压器 T21 一次 CP3 上均能测到波形，但开关管 VT25、VT26 不工作，若用螺钉旋具触碰 T21 二次 V1 端时，能够激励工作一段时间，可见故障原因是开关电路不工作。拆下 VT25、VT26，用万用表的 h_{FE} 挡检查两只管子，发现其电流放大系数大小不一致（一只是 30，另一只是 40）。由于在市场上未买到原型号 2SC2245A 管，故改用特性相似的 2SC3306 管代替。因外形不一样，故在安装时做了一些改动。至此故障排除，运行两年来电源板没再发生此类故障。

7.1.2　SIEMENS CNC 系统故障维修实例

【例 7-9】 SIEMENS 5T 系统操作面板 SV 故障报警的排除。

故障现象： 机床操作面板上 SV 故障报警指示灯亮，机床停止正常工作。

故障检查与分析： PNE480L 数控车床是德国 VDF. BOEHRINGER 公司的产品，它采用 SIEMENS 5T 控制系统。

当 5T 柜面板上 ALARM 灯亮时，用 NUMBER 键寻址，当 SV 位置显示为"1"时，则表示测量回路及伺服系统有故障。该故障产生的原因比较复杂，而且涉及面也比较广，因此应按如下步骤检查：

1）首先应检查直流伺服电动机及变压器是否过热，如果过热则表示超载，应立即停电查找故障原因进行排除。

2）外观检查接口箱 CRU 板上 D208、D107、D528、D320、D210、D211 等发光二极管的显示是否正常。正常情况应该是 D208 亮，它表示电源接通；如不亮则表示 CPI 电流板有问题。D107 应不亮，如亮则表示电流超过限制值。D528 在电动机不转时亮，电动机转时则不亮，否则表示该环节有问题。D320 应该亮，否则表示有关信号没准备好。D210、D211 表示电动机正反转的桥路选择，正常运转时，只能其中之一亮，否则表示该环节有问题。实践证明 X、Z 轴的 CRU 板、ASU 板、CPI 板、晶闸管板均可对应互换，由此可证明某一轴的相关板是否有故障。

3）若前两项检查无问题，应进一步区分是位移脉冲编码盘有问题，还是 5T 柜内有问题。为此以 X 轴为例应做如下检查：

① 解开 X 轴进给驱动板 CRU 的 5、8 号线，将接线端子短接（避免由于外界的干扰信号而使机床运行），在 5、8 号线上接入一直流电压表，进给率旋钮置于 200% 或操作"快速进给"，若 5T 柜内 PCB. A 板上的 ALARM 灯不亮，则电压表应有 5V 左右的指示；若亮则表示 PCB. A 板上的位置测量回路有问题。

② 若 5T 柜无问题，可取下位移脉冲编码盘来回转动其轴，则电压表应有所指示，其值在 0V 左右来回摆动。若无指示则表示位移脉冲编码盘有问题或有关电缆有断线情况（注意：在重新装入编码盘时，一定按要求调整好机床参考点，以保证加工精度）。

4）若 5T 柜内 PCB. A 板的位置检测环节有问题，可作如下检查：

① 检查 +5V、+5D、+6R、+5R、+15V、+12V、+24V、-6R、-15V、-5V 等各点电压值是否正常。

② 若以上各点电压值正常，则应接上 5、8 号线，测量 TSAL、VCMDL 的电压值应为 0V，其允许漂移不大于 10mV。若漂移值超过允许范围，应调节有关电位器。

③ 如果前两项无问题，则断开 5、8 号线，对图样 AE2 页的位置测量环节进行检查，如图 7-6 所示。

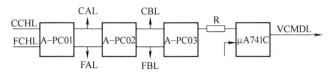

图 7-6　位置侧测量环节

图中 A-PC01 为 D/A 转换开关，A-PC02 为 D/A 转换器，A-PC03 为放大器，μA741C 为运算放大器。根据几次测量结果，正常情况应该是 CAL 最大有效值为 2.7V 左右的矩形波，FAL 最大有效值为 3.7V 左右的矩形波。FBL 最大有效值为 10V 左右的正弦波。CBL 最大有效值为 1.5V 左右的正弦波。故障时测 CBL 仅为 0.37V 左右，由此可判断 A-PC02 有问题，它输出低而导致 VCMDL 输出低，即反应滞后量过大而产生测量部分超差。更换该元件后，则故障排除。

【例 7-10】SIEMENS 5T 系统 READY 指示灯不亮故障的处理。

故障现象： 机床合上主开关起动数控系统时，在显示面板上除 READY（准备好）灯不亮外，其余所有各指示灯全亮。

故障检查与分析： PNE480L 数控车床，数控系统为 SIEMENS 5T 系统。因为故障发生于开机的瞬间，因此应检查开机清零信号 RESET 是否异常。又因为主板上的 DP6 灯亮，而且它又是监视有关直流电源的，因此也需要对驱动 DP6 的相关电路，以及有关直流电源进行必要的检查。

其步骤如下：

1）因为 DP6 灯亮属报警显示，故首先对 DP6 的相关电路进行检查。经检查确认是驱动 DP6 的双稳态触发器 LA10 逻辑状态不对，已损坏。用新件更换后，虽然 DP6 指示灯不亮了，但故障现象仍然存在，数控箱还是不能起动。

2）对 RESET 信号及数控箱内各连接器的连接情况进行检查，连接状况良好，但 RESET 信号不正常，发现与其相关的 A38 位置上的 LA01 与非门电路逻辑关系不正确。但没有轻易更换此件，而对各直流电流进行了检查。

3）检查 ±15V、±5V、+5R、+6R、+12V、+24V，发现 -5V 电压值不正常，实测为 -4.2V，已超出 ±5% 的误差要求。进一步检查发现该电路整流桥后有一滤波用大电容 C19（10000μF/25V）焊脚处印制电路板铜箔断裂。将其焊好后，则电压正常，LA01 电路逻辑关系及 RESET 信号正确，故障排除，数控箱能正常起动。

【例 7-11】 德国 PITTLER 公司 SIEMENS SINUMERIK 810 T 系统自动关机故障。

故障现象： 自动加工时，右工位的数控系统经常出现自动关机的故障，重新起动后，系统仍可工作，而且每次出现故障时，NC 系统执行的语句也不尽相同。

故障检查与分析： 该机床为德国 PITTLER 公司的双工位专用数控车床，其数控系统采用德国 SIEMENS 公司的 SINUMERIK 810T，每工位各用一套数控系统。伺服系统也是采用 SIEMENS 的产品，型号为 6SC6101-4A。

SIEMENS 810 系统采用 24V 直流电源供电，当这个电压幅值下降到一定数值时，NC 系统就会采取保护措施，迫使 NC 系统自动切断电源关机。该机床出现这个故障时，这台机床的左工位的 NC 系统并没有关机，还在工作，而且通过图样进行分析，两台 NC 系统共用一个直流整流电源。因此，如果是由于电源的原因引起这个故障，那么肯定是这台出故障的 NC 系统保护措施比较灵敏，电源电压下降，该系统就关机。如果电压没有下降或下降不多，系统就自动关机，那么不是 NC 系统有问题，就是必须调整保护部分的设定值。

这个故障的一个重要原因为系统工作不稳定。但由于这台机床的这个故障是在自动加工时出现的，在不进行加工时，并不出现这个故障。所以确定是否为 NC 系统的问题较困难。为此首先对供电电源进行检查。测量所有的 24V 负载，但没有发现对地短路或漏电现象。在线检测直流电压的变化，发现这个电压幅值较低，只有 21V 左右。长期观察，发现在出现故障的瞬间，这个电压向下波动，而右工位 NC 系统自动关机后，这个电压马上回升到 22V 左右。故障一般都发生在主轴吃刀或刀塔运动的时候。据此认为 24V 整流电源有问题，容量不够，可能是变压器匝间短路，使整流电压偏低，当电网电压波动时，影响了 NC 系统的正常工作。为了进一步确定我们的判断，用交流稳压电源将交流 380V 供电电压提高到 400V，这个故障就再也没有出现。

故障处理： 为彻底消除故障，更换一个新的整流变压器，使机床稳定工作。

【例 7-12】 数控磨床 NC 系统 113 号报警。

故障现象： 这台数控磨床，当 Y 轴正向运动时，工作正常，而反向运动时却出现 113 号报警 "Contour Monitoring" 和 222 号报警 "Position Control Loop Not Ready"，并停止进给。

故障检查与分析： 该机床从德国 EX-CELL-O 公司引进的，采用 SIEMENS 3M 系统。根据操作手册对 113 号和 222 号报警进行分析，确认 222 号报警是由于出现 113 号报警引起的。伺服系统其他故障也可引发这个报警。根据操作手册说明，113 号报警是由于速度环没有达到最优化，速度环增益 K_V 系数对特定机床来说太高。对这个解释进行分析，认为导致这种故障有 3 种可能：

1）速度环参数设定不合理。但这台机床已运行多年，从未发生这种现象，为慎重起见，对有关的机床参数进行核对，没有发现任何异常，这种可能被排除了。

2）当加速或减速时，在规定时间内没有达到设定的速度，也会出现这个故障，这个时间是由 K_V 系数决定的。为此对 NC 系统相关的线路进行了检查，且更换了数控系统的伺服控制板和伺服单元，均未能排除此故障。

3）伺服反馈系统出现问题也会引起这一故障。为此更换 NC 系统伺服反馈板，但没能解决问题。对作为位置反馈的旋转编码器进行分析，如果它丢转或脉冲丢失都会引起这一故障。为此检查编码器是否损坏。当把编码器从伺服电动机上拆下时，发现联轴器在径向上有一斜裂纹，当电动机正向旋转时，联轴器上的裂纹不受力，编码器不丢转，机床正常运行不出故障；而电动机反向旋转时，裂纹受力张开，致使编码器丢转，导致系统出现 113 号报警。

故障处理： 更换了新的联轴器，故障随之排除。

【例 7-13】 SINUMERIK 810M 系统 7021 号报警的处理。

故障现象： 810M 系统的 CRT 上显示："7021 号 ALLARMEPOSITIONAR"。

故障检查与分析： 该机床为意大利公司生产的轴颈端面磨床，其数控系统为 SINUMERIK 810M 系统。根据其报警信息，7021 号为 PLC 操作信息报警。系统的 CRT 上显示 "7021 号 ALLARMEPOSITIONAR"。

查阅机床 PLC 语句表，输入点 E7.5 和状态标志字 M170.3 为"或"关系，当其中之一为"1"时，状态标志字 M110.5 就为"1"。于是 7021 号报警就产生。

利用机床状态信息进行检查，在 CRT 上调出 PLC 输入/输出状态参数，发现 E7.5 为"1"，M110.5 为"1"。因而有 7021 号报警产生。根据机床电气原理图，在其连接插座 A1 上查阅到 E7.5 为砂轮平衡仪的限位开关，指示砂轮平衡仪超出范围。检查该表果然表针在极限位置。

故障处理： 将该仪表修复后，故障排除。

说明： 利用机床状态信息检修数控机床，关键是要掌握机床状态信息在正常工作下的状态，这些状态准确地反映了机床在工作过程中各部位的信息。一旦机床出现故障，这些状态信息就要发生变化。通过这些变化，我们就能较为准确地定位故障，从而减少数控机床的故障停机时间，提高数控机床的利用率。

【例 7-14】 SIEMENS 802C 系统 2039 号报警的解除。

故障现象： 2039 号报警，机床不能进入正常加工状态。

故障检查与分析： 该机床为德国 MIKROSA 公司生产的无心磨床，控制系统为 SIEMENS 802C 系统。查阅机床技术资料，2039 号报警为"未返回参考点"。

故障检查情况如下： 在选择开关处于"自动"方式下，起动机床后就产生 2039 号报警，系统即进入加工画面，而未按正常情况进入自动返回参考点画面，因而机床不能进行正常工作。但按八键（即上位键）可进入该画面，也能进行自动返回参考点操作,此后,机床能进行正常操作。但重新起动机床后又会产生2039号报警。重复上述故障。

根据以上检查,认为该报警的产生可能是系统参数配置错误。于是,在"自动"方式下首先进入加工画面,选择软键"OPERAT MODE",进入系统设置菜单画面,发现"CYCLE WITHOUT WORK PIECES"项参数由"0"变为了"1"。使系统每次起动后都在工作区外循环,从而造成2039号报警。

故障原因: 经了解在该故障发生前,曾因车间电工安装新机床电源时,造成全车间电源短路跳闸,从而影响了正在工作的该机床,致使其系统参数改变。

故障处理: 将该参数由"1"改为"0"后,重新起动机床,报警消除。

【例7-15】 B401S750数控轴颈端面磨床磨头主轴自动时不能复位。

故障现象: 磨头主轴自动时不能复位。

故障检查与分析: B401S750是德国绍特公司生产的高精度CNC轴颈端面磨床,采用SIEMENS 3M控制系统。从操作者处了解到,故障发生后,每次磨削完成后其主轴均不能自动复位,但用手动方式可以复位。根据上述情况,可以判断主轴电动机无故障,伺服驱动无故障。

从该机床电气原理图分析,当手动方式时,由控制面板上的按钮直接控制交流接触器,从而控制主轴电动机正、反转。而自动方式时则通过NC进行控制。NC的输出信号控制磨头主轴控制器N01工作,再由磨头主轴控制器N01控制磨头主轴电动机运行。进一步了解到,主轴加工完成后能自动后退,这说明NC信号已经发出。于是将检查重点放在自动控制回路上。打开电气控制柜,检查自动控制回路,发现磨头主轴控制器N01的电源输入端L01上一只快速熔断器熔断,从而导致磨头主轴控制器N01无输入电压,因此,造成该故障。

故障处理: 更换一只新熔断器后,故障排除。

7.1.3 其他CNC系统故障诊断实例

【例7-16】 南京大方JWK系统进步电动机失步故障的处理。

故障现象: 步进电动机失步。

故障检查与分析: 该数控系统为南京大方股份有限公司生产的JWK经济型数控系统。在日常维修中,发现有些系统容易失步,且伴有功放管特别容易烧坏现象。修复后在试验台上运行完全正常,装上机床后,在运行时却出现失步现象。检查计算机输出信号正常,可见问题出在功放部分,而功放板元器件均未发现损坏,且在试验室运行正常。为查出故障原因,用示波器在机床运行时实测各点波形,结果发现C点波形是不正常的,失步由此引起。根据C点波形分析,5VT14没有可靠截止,C点电位下降,导致5VT16、17不能可靠饱和而处在放大状态,限制了输出。

故障处理：更换 5VT14 后故障消失。

【**例 7-17**】匈牙利 EEN-400 数控车床 EPROM 报警的处理。

故障现象：在调试中出现 EPROM 报警，此报警无法用删除按钮消除，出现这个报警以后机床的一切动作均无法执行，包括用零压按钮接通控制。

故障检查与分析：EEN-400 匈牙利数控车床（380×1250）是由匈牙利西姆公司生产的。配置的数控系统型号为 HUNORPNC721，由匈牙利电子测量设备厂生产。

故障是在合闸检查主驱动板 LD14 相序指示是否正确时，发现主驱动板上 LD10 速度正反馈报警灯亮，紧急关断电气柜主电源开关后引起的。机床操作程序上有明文规定的合闸程序：先接通主电源开关，再旋转急停按钮使其释放，后启动零压；关机时应先压下急停（带自锁）按钮。当时是因为发现了速度反馈接错，怕出现飞车事故而急于拉闸，引起了对 EPROM 内接口程序的干扰，冲乱了系统软件程序，故障原因是操作不当引起干扰。

故障处理：重新输入接口程序，EPROM 报警解除；交换主驱动单元上 XT18#、9#测速发电机反馈信号线，使错误的正反馈改为正确的负反馈。

【**例 7-18**】南京东方 CORINC0800 系统自动加工中复位问题的解决。

故障现象：用"自动加工"功能进行自动加工，在执行换刀指令过程中，控制系统时常出现自动复位现象。CRT 显示屏回到初始画面，自动加工中断，使自动加工无法正常运行。

故障检查与分析：该简易数控车用 C1616 车床改造。控制系统选用南京东方数控公司产 CORINC0800，驱动系统为 CORINC0600，四工位刀架，混合步进电动机，CRT 显示，具有人机对话功能。

由于问题出现在"自动加工"换刀过程中，因此对以下两方面做了认真、必要的检查：

1）在检查外围线路均正常的情况下，更换控制系统控制板，用来排除控制系统内存有错误信息或干扰信号所造成的误动作。结果问题依然存在。

2）对刀架控制盒内电路做了认真检查。发现用来控制刀架电动机正、反转的中间继电器 KA1、KA2 绕组两端未加续流二极管，因刀架控制盒电流来自控制系统，这样，在换刀过程中 KA1、KA2 所产生的反电动势，造成了控制系统的复位误动作。

故障处理：打开刀架控制盒，在中间继电器 KA1、KA2 绕组两端加设续流二极管 VD1、VD2。这样就消除了在换刀时，由 KA1、KA2 绕组所产生的反电动势，使问题得到了彻底解决。

【**例 7-19**】南京 JN 系列数控系统 02 号-0080 报警的解决。

故障现象：在输入新程序时，发生 02 号-0080 报警。

故障检查与分析：该机床系采用南京江南机床数控工程公司的 JN 系列机床数控系统改造的经济型数控车床。

故障发生后查阅其编程说明书，从出错表中知，02 号报警为编辑方式中错误报警。表中列出了 02 号报警所包含的 14 种出错分号的内容及处理意见，但却无 0080 出错分号的内容。因此，该故障无帮助信息可供参考。

考虑到故障发生在输入新程序的过程中，故怀疑是编程出错。着重从程序方面进行检查。首先，检查新程序无故障，调用其他程序来检查也无故障。其次，检查系统的程序输入情况，发现存入数控系统的零件加工程序已达 6 个之多。考虑到 JN 系列机床数控系统为经济型数控系统，虽然可存储若干个零件加工程序，但其掉电保护内存只有 8KB。如果输入的零件加工程序过多，将导致发生溢出报警。为此，确定故障的原因为：存入数控系统的零件加工程序过多。

故障处理：将暂时不用的程序删除后，重新输入新的加工程序，故障排除。

说明：该例故障的产生主要是操作者对系统的原理及使用不熟悉而为，对于经济型数控系统而言，因其 RAM 为 16 位芯片，存储容量较小，装入过多的加工程序将产生溢出报警。希望使用经济型数控系统的操作人员和维修人员对此加以重视。

【例 7-20】 南京 JN 系列数控系统机床不能工作故障的处理。

故障现象：手动调整时，X、Z 轴均不能移动，电动刀架也不能转动，但机床无任何报警。

故障检查与分析：该机床为采用南京江南机床数控工程公司的 JN 系列机床数控系统改造的经济型数控车床。检查故障情况，发现电动刀架在手动和自动时均不能转动。但在自动加工过程中，X、Z 轴能正常工作。考虑到故障是发生在手动调整时，而 X、Z 轴在自动、空运转状态下均能正常执行程序，因此可以判断 CPU 中央处理器无故障；编程无故障；X、Z 轴驱动系统无故障；电源电压无故障。

由故障现象分析，此故障应是属于系统输入信号有问题。根据这个思路，检查控制面板上各选择开关无故障；所有的控制连线也无故障。故判断是系统输入控制板出现了硬件故障。

故障处理：更换一新系统输入控制板后，故障排除。

【例 7-21】 匈牙利 EEN-400 数控车床 RECOST 报警的排除。

故障现象：系统开机后出现 RECOST 报警。

故障检查与分析：EEN-400 匈牙利数控车床（380×1250）是由匈牙利西姆（SEIN）公司生产的，数控系统型号 HUNOR PNC721，由匈牙利电子测量设备厂（ENGJ）生产。

1）查操作手册，RECOST 报警内容是新语句被禁止。原因是中央集中润滑系统中液压油压不足。

2）经机械检查，润滑系统没发现什么问题。

3）查接口显示，润滑输出高电平，正常。

4）查接口显示，润滑压力经电器反馈输入信号不稳定。

故障处理：清洗润滑系统，检查调整压力继电器，报警消除，机床恢复正常运行。

说明：此故障是在投入运行后不久发生的，润滑油箱内有原来带来的润滑油，也有本厂添加的润滑油，两种油质稍有差别，遇气温突然下降油液变稠，两种油混合后产生的脏物使油路不畅，故而引起压力继电器反馈输入信号不稳定。

【例 7-22】 M3A 控制器的数控机床通电后 CRT 无显示。

故障现象：一台使用 M3A 控制器的数控机床，较长时间未使用。通电后 CRT 无显示。

检查步骤：

1）首先打开电气柜，检查控制器内各指示灯的状况。结果是：PD19 绿色指示灯亮，说明电源工作正常；MC713/727 绿色指示灯亮，说明 CRT 显示器及 MDI 资料传输可正常进行；MC161-9 的三个红色指示灯亮，说明 CPU 处理单元未完成初始化设置，因此系统不能正常工作。

2）对系统 RAM 进行清除之后，CRT 显示正常；对系统进行格式化操作，然后重新输入固定循环。

3）恢复用户参数、PLC 计数器、定时器、锁存器及刀具资料。

4）输入加工程序，此机床重新工作。

故障分析：本机床出现 CRT 无显示的故障是由于该机床长期未通电，造成资料部分流失，RAM 区内资料混乱，而使 CPU 不能正常工作。因此，即使数控机床长期不用，也应定期通电开机空运行，这样才能确保机床的完好。

7.2 伺服系统故障维修实例

【例 7-23】 FANUC-0TD 系统误差的排除。

故障现象：机床运转正常，CRT 显示器参考点位置没变，但每次按程序加工时，Z 轴方向总是相差 5mm 左右。

故障检查与分析：该机床为沈阳第三机床厂生产的 S_3-241 数控车床，数控系统原为美国 DYNAPATN 系统，后改造为日本 FANUC-0TD 系统。故障产生这 5mm 误差显然不能由刀具补偿来解决，肯定有不正常因素。经调查了解到，前一天加工时，因 Z 轴护挡板坏了，中间翘起，迫使 Z 轴走不到位（Z 轴丝杠转不动）而停机。修好护挡板，开机时就出现这故障。

检查 Z 轴的减速开关，挡铁都未松动，实际参考点位置与 CRT 显示值也相差 5mm 左右，而丝杠的螺距是 8mm，因此正好差半圈左右。NC 发令 Z 轴电动机运转，而 Z 轴丝杠因挡板卡住而转不动，很可能造成联轴器打滑。打滑后机床返回参考点时，减速开关释放后，找编码器栅格"1 转"PC 信号。原来转小半圈就找到了"1 转"信号，而现在估计要转大半圈才找到"1 转"PC 信号（见图 7-7）。这样参考点尺寸位置就相差半个螺距了。

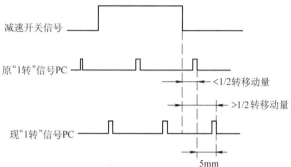

图 7-7　编码器"1 转"信号与丝杠螺距关系图

故障处理： 松开 Z 轴联轴器，转动 Z 轴电动机轴半圈（丝杠轴不动）。再试返回参考点，出现有时小于 5mm，有时大于 5mm 的现象。我们估计"1 转"信号处于临界位置，再松开联轴器，再转 1/4 圈，再试返回参考点和各程序动作，位置尺寸正常，实践与分析一致！故障排除。

【例 7-24】 匈牙利 EEN-400 数控车 Z 轴回零不准故障。

故障现象： 机床的 Z 轴回零不准，产生误差。误差在 0.37mm 左右，无定值，无规律。无任何系统报警，无驱动单元故障指示。

故障检查与分析： EEN-400 匈牙利数控车床（380×1250）是由匈牙利西姆（SEIN）公司生产的，数控系统型号 HUNOR PNC 721，由匈牙利电子测量设备厂生产，选用四象限操作脉宽调制晶体管伺服放大器作伺服驱动单元，型号 CVT48R2/A1，由奥地利的 STROMAG 厂生产。伺服电动机由匈牙利的 EVIG 厂生产并带有位置编码器，构成半闭环伺服控制系统。

1）误差是随机的，开始是偶发的，消除后重走，一切恢复正常，以后故障明显，达到每次运动均有误差产生。表现形式：当给定 Z 轴 +100mm，会出现运行显示到 +99.654mm，系统就停止了。如果从这个值开始再给定 −100mm，则会在运行到 −0.021mm 停止。

2）用替换法将系统的坐标分配板 1MUX 与 1MUZ 互换，故障无变化。

3）检查所有 Z 坐标的连接电缆、插头插座、信号线均无异常。

4）检查 Z 轴位置编码器也正常。

5）与另一台同型号数控车交换伺服系统 XE1 板，故障转移。进一步交换此板中的集成电路块逐一测试，找出了损坏的集成块。

故障处理： 更换损坏的集成电路，故障排除。

说明： 根据故障现象，按常规分析，似乎系统坐标分配板或位置编码器有故障的可能性较大，但为什么故障却发生在伺服单元内呢？分析后认为，位置编码器是绝对式位置测量元件，常被用来做主轴准停装置而替代传统的机械定向装置的，在

EEN-400 数控车床上用它作为伺服系统的位置反馈元件，形成半闭环控制系统。当 MPU（计数单元）向伺服单元发出了指令后，如果收不到编码器反馈的准确到达的信息，那计数无法停止，而要使编码器有正确的反馈，则丝杠必须转动给定的圈数和角度，所以伺服单元的运动该是没有问题了，那么就应怀疑是显示电路的问题了。

从脉冲宽度跟踪细分原理图里可以看到，显示电路是由控制电路来输出的，控制电路的一路输出及显示电路的故障均会造成显示器的显示值发生错误，而实际上却是正确的故障现象。

【例 7-25】FANUC 6M 系统过载报警和机床有爬行现象解除。

故障现象：日本三井精机生产的一台数控铣床，用 FANUC 公司的 6M 系统。出现过载报警和机床有爬行现象。

故障诊断：引起过载的原因无非是：

1）机床负荷异常，引起电动机过载。

2）速度控制单元上的印制电路板设定错误。

3）速度控制单元的印制电路板不良。

4）电动机故障。

5）电动机的检测部件故障等。

经详细检查，最后确认是电动机不良引起的，更换电动机后过载报警消除。

至于机床爬行现象，先从机床着手寻找故障原因，结果认为机床进给传动链没有问题，随后对加工程序进行检查时发现工件曲线的加工，是采用细微分段圆弧逼近来实现的，而在编程时采用了 G61 指令，也即每加工一段就要进行一次到位停止检查，从而使机床出现爬行现象。当将 G61 指令改用 G64 指令（连续切削方式）之后，上述故障现象立即消除。

说明：从这一故障的排除过程可以看出，一旦遇到故障，一定要开阔思路，全面分析。一定要将与本故障有关的所有因素，无论是数控系统方面还是机械、气、液等方面的原因都列出来，从中筛选找出故障的最终原因。像本例故障，表面上看是机械方面原因，而实际上却是由于编程不当引起的。

【例 7-26】日本 AMADA 数控冲床，配置 F-6 ME 系统。

故障现象：CRT 出现 401 报警，而且 Y 轴伺服单元上 HCAL 报警灯亮。

故障分析：CRT 上出现 401 报警，说明 X、Y、Z 等进给轴的速度控制准备信号（VRDY）变成切断状态，即说明伺服系统没有准备好，这表示伺服系统有故障。再根据 Y 轴伺服单元上 HCAL 报警灯亮，可以十有八九地判断 Y 轴伺服单元上的晶体管模块损坏。实测结果，证明上述判断正确，有两个晶体管模块烧毁。

【例 7-27】一台由大连机床厂生产的 TH6263 加工中心，配 FANUC-7M 系统。

故障现象：进给加工过程中，发现 Y 轴有振动现象。

故障分析：将机床操作置于手动方式，用手摇脉冲发生器控制 Y 轴进给（空载），Y 轴仍有振动现象，从而排除了由过载引起故障的可能。进一步检查，发现 Y 轴速度单元上 OVC 报警灯亮。卸下 Y 轴电动机，发现 6 个电刷中有 2 个弹簧烧断，电枢电流不平衡，造成输出转矩不够且不平衡。另外，发现轴承亦有损坏，故引起 Y 轴振动。

故障处理：更换电枢电刷和轴承。

【例 7-28】一台数控机床，采用 MELDAS M3 控制器，该机床的特点是每个进给轴都有两个脉冲编码器，一个在电动机内部，用作速度检测，另一个编码器安装在丝杠端部，用作位置检测。

故障现象：使用时经常出现"S01 伺服报警 0052"。

故障诊断：出现上述报警，说明位置反馈有问题，因此，首先将伺服参数 17 号设定为 0，即取消丝杠端编码器，使位置反馈与速度反馈同时使用电动机内的编码器，此时机床动作正常，无报警出现，说明问题出在位置编码器上。然后检查反馈电缆，没有发现有断线或虚焊现象。因此可确定故障出在位置编码器本身。卸下丝杠端部的位置编码器，发现编码器与丝杠连接的螺钉松动。将松动的螺钉紧固，并恢复伺服参数 17 号为原设定值。机床恢复正常。

【例 7-29】天津一台立式加工中心机床，使用三菱公司 MELDAS 50M。

故障现象：在加工过程中，Z 轴经常向下窜动，发生撞刀事件。

故障分析：首先了解机床是在何种情况下出现撞刀事件的。结果发现，撞刀前，操作人员都是先按"FEED HOLD"键进行工件检查，然后再启动程序，就出现了 Z 轴下窜，发生撞刀。由此可判断，每次暂停时，机床的工件坐标变化。因此检查手动绝对值插入信号 Y230（由 PC 送 NC 的信号）为 0，也就是说，手动绝对值插入有效，所以工件坐标变化，一旦将此开关外部信号设置为 1 无效，再重复以前的操作，再无撞刀现象发生。

说明：三菱系统的此功能与 FANUC 公司系统中使能的状态信号是否有效正好相反，设定时一定要注意这点。

【例 7-30】C6140 数控车床系统外壳接地不良的故障。

故障现象：沈阳第三机床厂生产的 C6140 经济型数控车床，采用南京大方公司生产的 JWK 15T 经济型数控装置，四工位电动刀架。出现 Z 轴不能工作现象。

故障检查与分析：经检查发现 Z 轴功放板熔断器烧毁，进一步查找，发现有 4 个功放管被击穿。根据操作者反映，损坏前一个月来，在操作时接触系统外壳有触电现象。据此判断可能情况如下：

1）机械负载过重，使步进电动机电流过大将功放管烧毁。

2）步进电动机本身绝缘损坏。

3）电路板、功放板及机床供电系统本身问题。

故障排除：

1）首先检查车床 Z 轴机械部分。用手盘绕电动机后端螺钉，没有感到力量过大、不均匀现象，排除机械故障。

2）用万用表和绝缘电阻表检查 Z 轴步进电动机绕组和绝缘情况都很好，排除步进电动机本身问题。

3）将 Z 轴步进电动机连到 X 轴功放板上进行控制，一切正常，说明除功放板损坏外无其他元件损坏。

4）仔细检查输入电源，发现系统外壳对地有 150V 交流电压；仔细检查连线，发现系统外壳对地电阻很大，500V 的绝缘电阻表在 0.5MΩ 左右，这就是故障原因。

因为系统接地不好，造成系统在高低压变化时或断电停车瞬间反向电动势升高，超过功放管的反向击穿电压，将功放管烧毁。将系统接地重新处理，故障排除。更换新功放板，机床恢复正常工作。

【例 7-31】 数控铣床伺服电动机声响异常故障实例分析及处理。

故障现象： 自动或手动方式运行时，发现机床工作台 Z 轴运行振动异响现象，尤其是回零点快速运行时更为明显。故障特点是，有一个明显的劣化过程，即此故障是逐渐恶化的。故障发生时，系统不报警。

故障检查与分析： 该机床为上海第四机床厂生产的 XK715F 型工作台不升降数控立式铣床，数控系统采用了 FANUC-BESK 7CM 数控系统。

1）由于系统不报警，且 CRT 及现行位置显示器显示出的 Z 轴运行脉冲数字的变化速度还是很均匀的，故可推断系统软件参数及硬件控制电路是正常的。

2）由于振动异响发生在机床工作台的 Z 轴向（主轴上下运动方向），故可采用交换法进行故障部位的判断。经交换法检查，可确定故障部位在 Z 轴直流伺服电动机与滚珠丝杠传动链一侧。

3）为区别机、电故障部位，可拆除 Z 轴电动机与滚珠丝杠间的挠性联轴器，单独通电试测 Z 轴电动机（只能在手动方式操作状态进行）。检查结果表明，振动异响故障部位在 Z 轴直流伺服电动机内部（进行此项检查时，须将主轴部分定位，以防止平衡锤失调造成主轴箱下滑运动）。

4）经拆机检查发现，电动机内部的电枢电刷与测速发电机转轴电刷磨损严重（换向器表面被电刷粉末严重污染）。

故障处理： 将磨损电刷更换，并清除粉末污染影响。通电试机，故障消除。

【例 7-32】 FANUC 3M 系统数控铣床轴向伺服故障处理。

故障现象： 机床在加工或快速移动时，X 轴与 Y 轴电动机声音异常，Z 轴出现不规则的抖动，并且当主轴起动后，此现象更为明显。

故障检查与分析： 当机床在加工或快速移动时，Z 轴、Y 轴电动机声音异常，

Z 轴出现不规则的抖动，而且在加工时主轴起动后此现象更为明显。从表面看，此故障属干扰所致。分别对各个接地点和机床所带的浪涌吸收器件作了检查，并做了相应处理。起动机床并没有好转。之后又检查了各个轴的伺服电动机和反馈部件，均未发现异常。又检查了各个轴和 CNC 系统的工作电压，都满足要求。只好用示波器查看各个点的波形，发现伺服板上整流块的交流输入电压波形不对，往前循迹，发现一输入匹配电阻有问题，焊下后测量，阻值变大，换一相应电阻后机床正常。

【例 7-33】 BTM-4000 数控仿形铣床 X 轴漂移故障处理。

故障现象： 静态几何精度变化引起 X 轴运行不稳定，具体表现为 X 轴按指令停在某一位置时，始终停不下来。

故障检查与分析： BTM-4000 系意大利进口的数控仿形铣床，系统采用意大利 FEDIA CNC10 系统，伺服系统采用了 SIEMENS 公司产品。

机床在使用了一段时间后，X 轴的位置锁定发生了漂移，表现为 Z 轴停在某一位置时，运动不停止，出现大约 ±0.0007mm 振幅偏差。而这种振动的频率又较低，直观地可以看到丝杠在来回旋动。鉴于这种情况，初步断定这不是控制回路的自激振荡，有可能是定尺（磁尺）和动尺（读数头）之间有误差所致。经调整定尺和动尺的配合间隙，情况大有好转，后又配合调整了机床的静态几何精度，此故障消除。

【例 7-34】 Z 轴正方向超过换刀点后失控。

故障现象： Z 轴正方向超过换刀点后，不管按 $Z+$ 或 $Z-$，Z 轴都继续往上窜，甚至平衡缸上部的安全螺堵射出。重新关机再开机，情况依旧。

故障检查与分析： LFG1250 加工中心系西班牙扎伊尔公司生产，数控系统为 FAGOR8050M。

针对上述机床出现的故障分析如下：

1）机床 Z 轴超过了光栅尺的读数范围，Z 轴读不到反馈信号，机床不知道当前位置，所以不管按 $Z+$ 或 $Z-$，Z 轴只会按参考点的方式继续往上窜。

2）Z 轴往上窜，平衡缸上部的油压增加，当超过一定值后，安全螺堵被射出。

故障处理： 针对以上分析的原因，具体解决办法如下：

1）把机床 Z 轴回复到参考点以下，再重新开机，执行 G74 回参考点。

2）把安全螺堵装回。

3）用双频激光干涉仪校正 Z 轴的定位精度和重复定位精度。

经过以上措施，机床恢复正常。

【例 7-35】 CNC 起动完成，Y 轴就快速运动到极限位置。

故障现象： 从日本 MAZAK 公司引进的立式加工中心，型号 VQC20/50B，配用 MAZAK 自己研制开发的 MAZATROL M-2 数控系统，坐标驱动采用 PWM-D 技术的直流伺服系统，使用 SONY 磁尺（也可用旋转变压器）构成全闭环（或半闭环）系统。CNC 起动完成，伺服一进入准备状态，Y 轴即快速向负方向运动，直到撞上极限开关，快速移动过程伴有较强烈的振动。

故障检查与分析： 这种故障有很大的破坏性，不允许做更进一步的观察试验。为安全起见，没有压急停，而是迅速切断了整机电源。因而无法得知 CNC 是否提供了报警信息。从没给运动指令 Y 轴即产生运动来看，问题可能出在：

1）CNC 故障。上电后 CNC 送出了不正常的速度指令。

2）伺服放大器故障。从伴有较强烈的振动来看，伺服单元出问题的可能性最大。

用新的备件驱动器直接替换了 Y 轴伺服驱动器。起动 CNC 系统，Y 轴恢复正常，说明判断是正确的。为了进一步缩小检查的范围，将 Y 轴移至正方向靠近极限的位置，将已确定损坏的伺服放大器上的控制板换到新的伺服驱动器上。给 CNC 通电后，故障再次出现，问题被定位在控制板上。下面就伺服单元控制板作进一步的分析。

1）涉及的原理。这个伺服放大器采用脉宽调制—直流电动机调速系统（PWM-D）。图 7-8 是主回路示意图，由 4 个大功率晶体管 GTR 构成桥式可逆电路；4 个二极管除对 GTR 实行反压保护外，还用来形成再生制动通路，以满足电动机的四象限运行。

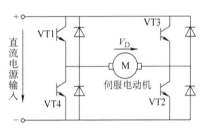

图 7-8　PWM-D 调速系统主回路

当 VT1 和 VT2 导通时，电枢加正向电压，实现正转，改变控制脉冲的宽度就可以改变转速。VT3、VT4 导通时，电枢加反压，电动机反转。需注意一点，伺服系统工作时，包括电动机在静止状态，4 个 GTR 上同时都加有驱动脉冲（见图 7-9）。当 VT1、VT2 导通时间大于 VT3、VT4 导通时间，即占空比 >50% 时，电枢两端平均电压为正，电动机正转。反之亦然。而当两组 GTR 导通时间各占 50% 时，电动机两端平均电压为零，电动机静止。

2）故障部位分析。据上述工作原理，我们认为 4 个 GTR 的驱动回路出现损坏的可能性最大。假如在速度环或电流环出现故障，也就是说在指令电压为零时，电流环的输出不为零，它虽然也能使伺服电动机产生运

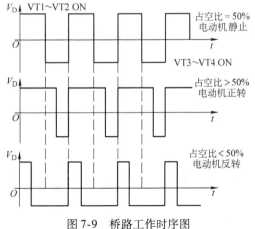

图 7-9　桥路工作时序图

动，但不应出现振动。

故障处理：使用 BW4040 在线测试仪，重点对板上与驱动模块有关的节点进行检查、比较，很快就发现有一个厚膜驱动块（型号 DK421B）损坏。更换之后，伺服放大器恢复正常。

【例 7-36】 Y 轴伺服一进入准备状态就出现过电流报警（报警号 SV003）故障的处理。

故障现象：CNC 通电起动完成后，伺服系统一进入准备状态，立即出现 SV003 报警，内容为 Y AXIS EXCESS CURRENT IN SERVO。

打开控制电柜门，观察 X、Y、Z 三个伺服放大器的状态，发现 Y 轴伺服单元的控制板上的过电流报警灯 HC（红色）点亮。意思是 Y 轴伺服放大器的 DC（直流）回路出现过电流。

故障检查与分析：KMC-300SD 龙门式加工中心，配用日本 FANUC 15MA 数控系统。三个坐标轴的驱动是 FANUC 交流伺服系统，采用 SPWM 技术的交流伺服系统主回路结构见图 7-10。

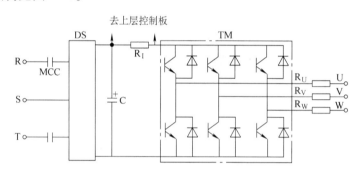

图 7-10　交流伺服系统主回路结构图

左边一组三相整流桥 DS 将 R、S、T 三相电源整流成直流电，经电容 C 滤波后给逆变桥 TM 提供逆变电源，这部分就是 DC 回路。R_I 电阻是直流回路的电流采样电阻，R_U、R_V、R_W 是交流回路采样电阻。

该故障比较明显，一定在 Y 轴驱动器本身或伺服电动机上。首先在伺服电动机端子上拆除 U、V、W 三根线。重新起动系统，故障依然出现，说明问题不在伺服电动机上。为进一步缩小故障范围，在恢复 Y 轴伺服电动机接线后，又交换了 Y 轴和 Z 轴的伺服控制板，HC 报警随之移到 Z 轴，至此故障定位到 Y 轴控制板上。

参看图 7-10，故障可能出现在如下几个环节：

1）电路板上与"直流回路电流采样电阻 R_I 相关"的电流检测、反馈部分损坏。

2）逆变桥大功率晶体管 GTR 的驱动回路损坏。

上述两点的确认，使电路板的检修范围大大缩小，从而提高检修效率。

使用 BW4040 在线测试仪的 VI 曲线分析功能，同时进行 Y 轴故障板和 Z 轴好板的相关节点比较，很快找到了故障原因：有两个驱动 GTR 的厚膜集成电路（型号 DV47HA6640）损坏。从图 6-10 可以看出，它使同一列中的两个 GTR 同时导通，造成直流回路短路，因而在 MCC 吸合给主回路加电时，在 DC 回路中产生过电流，伺服控制板检测到报警后，自身的报警逻辑即自动切断 MCC。

故障处理：更换两个损坏的厚膜集成电路 DV47HA6640 后，故障排除。

【例 7-37】 X 轴超越基准点故障。

故障现象：机床正常加工中在 M17 指令结束后 X 轴超过基准点，快速负向运行直至负向极限开关压合，CRT 显示 B3 报警，机床停止。此时液压夹具未放松，门不解锁，操作人员也无法工作。

故障检查与分析：742MCNC 数控镗铣床由英国 EX-CELL-O 公司引进。就此故障检查、分析如下：

1）机床安装调试运转时，可能出现这种故障。但调试好光栅尺及各限位开关位置后，已经过较长时间正常使用，并且是自动按程序正常加工好几件工件，因此故障不出自程序和操作者。

2）人工解锁：按故障排除键，B3 消失，开机床前右侧门；扳动 X 轴电动机轴，使 X 轴向正向运行，状态选择开关置手动移动位置，按 X + 或 X − 键、X 轴也能正常移动。状态选择开关置于基准点返回位置，按 X − 键，X 轴向负向移动超过基准点不停止。X 轴超越报警 B3 又出现。根据这一故障现象，极可能是数控柜内部 CNC 系统接收不到 X 参考点 I_o 或 U_{ao} 参考脉冲。

3）检查相关的 X 轴向限位开关及信号，按 PC 及 O 键，PC 状态图像显示后分别输进 E56.4、E56.5，按压 X 向限位开关，"0" 和 "1" 信号转换正常，说明是光栅尺内参考标记信号、参考脉冲传送错误或没建立。用示波器检查接收光栅尺信号处理放大的插补和数字化电路 EXE 部件输出波形，移动 X 轴到参考点处无峰值变化，则证明信号传递、参考点脉冲未形成。基本可以断定故障根源在光栅尺内部。

故障处理：拆卸 X 轴光栅尺检查，发现密封唇老化破损后有少量断片在尺框内。该光栅尺是德国 HEIDENHAIN 生产的 LS 型，结构精致、紧凑。细心将光栅头拆开，取出安装座与读数头，清理光栅框内部密封唇断片及油污，用白绸、无水乙醇擦洗聚光镜、内框及光栅。重新装卡参考标记。细心组装读数头滑板、连接器、连接板、安装座、尺头。按规范装好光栅尺、插上电缆总线，问题便得到解决。

为了避免加工中油污及切屑进入光栅尺框内再发生故障，将原坏密封唇中形状未变的选一段切开，进行断面形状尺寸测绘、作图，制作密封唇模具，用耐油橡胶作新的密封唇，安装好光栅尺，现已正常使用一年多未再次发生该故障。

注意事项：

1）光栅尺内参考标记重新装卡后或光栅尺拆下重新安装，不可能在原有位置，所以加工程序的零点偏移需实测后作相应改动，否则出废品或损坏切削刀具。

2）因光栅尺内读数头与光栅间隙有较高要求，安装光栅尺时要校正好与轴向移动的平行度。

3）压缩空气接头有保护作用，不能忘记安装。

4）该故障再次发生后，首先检查在 PC 状态镜像 X 轴向限位开关 E56.5、E56.5 的信号转换情况，如 "1" 不能转换成 "0"，或 "0" 不能转换成 "1"。则可能是限位开关坏或是过渡保护触头卡死不复原。

【例 7-38】 17m 控龙门镗铣床同步轴的调整。

故障现象： 17-10GM300/NC 数控龙门镗铣床采用 SIEMENS SINUMERIK 8M 数控系统，运行几年后，机床的 X 轴在回参考点等高速进给行走时出现 PLC0101，X 轴实际转矩大于预置转矩，NC101X 轴的测速反馈电压过低，静态容差等故障报警。

故障检查与分析： 控制结构如图 7-11 所示。

1）从机床结构分析，X 轴分为 X_1 和 X_2 同步轴（其中 X_1 轴为主动轴、X_2 轴为辅助轴），分别由两台相同型号的电动机作为运行动力，这两台电动机是由两台 SIEMENS V5 直流进给伺服单元驱动。两台电动机的测速反馈分别送回到 V5 伺服 A2 板的 55 号和 13 号端子，但 NC 的位置检测单元（光栅

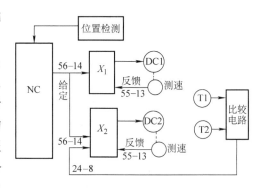

图 7-11　控制结构图

尺）安装在 X_1 主动轴上，NC 发出 X 轴移动指令的同时送到 X_1 和 X_2 轴上（即 X_1 主动直流伺服单元的 56 号、14 号端子和 X_2 辅助直流伺服单元的 56 号、14 号端子得到同一个给定）。T1 和 T2 两个旋转变压器产生的 X_1 和 X_2 的位置差值（即附加值）通过一比较放大电路送到 X_2 辅助直流伺服单元的 24 号和 8 号端子上，使 X_2 输出电压产生相应的变化与 X_1 的输出电压平衡。这样对 X 轴来说就存在三个反馈环：

① 用于直流伺服单元调整的测速反馈。

② 用于同步调整的旋转变压器比较反馈。

③ 用于 NC 调整的实际位置反馈。

2）由于三个反馈交织在一起，因此给 X 轴的总体调试带来了很大的困难。单独调整任何一个反馈环，其他运行环节都会产生报警信号，并关闭整台机床。

故障处理：

1）首先将 DC1 和 DC2 两台直流电动机负载线断开，再拆去由 NC 来的 56 号和 14 号端子线，用导线将直流伺服单元上的 56 号和 14 号端子短接。反复调整 V5 直流伺服单元 A2 板上的 R31，观察直流电动机转动情况，直到电动机不转动为止。这样就消除了直流伺服单元自身的各种干扰。

2）将电压表接入到附加给定值端子 57 号和 69 号上，反复调整 V5 直流驱动器 A2 板上的 R28 电位器值，使电压表上显示的电压值最小，并且电压显示值在 X 轴运行时比较稳定，消除 X 轴来回运动中产生的误差。

3）将 NC 数控系统的维修开关打到第二位，观察机床数据 N820 的跟踪误差，反复调整机床数据 N230 内的数据，使 N820 显示的数据最小为止。经反复调整后故障排除。

【例 7-39】 测速发电机连接松动，轴进给时速度不稳。

故障现象： TH5632-4 立式加工中心，FANUC-6ME 系统，该机 X 坐标轴在运动时速度不稳，当停止的指令发出后，在由运动到停止的过程中，在指令停止位置左右出现较大幅度的振荡位移。有时振动几次后可稳定下来，有时干脆就停不下来，必须关机才行。振荡频率较低，没有异常声音出现。

故障检查与分析： 从现象上看故障当属伺服环路的增益过高所致，结合振荡频率很低、X 轴拖板可见明显的振荡位移来分析，问题极有可能出在时间常数较大的位置环或速度环增益方面。首先检查位置环增益设置正常，其次人为将 X 轴伺服放大器上的速度环增益电位器调至最低位置。故障依然存在，而且没有丝毫改善。

既然伺服环路的增益没有问题，故障就可能来自伺服执行部件及反馈元件上。拆开伺服电动机，对测速发电机和电动机换向器用压缩空气进行清理，故障没有消除。在用数字表准备检查测速发电机绕组情况时，发现测速发电机转子部件与电动机轴之间的连接松动（测速机转子铁心与伺服电动机轴之间的连接是用胶粘接在一起的）。由于制造上存在缺陷，在频繁的正反向运动和加、减速冲击下，粘接部分脱开，使测速发电机转子和电动机转动轴之间出现相对运动，这就是导致 X 轴故障的根源。

故障处理： 认真清洁粘接表面后，用 101 组胶重新粘接，故障消除。

7.3　主轴系统故障维修实例

【例 7-40】 某数控机床，驱动器是额定功率 33kW 的主轴驱动，无电路图。

故障现象： 该驱动器无输出且有电压不正常的故障提示（F2）。

维修过程：

1）送上三相交流电，检查中间直流电压，发现无直流电压，说明整流滤波环节出故障。断电，进一步检查主回路。发现熔丝及阻容滤波的电阻都已损坏，换上相应的元器件，中间直流电压正常。但此时切勿急于通电，应再检查逆变主回路（如要测试整流、滤波环节是否正常，最好断开点 A 或点 B 后再测量）。

2）检查逆变器主回路，发现有一组功率模块的 C、E 之间已击穿短路，换上功率模块后，逆变主回路已正常。但凡有模块损坏的必须检查相应的前置放大回路。

3）找到损坏回路的光耦输入端及前置放大输出端，断开所有控制输出端与主回路的连接。加上控制电源后，发现该回路的一块厚膜组件及一电阻损坏，更换后，进一步在光耦处加上正信号模拟测试 6 路控制回路状态均相同。此时可判定控制回路已正常。

4）接好测试时拆下的线路，接上所有外围线路。通电试车，驱动器已正常。

【例 7-41】 日本西铁城 F12 数控车床主轴分度控制装置错误故障的排除。

故障现象： 在加工过程中，主轴不能按指令要求进行正常的分度，主轴分度控制装置上的 ERROR（错误）灯亮，主轴慢慢旋转不能完成分度。除非关断电源，否则主轴总是旋转而不停止。

故障检查与分析： F12 数控车床是由日本国西铁城公司引进的。该机床的最大加工直径为 $\phi12mm$，其数控部分采用的是 FANUC 10T 系统。它带有棒料自动进给装置，主轴最高转速为 10000r/min，因为有主轴分度装置，且刀台上有工具主轴，故可进行二次加工。

此故障多与检测主轴分度原点用的接近式开关及与分度相关的限位开关等有关电气部件以及机械上的传动及执行元件有关。

我们首先依照维修说明书关于该故障的排故流程图依次做了如下检查：

1）梯形图中 Y000.2 = 1。

2）与分度相关的除液压缸动作良好。

3）与分度相关的滑移齿轮啮合良好。

4）通过诊断功能检查 LSCSEL 的开关状态 DGN X1.6 = 0。

以上均为正常状态，按流程图要求应该与制造商联系。但我们为慎重起见，又做了如下工作：

1）检查主轴分度原点用接近开关，确认该开关与感应挡铁的间隙在 0.7mm 左右，符合说明书所说的其间隙在 1mm 以内即可的要求。但故障仍然存在。

2）由于故障未排除，我们又进一步的更换主轴分度控制装置 IDX-10A，以及分度用步进电动机、编码器、数控箱内的 DI/D03 A16B-1210-0322A 板等，并检查有关的电气连线，仍未解决问题。

正当感到无从下手之时，曾随意地将一垫铁挨在接近开关的感应端面上，则机床突然地完成了主轴分度动作，由此可判断是该接近开关的灵敏度降低了。

故障处理：将该接近开关与感应挡铁的间隙调整在 0.1mm 左右，则机床恢复正常，故障排除了。

说明：工作中要尽量想得全面、周到、仔细、认真些，本着先简后繁、先易后难、逐步深入的原则，避免经验主义的错误，以免走弯路，枉做许多无用功。

【例 7-42】主轴电动机过电流故障的解决。

故障现象：机床主轴在几年的运行中一直较稳定，但在一次电网拉闸停电后，主轴转动只能以手动方式 10r/min 的速度运行；当起动主轴自动运行方式时，转速一旦升高，主轴伺服装置三相进线的 A、C 两相熔丝立即烧断。在主轴手动方式运转时转速很不稳定，在 3 ~ 12r/min 的范围内变化，电枢电流也很大，多次产生功率过高报警。经过两次维修后又重复出现类似的故障。

故障检查与分析：17-10GM300/NC 数控龙门镗铣床由德国 WALRICH COBURG 公司引进，数控系统采用 SIEMENSSM。主轴电动机为 55kW。就上述故障分析如下：

1）机床主轴在高速运转时，电网忽然停电，在电动机电枢两端产生一个很高的反电动势（大约是额定电压的 3 ~ 5 倍），将晶闸管击穿。

2）V5 伺服单元晶闸管上对偶发性浪涌过电压保护能力不够，对较大能量过电压不能完全抑制。

3）晶闸管工作时有正向阻断状态、开通过程、导通状态、阻断能力恢复过程、反向阻断状态 5 个过程。在开通过程和阻断能力恢复过程中，当发生很大能量的过电压时，晶闸管很容易损坏；拉闸停电随机性很大，而且伺服单元内部控制电路处于失控状态。

4）晶闸管有时被高电压冲击后并没有完全损坏，用数字式万用表测量时有 1.2MΩ 电阻值（正常情况不应在 10MΩ 以上），所以还能在很低的电压值下运行。

5）如图 7-12 所示，三相桥全控整流电路在 WT1 ~ WT2 期间，A 相电压为正，B 相电压低于 C 相电压，电流从 A 相流出经 V1、负载 M、V4 流回 B 相，负载电压为 A、B 两相间的电位差；在 WT2 ~ WT3 期间，A 相电压仍为正，但 C 相电压开始比 B 相更负，V6 导通，并迫

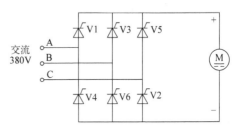
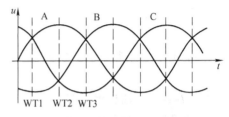

图 7-12　三相桥全控整流原理及波形图

使 V4 承受反向电压关断，电流从 A 相流出经 V1、负载 M、V6 流回 C 相，负载电

压为 A、C 两相间的电位差，在 WT2 为 B、C 相换相点，其他依此类推。停电时，如果 V1 被击穿，V4 或 V6 将遭受很大的冲击，可能使其达到临界状态，也可能使它被击穿。

故障处理：

1）一次更换两只相同型号的晶闸管。

2）在 V5 直流伺服单元的晶闸管上安装 6 只压敏电阻。

在晶闸管的两端加上压敏电阻后，运行 2 年一直没有出现故障（包括多次停电）。

【例 7-43】 机床主轴不动故障排除。

故障现象： 机床主轴不动，CRT 故障显示 $n < n_x$。

故障检查与分析：

该 742MCNC 四孔精密镗床数控系统为 SIEMENS 3T 系统，镗头电动机采用 SIEMENS 直流伺服驱动系统。由 SIEMENS 维修资料知：n 为给定值，n_x 为实际转速值。在机床主轴起动或停止的控制中，根据预选的方向接触器 D2 或 D3 工作，接通相应的主接触器，启动信号使继电器 D01 接通，并同时使 $n < n_{最小}$ 的触头（119 - 117）接通，此触头在调节器释放电路中。当启动信号消失后，D01 保持自锁，调节器释放电路因为 "$n < n_{最小}$" 的触头而得以保持。"$n < n_{最小}$" 的触头在机床停止时是打开的，在约 $20 \sim 30\text{r/min}$ 时闭合。在发出停止信号后，$n_{给定} = 0$，D01 断开，调节器释放电路先仍保持接通，直到运转在 $n = n_{最小}$ 时才断开。当转速调节器的输出极性改变时，相应的接触器 D2 或 D3 打开或接通。

根据维修资料检查，发现当系统启动信号发出后，在系统的调节器线路中，50 号、14 号线没有指令电压（±10V），213 号没有 24V 工作电压。

从 SIEMENS 3T 系统原理知：机床主轴系统当无指令电压和工作电压时，其调节封闭装置将起作用。使 104 号、105 号线接通，产生一个封闭信号，封锁主轴的起动，同时，在 CRT 上显示出主轴转速小于额定转速的故障报警。

检查分析该故障的原因，按钮开关无故障，各控制线路无故障。通过操作人员了解到：在该故障发生之前，曾因变电站事故造成该机床在加工过程中突然停电，致使快速熔断器熔断现象。因此，我们怀疑是因突然停电事故使 CNC 内部数据、参数发生紊乱而造成上述报警。

故障处理： 将机床 NC 数据清零后，重新输入参数，故障排除，机床恢复正常。

【例 7-44】 Z 轴超程报警。

故障现象： Z 轴超程报警。

故障检查与分析： 机床与数控系统同上，由 CNC 系统知：超程报警一般可分为两种情况，一种是程序错误（即产生软件错误）；另一种为硬件错误。针对上述两种情况，根据"先易后难"的维修原则。首先对软件进行检查，软件无错误。其次对其硬件进行检查，该机床的 Z 轴硬件为行程开关。打开机床防护罩检查，用手揿行程开关，Z 轴能停止移动而不超程。用机床上的挡铁压行程开关，则 Z 轴不能停止移动而产生超程。

从上述检查分析，估计是行程开关或挡铁松动，致使行程开关不能动作，造成 Z 轴超程报警。检查挡铁无松动，将组合行程开关拆开检查，发现 X 轴终点行程开关的紧固部件已断裂一角，这样当挡铁压行程开关时，便产生移位。这也是由于挡铁与行程开关的压合距离未调整好所致。

故障处理：更换一新的行程开关，重新调整好挡铁与行程开关的压合距离，至此故障再未发生。

【例 7-45】AC 主轴伺服过电流。

故障现象：运行中突然停止，所有功能不执行，主轴伺服过电流报警。

故障检查与分析：该机床为东芝 BPN-13B 型加工中心。

经查伺服主回路，发现逆变达林顿管、再生装置、主回路熔丝烧坏，经更换后试机暂时正常。运行 2 天后再次出现同类故障。对故障的再次出现分析认为，有如下可能性：①主轴伺服印制电路板不良；②电动机严重超载，短路；③更换不良元件。

经验证明：上述 3 条不成立。在故障出现的时候进行测量观察时发现问题出在主轴起动的瞬间，推测原因是伺服对电动机的电流变化率 di/dt、最大电流 I_{max} 起止控制不正确造成的。由于伺服单元电流调整我们无法做到，在逆变桥臂上加装一只限流电阻，使其在起动时起到限流作用，而工作时又不受影响。经计算，试验选择 $0.8\Omega/5kW$ 电阻，取得成功，详见附图 7-13。

【例 7-46】主轴电动机过热，信号开路。

故障现象：2001 号、409 号报警。

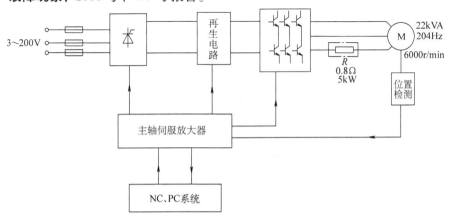

图 7-13 主轴伺服系统原理框图
注：R 为后加的限流电阻，逆变参数：300A，550V。

故障检查与分析： 该机床为北京机床研究所生产的 KT1400V 立式加工中心。故障发生后，CRT 上显示 2001#SPDLSERVO。AL；409#SERVO。ALARM；（SERI-ACERR）报警信息。同时，主轴伺服单元 PCB 上显示：AL-01 报警。AL-01 为主轴电动机过热报警信号。

检查情况如下：上述报警能用清除键清除，清除后有时系统能够起动，也能执行各轴的参考点返回，但驱动 Z 轴向下移动时，便发生上述报警，而此时主轴电动机并没有动作，同时也不发热。

从机床技术资料上不能查阅到上述报警的有关信息。从 CRT 的提示信息上以及主轴伺服驱动单元的报警上分析，并考虑到主轴电动机是伴随着 Z 轴一起上下移动，因而怀疑故障范围应在主轴和 Z 轴这个部位。反复观察 Z 轴上下移动的情况：当 Z 轴向上移动时，无论移动多长的距离，均不发生报警；而向下移动时，每次到达主轴电动机电缆被拉直时，便发生报警。因此，说明该报警是主轴电动机电缆接触不良所致。打开主轴电动机接线盒，发现盒内接线插头上有一根接线因松动而脱落。

故障原因： 主轴电动机电缆连线活动余地太小，当 Z 轴向下移动到一定距离后，电缆便被张力拉直而松动脱落，而该线刚好是主轴电动机热控开关的连线。热控开关的输入信号断开，模拟了电动机过热，从而产生主轴电动机过热故障报警。

故障处理： 从电气控制柜中将主轴电动机电缆拉出一部分，使其达到 Z 轴向下移动时的最大距离。同时，将松动、脱落的连线焊好，故障排除。

【例 7-47】 主轴定向无反馈信号。

故障现象： 一台进口二手加工中心，在一次机床通电（主伺服也通电）时，没有键入 M、S 辅助机能代码，主轴便按 M04（逆时针）方向以 100r/min 的转速自行旋转。此时如再键入 M03 或 M04 及 S×× （转速代码）后，系统不予执行、也不报警，即主轴通电后便处在失控状态。

故障检查与分析： 由于该机床配用美国 DYNAPATH 系统，内含 PLC 可编程接口控制器。分析后认为，该现象应先从 PLC 梯形图查起。由梯形图初始化程序查知，主伺服通电后主轴应立即定向，以便更换刀具，而此时主轴旋转不停，且不予执行 M、S 代码，表面现象为主轴失控，而仔细分析后认为根源应在于主轴定向装置有问题。于是就从主轴定向查起，由 PLC 初始化程序分析得出：通电后 PLC 输出口的 W9-8 置为 "1"，再由该口控制外部继电器 KA15，KA15 的触头又作为控制主伺服定向的开关信号。经检查该信号为 "1"，正常。KA15 也吸合且触头闭合良好，说明主轴定向控制部分正常。同时，主轴能旋转也能说明这一点。估计问题可能就出在定向检测回路。而该回路的检测元件为旋转变压器（分解器）。故又用示波器测试了旋转变压器的 3 个输入、输出信号波形。发现均无异常现象，且信号电缆也能正常的连接到主伺服 8 号印制板插脚。再仔细一检查，发现印制板插脚因年久失修，铜片氧化已相当严重，所以认为问题可能就在于此。经清洗插脚，插上

8号板通电试车，却发现故障依旧存在，最后认定故障极大可能就在8号印制板，拔下后沿着旋转变压器信号插脚检查，发现处理这些信号的双运放集成块CA747烧坏，致使信号无法输出。更换一个后，通电试车一切正常。

【例7-48】 SIEMENS 6SC6508交流变频调速系统停车时出现F41报警。

故障现象： 该变频调速系统安装在CWK800卧式加工中心作主轴驱动用。在主轴停车时出现F41报警，报警内容为"中间电路过电压"，按复位后消除，加速时正常。试验几次后出现F42报警（内容为"中间电路过电流"）并伴有响声，断电后打开驱动单元检查，发现A1板（功率晶体管的驱动板）有一组驱动电路严重烧坏，对应的V1模块内的大功率晶体管基射极间电阻明显大于其他模块，而且并联在模块两端的大功率电阻R100（3.9Ω、50W）烧断、电容C100、C101（22pF、1000V）短路，中间电路熔断器F7（125A、660V）烧断。

故障检查与分析： 通过查阅6SC6508调速系统主回路电路图，知道该系统为一个高性能的交流调速系统，采用交流→直流→交流变频的驱动形式，中间的直流回路电压为600V，而制动则采用最先进、对元件要求最高的能馈制动形式。在制动时，以主轴电动机为发电机，将能量回馈电网。而大功率晶体管模块V1和V5就在制动时导通，将中间直流回路的正负端逆转，实现能量的反向流动。因此该系统可实现转矩和转向的4个象限的工作状态，以及快速起动和制动。该系统出厂时内部参数设置中加速时间和减速时间均为0。估计故障发生的过程如下：由于V1内的大功率三极管基射极损坏而无法在制动时导通，制动时能量无法回馈电网，引起中间电路电容组上电压超过允许的最大值（700V）而出现F41报警，在作多次起停试验后，中间电路的高压使电容C100、C101、V1内的大功率三极管集射结击穿，导致中间电路短路，烧断熔断器F7、电阻R100，在主回路中流过的大电流通过V1中大功率三极管串入控制回路引起控制回路损坏。

故障处理： 更换大功率模块V1、V5，电容C100、C101，电阻100，熔断器F7及驱动板A1后，调速器恢复正常。为保险起见，把起动和制动时间（参数P16、P17）均改为4s，以减少对大功率器件的冲击电流，降低这一指标后对机床的性能并无影响。

说明： 交流调速系统出现故障后一定要马上停机仔细检查，找出故障原因，切忌对大功率电路进行大的电流或电压冲击，以免造成进一步的损坏。

7.4 刀架刀库系统故障维修实例

【例7-49】 SIEMENS SINUMERIK 810T系统刀架转动不到位故障修理。

故障现象： 刀架转动不到位。

在最初发生这个故障时，是在机床工作了2~3h之后，在自动加工换刀时，刀架转动不到位，这时手动找刀，也不到位。后来在开机确定零号刀时，就出现故障，找不到零号刀，确定不了刀号。

故障检查与分析：该机床为德国 PITTLER 公司的双工位专用数控车床，其数控系统采用 SIEMENS SINUMERIK 810T。

刀架计数检测开关，卡紧检测开关，定位检测开关出现问题都可引起这个故障，但检查这些开关，并没有发现问题；调整这些开关的位置也没能消除故障。刀架控制器出现问题也会引起这个故障，但更换刀架控制器并没有排除故障，这个可能也被排除了。仔细观察发生故障的过程，发现在出现故障时，NC 系统产生 6016 号报警 "SLIDE POWER PACK NO OPERATION"。该报警指示伺服电源没有准备好。分析刀架的工作原理，刀架的转动是由伺服电动机驱动的，而刀架转动不到位就停止，并显示 6016 伺服电源不能工作的报警，显然是伺服系统出现了问题。SIEMENS 810 系统的 6016 号报警为 PLC 报警，通过分析 PLC 的梯形图，利用 NC 系统 DIAGNO-SIS 功能，发现 PLC 输入 E3.6 为 0，使 F102.0 变 1，从而产生了 6016 号报警。PLC 的输入 E3.6 接的是伺服系统 GO 板的 "READY FOR OPERATION" 信号，即伺服系统准备操作信号，该输入信号变为 0，表示伺服系统有问题，不能工作。检查伺服系统，在出现故障时，N2 板上口[Imax]t 报警灯亮，指示过载。引起伺服系统过载第一种可能为机械装置出现问题，但检查机械部分并没有发现问题；第二种可能为伺服功率板出现问题，但更换伺服功率板，也并未能消除故障，这种可能也被排除了；第三种可能为伺服电动机出现问题，对伺服电动机进行测量并没有发现明显问题，但与另一工位刀架的伺服电动机交换，这个工位的刀架故障消除，故障转移到另一工位上。为此确认伺服电动机的问题是导致刀架不到位的根本原因。

故障处理：用备用电动机更换，使机床恢复正常使用。

【例 7-50】中国台湾大冈 TNC-20N 数控车床刀架乱刀故障处理。

故障现象：该机床发生碰撞事故后，刀架在垂直导轨方向上偏差 0.9mm，且在原方向上旋转转 90°后用另一组定位销定位刀架后，偏位故障排除，但刀塔转了 90°，刀具号在原刀号上增加了 "3"，即选择 1 号刀时实际到位刀是 4 号刀，这使操作工极易产生误操作。

故障检查与分析：TNC-20N 数控车床，系统型号为 FANUC 0T。该刀架的换刀过程如下：

1）选择刀号发出换刀指令。

2）NC 选择刀架旋转方向。

3）刀架旋转。

4）编码器输出刀码。

5）要换刀具到位，PLC 指令刀架定位销插入。

6）刀架夹紧。

最终选择的刀具是由编码器输出刀码决定的。重新安装刀架时转 90°后定位。而编码器并没有旋转，还停在原来的刀码位置，这是造成乱刀的原因。

故障处理：由于编码器输出 4 位开关信号，PLC 以二进制码对刀具绝对编码，改 PLC 程序可以调整刀码，但要请机床制造厂家来完成，花费大，维修周期长，此法不考虑。

除此之外采用以下两种方法均可使刀号调整正常：

1）让刀架固定在某刀具号 A 上，脱开编码器与刀架驱动电动机之间的齿轮连接，旋转编码器使其编码与刀架固定的刀号 A 一致，再将编码器与刀架连接即可。

2）固定编码器输出某个刀具编码 A，脱开编码器与刀架驱动电动机之间的齿轮连接，拔出刀架定位销。用手盘动刀架使指定刀号与编码号一致。

采用上述第一种方法时，由于编码器在约 15°范围内转动时，输出码不变化，均与指定刀码一致，所以往往要多次调整其位置才能使刀架准确定位。采用第二种方法时，刀架是靠定位销插入定位槽来定位，每个指定刀位对应一个定位槽，一次即可完成定位。

用上述两种方法时，系统起动，但急停开关一定要按下，以防发生事故。

【例 7-51】济南 MJ-50 数控车床刀架故障及排除。

故障现象：在机床调试过程中，无论手动、MDI 或自动循环，刀架有时转位正常，有时出现转位故障，刀架不锁紧，同时"进给保持"灯亮，刀架停止运动。

故障检查与分析：济南第一机床厂的 MJ-50 数控车床所配系统为 FANUC 0TE。该转位刀架是济南第一机床厂的专利产品，由液压夹紧、松开，并由液压马达驱动转位。因此，要认为是刀架机械问题是无根据的。

应确认转位刀架 PLC 控制程序是否有问题，尤其是刀架控制程序中延时继电器的时间设定不当，有可能出现这种故障。因为刀架装上刀具以后，各刀位回转的时间就不一样了，有可能延时时间满足了回转较快的刀位，而满足不了回转较慢的刀位，出现转位故障，不过，这种故障是有规律可循的，而我们这台机床转位刀架故障找不到这种规律。

根据每次转位刀架出现故障时，"进给保持"灯亮这一点，从 PLC 梯形图上分析，反推故障点，但查不到原因。机床厂两年前提供的 PLC 梯形图上，"进给保持"灯与转位刀架故障信号无关。显然，机床厂提供的这份 PLC 程序梯形图与机床实际控制程序不符。

由于程序与梯形图不符，无法分析，只能完全依靠 I/O 诊断画面来分析故障原因。在反复手动刀架转位中，逐渐找到了规律，那就是奇数刀位很少出故障，故障大多发生在偶数刀位且无规律可循，为此，重点调看刀架奇偶校验开关信号 X14.3，发现在偶数刀位时，奇偶校验开关信号 X14.3 时有时无，于是断定找到了故障原因。因为本刀架设计为偶数奇偶校验，在偶数刀位时，如果奇偶校验开关 X14.3 有信号，奇偶校验通过，刀架结束转位动作并夹紧；如果 X14.3 无信号，则奇偶校验出错，发出报警信号，"进给保持"灯亮，刀架不能结束转位动作，保持松开状态。而在奇数刀位不受奇偶校验影响，因而转位正常。

故障处理：拆开转位刀架后罩，检查奇偶校验开关及接线均正常，接着检查由开关到数控系统 I/O 板的线路，发现电箱内接线端子板上 X14.3 导线与端子压接不良，导线在端子内是松动的。重新压好端子，故障排除，刀架转位正常。

【例 7-52】 德州 SAG210/2NC 数控车床刀架转动不停故障修理。

故障现象：系统发出换刀指令后，上刀体连续运转不停或在某规定刀位不能定位。

故障检查与分析：该机床为德州机床厂生产的 CKD6140 及 SAG210/2NC 数控车床与之配套的刀架为 LD4-I 四工位电动刀架。

分析故障产生的原因：

1）发信盘接地线断路或电源线断路。

2）霍尔元件断路或短路。

2）磁钢磁极反相。

3）磁钢与霍尔元件无信号。

根据上述原因，去掉上罩壳，检查发信装置及线路，发现是霍尔元件损坏。

故障处理：更换霍尔元件后，故障排除。

【例 7-53】 D015 经济型数控车床换刀命令不执行的处理方法。

故障现象：机床在自动加工过程中，当运行到换刀程序段时，TP801 单板机显示 T2、T3、或 T4，但刀架不换刀，经过一段时间后，刀架能继续执行换刀程序以后安排的运动指令，直至最后，并能再次起动。

故障检查与分析：D015 经济型数控车床选用的是 JWK-2-3A 型数控装置。采用陕西省机械研究所生产的 WZD4-ⅡC 型自动回转刀架。

此机床原刀架是陕西省机械研究所生产的 WZD4-ⅡA、B 型。控制按钮站上设有刀架运动方式选择开关，有绝对、手动、延时三种方式。选择在手动方式时，可用刀位选择开关选择刀位。自动时，需把它旋到绝对位置，延时方式没有接。所以当单板机发生 2 号刀位的指令后，必须在接到 2 号刀位到位的信号后，才能进行下一程序段的运行。新换的 C 型刀架是该所在自动刀架全国联合设计后推出的改型换代新机种。此刀架控制箱电源开关的右端有一扳把开关，扳向下方，即"相对"位置。手动、延时将此开关扳向下方。此机在出现上述故障时，手动换刀仍可进行。那么就是机械研究所用刀架控制小箱的开关来改变了回答信号。根据新刀架提供的接线图，将绝对换刀信号改成了延时换刀信号。

当单板机发生换刀指令后，不管刀架是否已按指令旋转，只要刀位延时回答接口在预定的时间后，能检测到刀位信号，则不管它是哪号刀的刀位到位信号，都以收到回答信号来处理。由于刀架没有旋转，刀位到位点是闭合的，所以程序继续向下执行。刀架顶部的到位"发信号盘"在延时控制方式中起的是另一个作用，当刀架抬起作水平旋转时按钮可以松开，刀架自己继续向前滑动直至碰到的第一个90°位置，即到位开关闭合后就能反转，下落锁紧。如果要旋转180°，则需按住按钮不放，等它转过90°，越过到位开关后才能松开按钮，或分两次旋转。通过对刀架运动及单板机处理换刀程序方式的分析，此故障现象是单板机发生的换刀信号，刀架控制箱没有收到。

故障处理： 查换刀信号，在微机柜的航空插头处找到了脱焊的点，重新焊接后，故障排除。

说明：

1）因原刀架控制箱装在刀架大拖板下方的进给齿轮箱留下的空档内，随机床一起运动，所以微机柜给刀架控制箱的换刀信号及回答信号必须随其他控制信号一起先到机床配线插接处，再由机床配线处到按钮站，由按钮站经过手动、绝对的转换后再到控制箱。这两根信号线，连接环节特别多，是故障多发部位。再加控制箱在大拖板上随刀架的移动及切削力的振动和中拖板润滑油的下滴，一直是以往故障的多发处。现重换的 C 型刀架，把刀架控制箱，从床身上分出来了，可直接放在机床床头前单做的支架上，也可放在总线机的微机柜上面，避免了振动、移动和油污。但是对这两根信号线没有做更好的处理。可以把这两根信号线直接从刀架控制箱连到微机柜。

2）此机床的刀架到位回答信号由发讯盘到刀架控制箱后，还需进行电子的转换。刀架背箱后有一扳把开关，分别接通高电平与低电平。如果这个开关位置放错了，则单板机会因收不到回答信号而等待，并出现 08 报警。

【例 7-54】 南京 JN 系列数控系统加工中刀具损坏故障的维修。

故障现象： 加工过程中，刀具损坏。

故障检查与分析： 该机床为采用南京江南机床数控工程公司的 JN 系列机床数控系统改造的经济型数控车床。其刀架为常州市武进机床数控设备厂为 JN 系列数控系统配套生产的 LD4-I 型电动刀架。

由故障现象，检查机床数控系统，X、Y 轴均工作正常。检查电动刀架，发现当选择 3 号刀时，电动刀架便旋转不停，而电动刀架在 1、2、4 号刀位置均选择正常。采用替换法，将 1、2、4 号刀的控制信号任意去控制 3 号刀，3 号刀位均不能定位。而 3 号刀的控制信号却能控制任意刀号。故判断是 3 号刀失控。由于 3 号刀失控，导致在加工的过程中刀具损坏。

根据电动刀架驱动器电气原理检查 +24V 电压正常，1、2、4 号刀所对应的霍尔元件正常，而 3 号刀所对应的那一只霍尔元件不正常。

故障处理： 更换一只霍尔元件后，故障排除。

说明： 在电动刀架中，霍尔元件是一个关键的定位检测元件，它的好坏对于电动刀架准确地选择刀号，完成零件的加工有十分重要的作用。因此，对于电动刀架的定位故障，首先应考虑检查霍尔元件。

【例 7-55】 南京机床厂 FANUC 0T 系统刀架奇偶报警的排除。

故障现象： 刀架奇偶报警。

故障检查与分析： 该机床为南京机床厂生产的数控车床，其控制系统采用 FANUC 0T 系统。机床在使用过程中发生刀架奇偶报警，奇数刀能定位，而偶数刀不能定位，此时，机床能正常工作。从宏观上分析，FANUC 0T 系统无故障。从机床电气线路图上看：从机床侧输入 PLC 信号中，角度编码器有 5 根信号线，如图 7-14 所示。

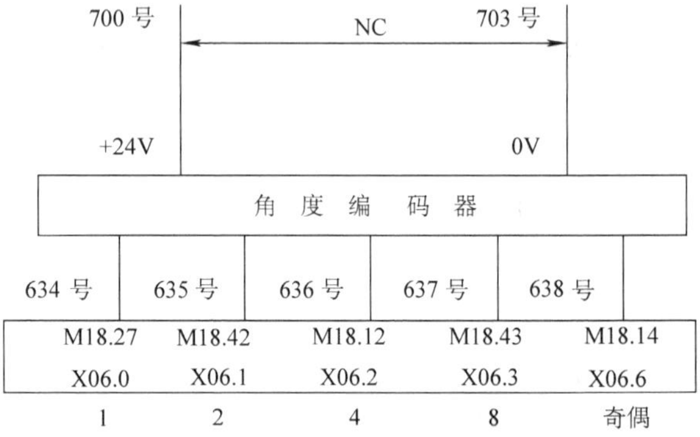

图 7-14　回转刀架二进制码

这是一个 8421 编码，它们分别对应 PLC 的输入信号 X06.0、X06.1、X06.2、X06.3、X06.6。在刀架的转换过程中，该 4 位根据刀架的变化而进行不同的组合，从而输出刀架的奇偶信号。根据故障现象，若当角度编码器最低位 634 号线信号恒为 "1" 时，则刀架信号将恒为奇数，而无偶数信号，故产生报警。根据上述分析，将 CRT 上 PLC 输入参数调出观察，该信号果然恒为 "1"。而其余 4 根线的信号，则根据刀架的变化情况或 "0" 或 "1"。检查 NC 输入电压正常，证实了角度编码器发生故障。

拆开角度编码器，绘制出其电气原理图（部分），如图 7-15 所示。

根据电路图可以看出，634 号线与集成电路块 UDN2984A 的 14 脚直接相连，检查该集成电路块，14 脚信号输出恒为 "1"，说明集成电路损坏。

故障原因： 集成电路块 UDN2984A 损坏，使其 14 脚输出信号不管刀架怎样变化均恒为 "1"，从而造成上述故障。

故障处理： 更换一新的集成电路块后，故障排除。

【例 7-56】 机械手抓刀时掉刀故障的排除。

故障现象： 机械手抓刀时有掉刀现象，尤其是在抓较大刀具时容易发生。曾调整了液压系统使其动作速度较为适合，但也不能完全排除故障。

故障检查与分析： TH6350 卧式加工中心系北京机床研究所制造。机械手在刀库侧抓刀后的两个动作：机械手回转 90° 和机械手缩回动作连续，没有间歇时间，从梯形图 7-16 上看这两个动作前没有延时器，因此分别加装定时器 TMR1022 和

TMR1026，并各定时1s后故障排除。

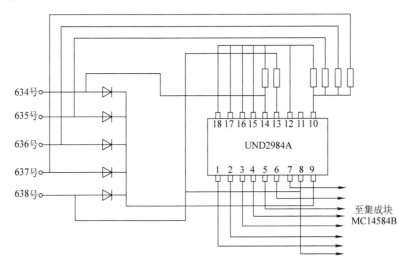

图7-15　角度编码器电气原理图（部分）

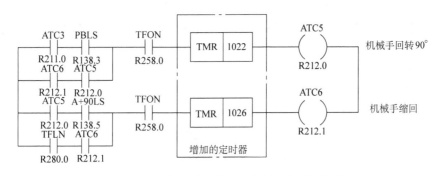

图7-16　附加机械手回转90°及缩回延时器梯形图

增加定时器可求助于厂方或自己在专用PLC编程器上进行。将PLC上半导体存储器2716 EPROM3-8拔下，依次将程序写入编程器中，调出需改动的地址，将改动后的程序写入新的EPROM中，装到机器上再设定延迟时间。

【例7-57】机械手自动换刀时不换刀。

故障现象： 机械手自动换刀时不换刀。

故障检查与分析： JCS-018立式加工中心，采用FANUC-BESK 7CM系统。

故障发生后检查机械手的情况，机械手在自动换刀时不能换刀，而在手动时又能换刀，且刀库也能转位。同时，机床除机械手在自动换刀时不换刀这一故障外，全部动作均正常，无任何报警。

检查机床控制电路无故障；机床参数无故障；硬件上也无任何警示。考虑到刀库电动机旋转及机械手动作均由富士变频器所控制，故将检查点放在变频器上。观察机械手在手动时的状态，刀库旋转及换刀动作均无误。观察机械手在自动时的状态，刀库旋转时，变频器工作正常；而机械手换刀时，变频器不正常，其工作频率由 35Hz 变为了 2Hz。检查 NC 信号已经发出，且变频器上的交流接触器也吸合，测量输入接线端上 X1、X2 的电压在手动和自动时均相同，并且，机械手在手动时，其控制信号与变频无关。因此，考虑是变频器设定错误。

从变频器使用说明书上知：该变频器的输出频率有三种设定方式，即 01、02、03。对 X1、X2 输入端而言，01 方式为 X1 ON X2 OFF；02 方式为 X1 OFF X2 ON 03 方式为 X1 ON X2 ON。

检查 01 方式下，其设定值为 0102，故在机械手动作时输出频率只有 2Hz，液晶显示屏上也显示为 02。

故障原因：操作者误将变频器设定值修改，致使输出频率太低，不能驱动机械手工作。

故障处理：将其按说明书重新设定为 0135 后，机械手动作恢复正常。

【例 7-58】主轴定向后，机械手无换刀动作。

故障现象：主轴定向后，ATC 无定向指示，机械手无换刀动作。

故障检查与分析：JCS-018 立式加工中心，FANUC-BESK 7CM 系统，北京机床研究所制造。

该故障发生后，机床无任何报警产生，除机械手不能正常工作外，机床各部分都工作正常。用人工换刀后机床也能进行正常工作。

根据故障现象分析，认为是主轴定向完成信号未送到 PLC，致使 PLC 中没有得到换刀指令。查机床连接图，在 CN1 插座 22 号、23 号上测到主轴定向完成信号，该信号是在主轴定向完成后送至刀库电动机的一个信号，信号电压为 +24V。这说明主轴定向信号已经送出。

在 PLC 梯形图上看到，ATC 指示灯亮的条件为：①AINI（机械手原位）ON；②ATCP（换刀条件满足）ON。首先检查 ATCP 换刀条件是否满足。查 PLC 梯形图，换刀条件满足的条件为：①OREND（主轴定向完成）ON；②INPI（刀库伺服定位正常）ON；③ZPZ（Z 轴零点）ON。

以上三个条件均已满足，说明 ATCP 已经 ON。

其次检查 AINI 条件是否满足。从 PLC 梯形图上看，AINI 满足的条件为：①A75RLS（机械手 75°回行程开关）ON；②INPI（刀库伺服定位正常）ON；③180RLS（机械手 180°回行程开关）ON；④AUPLS（机械手向上行程开关）ON。

检查以上三个行程开关，发现 A75RLS 未压到位。

故障处理：调整 A75RLS 行程开关挡块，使之刚好将该行程开关压好。此时，ATC 指示灯亮，机械手恢复正常工作，故障排除。

【例 7-59】刀库门已打开，但中断换刀。

故障现象：机床在执行工作头立卧转换时，刀库门已打开，但换刀系统接下去的动作中断，CRT 显示 E100 报警"刀库门打开信号为 0"。

故障检查与分析：MH800C 加工中心德国马豪公司制造，计算机部分为飞利浦公司 CNC5000 系统。从 CRT 信息分析着手，从机械不到位或检测开关失灵两方面来判断刀库门打开信号送不出来的原因。首先使用控制机 IOB 菜单键在显示屏上"翻阅"PC 接口的输入信号，发现 1214 输入接口无信号。从电气原理图上查到相应开关为 21S12，使用万用表测量开关电源电压 +24V 正常，然后用铁片感应此开关无反应，判定是开关失灵。换上新开关，故障排除。

【例 7-60】 机械手不能自动换刀。

故障现象：机械手进入刀座后自动中断，CRT 显示"读禁止"。

故障检查与分析：德国 SHW 公司生产的 UFZ6 加工中心，配置 SIEMENS 880 控制系统。

此机床较大，刀库与主轴相距较远（约 3m），机械手由液压驱动在导轨上滑动传送刀具。主轴位置分立式、卧式两种换刀方式，因此机械手可上、下翻转，满足主轴换刀位置的需要。机械手换刀共分 28 步，每一步均有相应的接近开关检测其位置，大多数接近开关都安装在机械手不同的部位，随机械手拖架来回运动，较易松动，且存在损坏的危险。此台机床是新购进设备，断线及电缆老化的可能性极小。各接近开关上指示灯正常，故供电电源也正常。因此只有从查各接近开关的位置入手。

此故障停止在步序 2，机械手进入刀座准备拔刀时，因此首先检查机械手是否到位。通过 PLC 接口显示，输入 E24.6 状态为 1，说明机械手到刀库的开关 S07 已动作。下一步应该夹刀，但未动作。经手动试验机械手各动作正常，因此查 PLC 梯形图，检查各开关量的制约关系了解到，接近开关 S17 在机械手接近刀库约 300mm 范围内均应动作，否则换刀中断。查开关 S17 的 PLC 接口 E25.5，状态为 0，即此开关未动作，其他是此开关由于电缆移动造成松动，感应铁块与接近开关距离过大，感应不到信号。

故障处理：调整 S17 开关的位置后，自动换刀正常。

【例 7-61】 刀库旋转不到位。

故障现象：TH6263 加工中心正常运行过程中，出现刀库旋转不到位，插销与插销孔错半个孔，插销插不进。

故障检查与分析：停机后，人为地旋转刀库，使插销插入孔中。然后重复开机试验，检查状态信息均正常，结果仍错位。我们认为，可能是电气零点和机械零点不一致造成的。

故障处理：卸下刀库回零开关，人为地控制它的回零，使机械、电气零点相符，故障消除。

7.5 工作台故障维修实例

【例 7-62】 XK715F 数控铣床工作台动作异常故障分析与处理。

故障现象： 自动或手动方式运行时，发现工作台 Y 轴方向位移过程中产生明显的机械抖动故障，故障发生时系统不报警。

故障检查与分析： XK715F 型工作台不升降数控立式铣床，规格：500mm × 2000mm，所配数控系统为 FANUC-BESK 7CM 系统。该机床已使用近 10 年。现经常发生一些工作台轴向动作异常的故障，其中与机械有关的故障也不乏其例。

1）因故障发生时系统不报警，同时观察 CRT 显示出来的 Y 轴位移脉冲数字量的变化速率均匀（通过观察 X 轴与 Z 轴位移脉冲数字量的变化速率比较后得出），故可排除系统软件参数与硬件控制电路的故障影响。

2）因故障发生在 Y 轴方向，故可采用交换法判断故障部位。

3）经交换法检查判断，故障部位在 Y 轴直流伺服电动机与丝杠传动链路一侧。

4）为区别机电故障，可拆卸电动机与滚珠丝杠间的挠性联轴器，单独通电试电动机检查判断（在手动方式状态下进行试验检查）。检查结果表明，电动机运转时无振动现象，显然故障部位在机械传动链路内。

5）脱开挠性联轴器后，可采用扳手转动滚珠丝杠进行手感检查。通过手感检查，也可感觉到这种抖动故障的存在，且丝杠的全行程范围均有这种异常现象。故怀疑滚珠丝杠副及有关支承有问题。

6）将滚珠丝杠拆卸检查，果然发现丝杠 + Y 轴方向的平面轴承（8208）有问题，在其轨道表面上呈现明显的压印痕迹。

7）将此损伤的轴承替换后故障排除。

8）经分析，Y 轴方向上的平面轴承出现的压印痕迹，只有在受到丝杠的轴向冲击力时才有可能产生，反映在现场的表现上，即只有在 + Y 轴方向发生超程时才可能产生。据了解，此机床在运行过程中确实发生过超程报警。

9）为防止上述故障再次发生，须仔细检查 + Y 轴方向上的减速、限位行程开关是否存在机械松动或电气失灵故障。

故障处理： 采用同型号规格的轴承替换后，故障排除。

说明： 由于上述故障是常见易发故障，此故障一旦发生还容易造成滚珠丝杠、支承的损伤，故必须加强日常维护检查，避免轴向超程的故障危害。

【例 7-63】 XK715F 型数控铣床工作台 X 轴轴向抖动故障分析及处理。

故障现象： 手动方式操作过程中，发现工作台 X 轴轴向进给运动中呈振动位移（抖动幅度较大），类似于液压系统的爬行运动。CRT 无报警显示。

故障检查与分析：该机床系上海第四机床厂制造，数控部分采用了 FANUC-BESK 7CM 系统。

故障发生时，虽然 CRT 没有报警信号显示，但故障的轴向非常明显，故可直接采用交换法判断故障部位。经检查，不难发现故障部位在 X 轴伺服电动机及其机械传动链路内。为区别机电故障，经拆开伺服电动机与滚珠丝杠间的挠性联轴器，单独通电试电动机。结果表明，故障部位在电动机一侧。为修复此电动机，特将 X 轴伺服电动机拆卸解体检查，不难发现旋转变压器至引出插头端子的一束软线有明显的压伤痕迹，经采用电阻法检查，发现位置环的旋转变压器定子一侧的 sin 绕组与 cos 绕组存在断线故障。经分析，因伺服系统位置环开路，旋转变压器无法接受位控板正弦、余弦发生器的信号，引起位控系统 E/V 转换器、符号检测电路及伺服位置偏差量失控，故而造成工作台 Z 轴向伺服电动机转动时的抖动现象。在进一步检查中发现，引起旋转变压器定子引线束压伤的原因，是由于维修人员或制造厂装配电动机罩壳时不小心引起的，因此，在装配这类电动机时应引起重视。

故障处理：由于断线故障点在旋转变压器的定子外部，故可采用外部断线连接工艺处理。将电机重新装配后，经试机一切正常，故障排除。

【例 7-64】 XK715F 数控立式铣床联动时工作台 X 轴向抖动故障分析及处理。

故障现象：机床在 X 轴、Y 轴及 Z 轴分别回机床系统原点后，再 3 轴同时联动快速回圆心（即机床机械零点）过程中，工作台 X 轴向时有振动或抖动现象。CRT 没有报警信号显示。

故障检查与分析：该机床系上海第四机床厂生产的 500 系列工作台不升降数控立式铣床，系统选用了 FANUC-BESK 7CM。

由于工作台的 X 轴、Y 轴及 Z 轴等三个轴向在单独快速回机床系统原点时不产生机械振动或抖动现象，基本可以排除伺服系统及机械传动链路的故障。显然，此故障与 3 轴联动有关。为判别故障部位，在多次进行工作台 3 轴联动快速回圆心运行的过程中发现，无论 X 轴向出现振动或抖动现象与否，CRT 或现行位置显示器上显示的 X 轴运动脉冲数字的变化速度与其他两个轴向的变化速度基本相同，这又说明系统控制正常，问题很可能还是出在伺服速度控制单元电路及其伺服电动机上。采用交换法进行逐项检查判断中，当进行伺服直流电动机与速度控制单元检查时，意外发现故障自行消除，经多次试验 3 轴联动同时快速回圆心动作，故障均没有再次发生（进行此项试车时，应将 X 轴向与 Y 轴向的限位减速行程开关组同时更换，否则会引发事故，须格外注意）。而恢复 X 轴与 Y 轴电动机的外部航空插头后，此故障又时有发生，因此，怀疑两轴尤其是 X 轴的航空插头是否有接触不良或断线隐患。在手动方式试车时，当工作台 X 轴向运行时，有意用手轻轻摇动电动机引线电缆与航空插头，果然发现此故障在单轴运行时也时有发生，其他 Y 轴

与 Z 轴均没有发生此类故障。由此，不难推断，故障点就在 X 轴电动机的航空插头或引线电缆上。经查，果然在航空插头内发现了此断头。由于插头内的软引线经外卡固定成束，故此断头受其影响会经常发生时断时通现象。又因 X 轴伺服电动机是固定在 Y 轴的床鞍上，一旦 Y 轴电动机运行，势必带动 X 轴电动机的引线电缆来回摆动，因此，3 轴联动或 X 轴与 Y 轴两轴联动时必然会引起 X 轴电动机的断头产生时断时通现象，故而造成联动时工作台 X 轴向时有抖动故障。

故障处理： 将断头焊好，故障排除。为克服 Y 轴运行时拖动 X 轴电动机引线电缆来回摆动引发的断线故障隐患，可以参照现代加工中心机床采用活动链带架固定引线电缆的办法进行。

【例 7-65】 工作台不能回转到位，中途停止。

故障现象： 输入指令要工作台转 118°或回零时，工作台只能转约 114°的角度就半途停下来，当停顿时用手用力推动，工作台也会继续转下去，直到目标为止，但再次起动分度动作时，仍出现同样故障。

故障检查与分析： CW800 卧式加工中心，SIEMENS 系统，德国海克特公司制造。在 CRT 显示器上检查回转状态时，发现每次工作台在转动时，传感器 B57 总是"1"（它表示工作台已升到规定高度），但每次工作台半途停转或晃动工作台时，B57 不能保持"1"，显然，问题是出在传感器 B57 不能恒定维持为"1"之故。拆开工作台，发现传感器部位传动杆中心线偏离传感器中心线距离较大。我们稍作校正就解决了故障。但在拆装工作台时，曾反复了几次，由于机械与电气没有调整好，出现了一些故障现象，这也是机电一体化机床经常遇到的事情。

【例 7-66】 V 轴（工作台）刻度盘不能对齐，落不下去。

故障现象： 工作台（旋转）位置不准无法落下，伺服出现 TG 报警。

故障检查与分析： XH754 卧式加工中心，配置美国 AB 公司 8400 系统，青海第一机床厂制造。

由于回零碰块偶尔发生错误，或调试安装过程中可能出现类似的故障。排除方法是将电动机与编码器脱开，手动打开电磁阀让工作台抬起，压下急停按钮之后，直接转动电动机联轴器，使工作台向对齐的方向转动。当位置对齐时装上编码器，落下工作台，释放急停按钮，重新回零。如工作台刻度盘还没对齐，重复上述方法，直到对齐为止，故障就能排除。其目的是让 CNC 重新记住工作台位置，一般调整只能在 5°之内时可以，过大的调整只能改变回零碰块的位置来解决。此方法适合配置美国 AB 公司 8400 系统加工中心使用。

【例 7-67】 转台快速时有振动。

故障现象： 转台快速时有振动。

故障检查与分析： JCS-013 卧式加工中心，FANUC-BESK 7CM 系统。转台在快速移动时，产生振动，而慢速时几乎正常。首先应怀疑测速发电机问题。检查时发现切削液进入电动机，油泥粘附在换向器的表面上，而且测速机内有油进入，致使电刷接触不良，处理修复。

注意：测速机拆下清理时，一定要在刷架和磁铁上做好标记，这样可使测速机输出的电压波纹减至最小。

【例7-68】 加工中心不能进行手动托盘转动。

故障现象：该机床在装夹工件时，不能进行手动托盘转动。

故障检查与分析：德国产 CWK500 型加工中心机床在装夹工件时，可通过手动托盘松开按钮 E81S04 给 PLC 送入托盘释放信号，由 PLC 控制在托盘处于可松开状态时发出电动机抱闸松开和托盘锁紧销释放信号，控制机床使托盘可自如地进行手动转动。

其原理框图如图 7-17 所示。当机床出现故障，托盘不能进行手动转动时，对照机床电气原理图逐步检查，发现电动机抱闸绕组电源的 6A 熔断器损坏，电动机抱闸绕组内部短路；阻值变小，电动机内部抱闸用整流电路板上的整流管损坏。重新绕制绕组并更换相应元件后，机床恢复正常。但此故障不止一次出现，两台 CWK500 型机床均出现过此故障。仔细分析故障产生的原因后

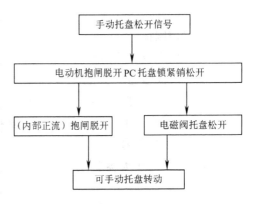

图 7-17　手动托盘转动原理框图

认为：由于机床操作者按下托盘松开按钮松开托盘之后，常常夹紧工件后也不卡紧托盘，导致托盘长时间不断电，使电动机抱闸绕组长期通电，造成内部极度高温，使抱闸绕组短路损坏。此时，首先烧坏 6A 熔断器。若直接换上熔断器，通电再试，则会烧坏电动机内部的整流电路中的整流管，造成进一步损坏。

所以规定：在操作者松开托盘，使托盘转至所需位置后，必须立即锁紧托盘，在需要转动托盘时再次松开。有此规定后，机床使用了一年多来，再未出现此故障。

假如操作者违反规定，再次出现托盘松不开的现象时，则应首先检查电动机抱闸绕组，这样可避免整流管的损坏。

当然，托盘松不开的原因也不仅是抱闸绕组短路所致。最近又出现一次托盘松不开的故障，赴现场检查发现 6A 熔断器没有烧，则断定不是绕组短路原因。进一步检查锁紧销信号，发现信号已给出，但由于长时间机床未用，又被水淹，销有锈死现象，电磁阀带不动。经进行相关处理后，机床恢复正常。

【例7-69】 数控转台角位移故障的分析与处理。

故障现象：打开主电源后，液压及辅助功能正常工作，起动 NC 控制装置系统

断开，伺服出现444报警，机床不能工作。

故障检查与分析： TH6363加工中心采用的是全闭环控制系统；主轴采用大惯量直流电动机，伺服控制电动机为直流永磁式电动机，位置检测采用直线和旋转式感应同步器（X、Y、Z轴为直线式，转台B轴为圆式）。

查维修手册得知，444报警是第4轴（即B轴）的旋转变压器/感应同步器位置检测系统故障。

设备正常工作时，通过CRT面板输入位置指令信号（即旋转角度），NC装置将指令信号转换成指令脉冲，指令脉冲与检测到的实际位置信号进行比较，产生位置偏差量，此位置偏差量控制速度单元，按设定的转速旋转，使位置偏差量为零，达到要求的位置。以上故障现象的出现可以认为是位置检测有问题。造成位置检测不正确有以下三种因素：

1）位置控制板出现问题，不能给圆感应同步器定尺提供励磁信号。

2）位置反馈放大器出现故障，使反馈的位置信号不能进入位置控制板。

3）圆感应同步器本身问题，不能产生位置反馈信号。查找方法如下：

首先，将X轴的感应同步器连同反馈放大器，接到转台B轴的控制接口上，此时X轴感应同步器上的励磁信号为B轴控制板上的励磁信号，B轴上的励磁信号为X轴上的励磁信号，结果X轴正常，B轴不正常，可证明B轴控制板无问题。然后将两轴的反馈放大器互换，结果一样，可证明B轴反馈放大器也没有问题，问题可能在尺子本身。

圆感应同步器是应用电磁感应原理制成的高精度角度检测元件，它是由定尺和转尺两部分组成，为非接触式。定尺上有两组互相独立的绕组A、B和一组内部耦合变压器绕组C，A组加正弦励磁信号，B组加余弦励磁信号，内部耦合绕组C为感应输出。转尺上有一组与耦合变压器相对应的绕组，定尺与转尺相对运动时，转尺首先从定尺上感应到信号，再将感应到的信号通过耦合变压器感应到定尺的耦合绕组上。从定尺输出感应信号，其工作原理与直线式基本一致，只是圆感应同步器多了一组耦合变压器绕组。

依据上述工作原理，判断圆感应同步器的好坏，发现励磁信号正常，旋转转尺感应信号微弱但无变化，去掉转尺，此感应信号仍存在（很微弱），证明此信号为定尺本身感应出来的信号（因励磁信号和输出信号都在定尺上），而不是真正的输出信号，说明转尺有问题。于是将转尺外绕组割断，测量耦合变压器绕组，发现耦合变压器绕组断路，至此故障原因找到。

故障处理： 圆感应同步器是安装在机床上的感应部件，由于使用环境较差，感应同步器要防水、防油，所有线头连接部分都固有环氧树脂，去掉环氧层后重新焊接，焊完后重新固化环氧树脂，修复工作结束。由于考虑到维修时所用导线与生产厂家使用导线直径不同，担心检测精度差，经广州机床研究所专用设备鉴定，精度为±2.6″，完全达到了设计性能指标。重新装上机床后，性能良好，机床正常工作。

【例7-70】工作台不能移动的故障处理。

故障现象：工作台不能移动，7020 号报警。

故障检查与分析：该机床为匈牙利 MKC500 卧式加工中心，所用系统为 SIE-MENS SINUMERIK 820 数控系统。

查机床使用说明书，7020 号报警为工作台交换门错误。检查工作台交换门行程开关未发现异常，在 CRT 上调用机床 PLC 输入/输出接口信息表，可以看出E10.6、E10.7 为 "0"。在正常情况下 E10.6 应为 "1"，而 E10.6 正是工作台交换门行程开关之一。对应机床 PLC 输入/输出接口信息表上 E10.6 进行检查，发现SQ35 行程开关压得不太好，即接触不良，以至造成上述故障报警。

故障处理：将 SQ35 行程开关修理后，故障排除。

参 考 文 献

[1]《数控机床数控系统维修技术与实例》编委会. 数控机床数控系统维修技术与实例 [M]. 北京：机械工业出版社，2001.

[2] 郭士义. 数控机床故障诊断与维修 [M]. 北京：机械工业出版社，2005.

[3] 李梦群. 现代数控机床故障诊断及维修 [M]. 3 版. 北京：国防工业出版社，2009.

[4] 白恩远. 现代数控机床故障诊断及维修 [M]. 2 版. 北京：国防工业出版社，2005.

[5] 牛志斌. 图解数控机床：西门子典型系统维修技巧 [M]. 北京：机械工业出版社，2004.

[6] 徐衡. 数控机床维修 [M]. 沈阳：辽宁科学技术出版社，2005.

[7] 牛志斌，潘波. 数控车床故障诊断与维修技巧 [M]. 北京：机械工业出版社，2011.

[8] 叶辉，梁福玖. 图解 NC 数控系统：三菱 M64 系统维修技巧 [M]. 北京：机械工业出版社，2005.

[9] 叶辉. FANUC 0i 系统维修技巧 [M]. 北京：机械工业出版社，2004.

[10] 吴国经. 数控机床故障诊断与维修 [M]. 北京：电子工业出版社，2004.

[11] 杨旭丽. 数控系统故障诊断与排除 [M]. 北京：中国劳动社会保障出版社，2004.

[12] 武友德. 数控设备故障诊断与维修技术 [M]. 北京：化学工业出版社，2003.

[13] 张光跃. 数控设备故障诊断与维修实用教程 [M]. 北京：电子工业出版社，2005.

[14] 王凤蕴，张超英. 数控原理与典型数控系统 [M]. 北京：高等教育出版社，2003.

[15] 范芳洪，石金艳，胡绍军. 数控机床故障诊断与维修 [M]. 北京：航空工业出版社，2012.

[16] 刘胜永. 数控机床故障诊断 [M]. 北京：北京理工大学出版社，2012.

[17] 邓三鹏. 数控机床结构及维修 [M]. 北京：国防工业出版社，2011.

[18] 王文浩. 数控机床故障诊断与维护 [M]. 北京：人民邮电出版社，2010.

[19] 刘宏利. 数控机床故障诊断与维修 [M]. 重庆：重庆大学出版社，2012.